办公软件

8合1 从入门到精通

Word
Excel
PPT
PS
移动办公
Windows
思维导图
PDF

依 林 编著

SPM
南方传媒

广东人民出版社
·广州·

图书在版编目（CIP）数据

办公软件8合1从入门到精通：Word、Excel、PPT、PS、移动办公、Windows、思维导图、PDF / 依林编著. 广州：广东人民出版社, 2025. 7. -- ISBN 978-7-218 -18421-0

Ⅰ. TP317.1

中国国家版本馆 CIP 数据核字第 2025K8Y003 号

BANGONG RUANJIAN 8 HE 1 CONG RUMEN DAO JINGTONG：Word、Excel、PPT、PS、YIDONG BANGONG、Windows、SIWEI DAOTU、PDF

办公软件8合1从入门到精通：Word、Excel、PPT、PS、移动办公、Windows、思维导图、PDF

依　林　编著

版权所有　翻印必究

出 版 人：肖风华

责任编辑：严耀峰
责任技编：吴彦斌
内文设计：奔流文化

出版发行：广东人民出版社
网　　址：https://www.gdpph.com
地　　址：广州市越秀区大沙头四马路10号（邮政编码：510199）
电　　话：（020）85716809（总编室）
传　　真：（020）83289585
天猫网店：广东人民出版社旗舰店
网　　址：https://gdrmcbs.tmall.com
印　　刷：广州市豪威彩色印务有限公司
开　　本：787毫米×1092毫米　1/16
印　　张：20.5　　字　　数：477千
版　　次：2025年7月第1版
印　　次：2025年7月第1次印刷
定　　价：69.90元

目 录

contents

第三篇章
PowerPoint 使用技巧

第四篇章
Photoshop 使用技巧

第五篇章
Windows 使用技巧

第一篇章 ◀◀◀◀◀◀◀
Word 使用技巧

Microsoft Word 是一款优秀的文字处理软件，其功能全面、界面直观、易上手，它提供丰富的排版工具、格式设置选项、拼写语法检查以及各种模板和插图库，适用于编辑文档、制作报告、设计简历等工作。Microsoft Word 擅长处理各种文档内容，如文章、信函、简历、报告等，可以通过字体、段落、插图等功能创建专业美观的文档，帮助提升工作效率并表达清晰准确的信息。

第1章　界面介绍

本章介绍Microsoft Word（以下简称Word）的界面，聚焦功能区、新建保存操作、视图模式与缩放调整，助您快速掌握文档编辑核心技巧，提升办公效率。

第1节　界面功能区

本节将介绍Word的界面功能区，帮助您熟悉其布局和各项功能，提高文档编辑效率。

技巧1　Microsoft Office有哪些主要的版本？

技巧难度： ▰▰▱▱▱　简单

Microsoft Office自发布以来，经历了多个主要版本的迭代，每个版本都带来了新的功能和改进。

其主要的版本有Office 97、2000、XP、2003、2007、2010、2013、2016、2019、2021，Office 365（现更名为Microsoft 365）。其中，Office 2021为永久许可证用户提供了新的功能和改进。而Microsoft 365则提供订阅服务，持续更新新功能和安全补丁。

WINWORD　　POWERPNT　　EXCEL

本书以Office 2021为例进行讲解。

注意，Windows 7版本最高支持的Office版本为2016，无法安装后续版本。

技巧2　Word主界面有哪些功能区？

技巧难度： ▰▰▱▱▱　简单

在Word的主界面中，主要包含以下几个区域：

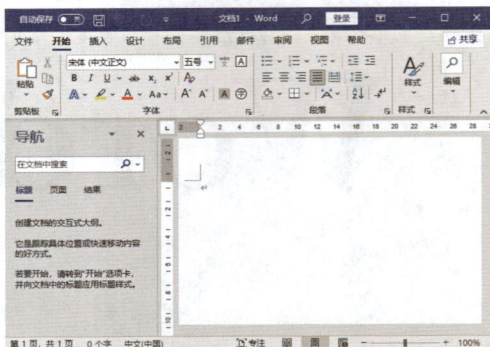

1 标题栏位于窗口的最顶部，显示当前文档的名称和程序名称。

2 快速访问工具栏位于标题栏的左侧，包含常用的命令按钮，如保存、撤销、重做等，用户可以自定义添加其他命令。

3 功能区（Ribbon）位于标题栏下方，包含多个选项卡，每个选项卡下有不同的命令组，用于执行各种操作，如插入、设计、布局等。

4 文档编辑区位于功能区下方，占据窗口的大部分空间，可在此区域输入和编辑文本、插入图片、表格等元素。

5 状态栏位于窗口的最底部，显示文档的当前页码、字数统计、语言等信息，并提供视图切换和缩放控制。

6 视图切换按钮位于状态栏的右侧，允许用户切换不同的视图模式，如页面布局视图、草稿视图、阅读模式等。

7 缩放控制位于状态栏的右侧，靠近视图切换按钮，允许用户调整文档的显示比例，以便更好地查看和编辑内容。

⑧ 导航窗格位于文档编辑区的左侧，可隐藏或显示，提供文档结构视图，方便用户快速导航到文档的不同部分，如标题、页面、搜索结果等。

⑨ 标尺位于文档编辑区的顶部和左侧，可隐藏或显示，帮助用户设置文本和对象的对齐和缩进。

⑩ 滚动条位于文档编辑区的右侧和底部，允许用户通过拖动滚动条来浏览文档的不同部分。

第2节 新建与保存

本节将介绍如何在Word中新建文档并进行保存，确保您的创作成果得到妥善管理。

技巧3 如何新建Word文档？

技巧难度： 简单

新建文档是一个基本操作，可按照以下步骤进行操作：

步骤① 打开Word程序，将看到欢迎界面，通常会显示最近打开的文档列表。在欢迎界面的右侧，点击"空白文档"或"新建"按钮。

步骤② 点击"空白文档"后，Word会自动创建一个新的空白文档，并将其命名为

"文档1"。

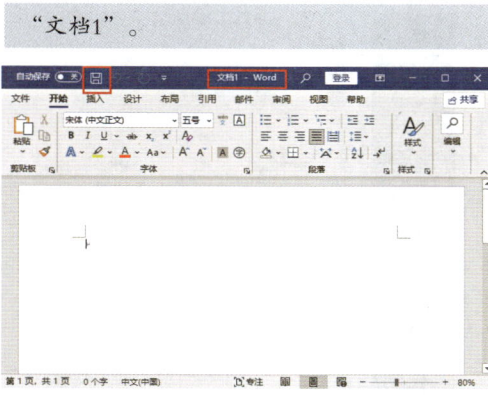

步骤③ 为确保文档内容不会丢失，建议在开始编辑前先保存文档。点击左上角的"文件"选项卡，选择"保存"或"另存为"。在弹出的对话框中，选择保存位置，输入文件名，然后点击"保存"按钮。

技巧4 如何设置软件自动保存？

技巧难度： 简单

可在Word中设置软件定时自动保存，以免由于断电、死机等意外情况导致文档损失。该如何操作呢？

步骤① 点击Word左上角的"文件"菜单，选择"选项"。

步骤② 在弹出的选项对话框中，左侧选择"保存"，找到"保存信息"部分，勾选"自动保存恢复信息"选项。

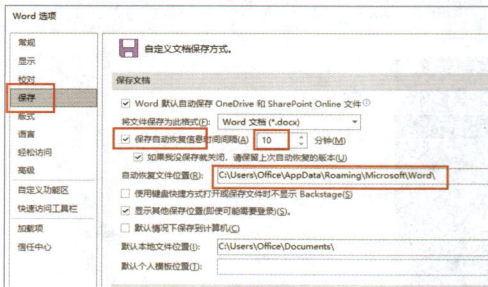

步骤③ 在"自动保存恢复信息"下方，可以设置自动保存的时间间隔，可以选择每几分钟自动保存一次。完成设置后，点击"确定"按钮应用更改。

设置完成后，Word将会根据设定的时间间隔自动保存文档。如果发生意外情况导致Word意外关闭，可在重新打开Word后，通过恢复信息找回最近的自动保存版本。

技巧5 如何快速打开上次使用的文件？

技巧难度： 简单

在Word中快速打开上次使用的文件是一个非常方便的功能，可以帮助用户快速恢复到之前的工作状态。

步骤① 打开Word后，在欢迎界面中有一个"最近使用的文档"区域，列出最近打开过的文件，找到想要打开的文件。

步骤② 点击该文件名，Word会立即打开这个文件，即可快速继续编辑。

步骤③ 如果没有看到欢迎界面或者"最近使用的文档"列表，可以点击Word界面左上角的"文件"选项卡。

步骤④ 在弹出的菜单中，选择"打开"，在"打开"页面的右侧将看到"最近"或"最近使用的文件"列表。点击想要打开的文件名即可快速打开上次使用的文件。

第3节　视图模式与缩放

本节将讲解Word中的视图模式与缩放功能，助您根据需求调整文档显示，优化阅读与编辑体验。

技巧6　如何调整比例大小来查看文件？

技巧难度： ▉▉▉ 简单

有时需要放大比例来查看文档细节，或缩小比例来查看所有页面，该如何操作呢？

步骤①　打开Word，找到右下角显示比例的滑块，可通过点击并拖动这个滑块来调整文档的显示比例。向左拖动滑块会减小显示比例，使文档显示得更小；向右拖动滑块会增加显示比例，使文档显示得更大。

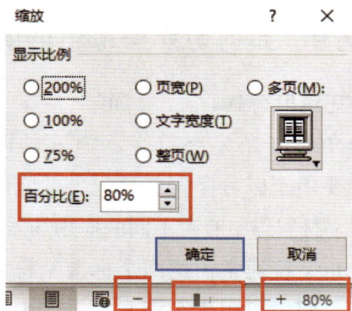

步骤②　也可以点击滑块旁边的"+"和"−"按钮来微调显示比例。

步骤③　如果想要更精确地设置显示比例，可以点击滑块旁边的百分比数字，然后输入想要的显示比例数值，按回车键确认即可调整文档的显示比例。

步骤④　在缩小比例显示的情况下，如果想要显示多页，可以在顶部菜单栏中，找到并点击"视图"选项卡，找到"显示比例"组，点击"多页"按钮即可进行横向多页面显示。

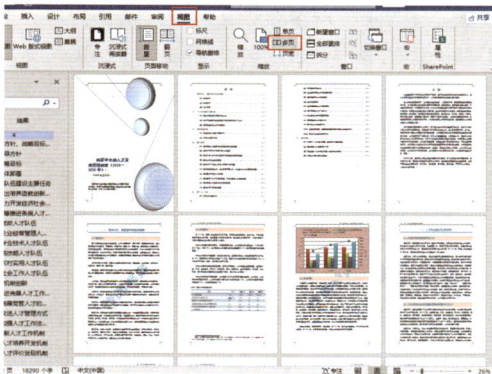

技巧7　如何开启导航窗格？

技巧难度： ▉▉▉ 简单

使用导航窗格，可以更高效地管理和浏览文档内容。默认情况下，导航窗格是不显示的，如何开启呢？

步骤①　在Word的顶部菜单栏中，找到并点击"视图"选项卡，找到"显示"组。

步骤②　在"显示"组中，勾选"导航窗格"选项，导航窗格将出现在Word窗口的左侧。

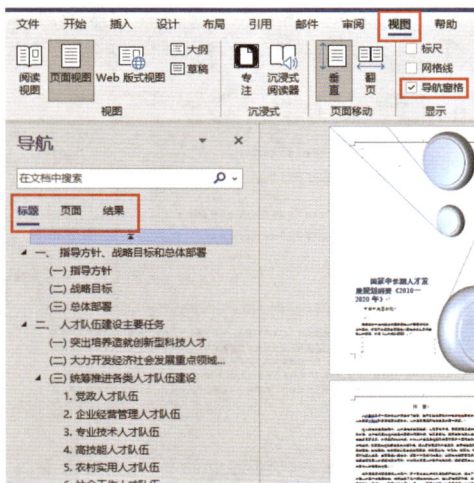

步骤③　导航窗格通常包含三个标签："标题""页面"和"结果"。"标题"显示文档的大纲，可以快速跳转到不同的标题和章

节。“页面”标签显示文档的缩略图，用户可通过缩略图定位到特定页面。“结果”标签在进行文档搜索时显示搜索结果。

技巧8　如何将整个文件拆分成几个部分显示?

技巧难度: 简单

有时我们需要在同一份文档中进行前后参照比较，而同一份文档又没法打开两次，这时候可使用Word的窗口拆分功能来实现。

步骤① 打开文档，点击“视图选项卡”，点击“窗口”组下的“拆分”按钮。

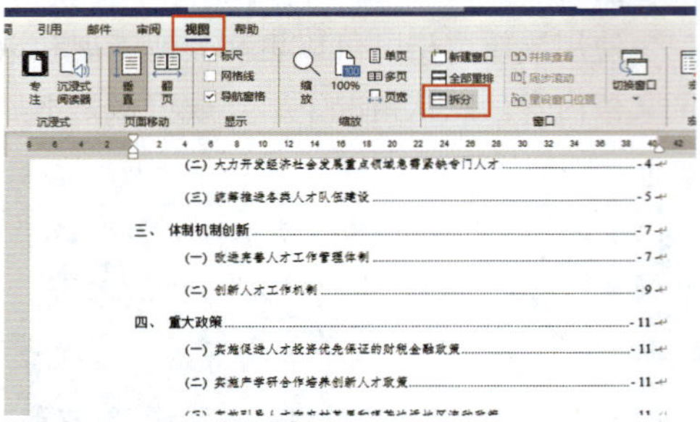

步骤② 这时候主文档编辑区域将拆分成上下2部分，可以独立滚动查看文档的不同页面，例如目录与正文进行对比等。

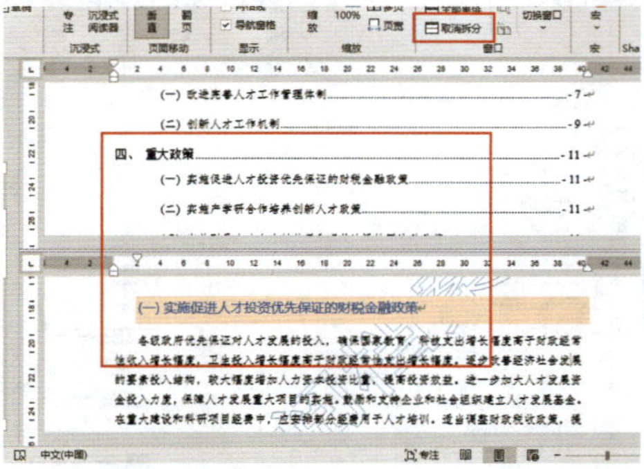

步骤③ 如果要取消窗口的拆分，只需要再点击一次原来“拆分”按钮位置的“取消拆分”按钮即可。

第 2 章　内容编辑与选择

本章将介绍Word中的内容编辑与选择操作，包括内容录入、文本编辑和文本选择，帮助您掌握高效处理和编辑文档的技巧，提高工作效率。

第1节　内容录入

本节深入讲解Word中的内容录入技巧，包括文本、图片和表格的插入，助您高效完成文档编辑。

技巧9　如何切换全角和半角?

技巧难度: 简单

全角和半角是字符表示方式的两种形式，主要用于区分字符在视觉上的宽度，在排版和字符编码中有着不同的应用场景。

全角字符通常占用两个标准字符宽度的空间。它们主要用于东亚文字（如中文、日文、韩文），以及标点符号和数字。例如所有汉字，以及“ＡＢＣ”“１２３”。

半角字符占用一个标准字符宽度的空间。它们主要用于拉丁字母、阿拉伯数字和一些常见的标点符号。例如“ABC”“123”。

在某些正式文件和出版物中，为了美观和整齐，有时会使用全角字符，如何进行切换呢？一般是在输入法中进行切换。例如在搜狗输入法的状态栏中，使用月亮形状的按钮来代表半角和全角的切换：

半月形状表示半角，点击可切换为圆月的形状，表示全角。

分别切换半角、全角后，在Word中输入的效果如下（使用等宽字体）：

半角：ABCDEF123456↵
全角：ＡＢＣ１２３↵

技巧10　如何在文档中输入特殊符号？

技巧难度： ▇▇▇ 简单

有时我们需要在文档中插入一些特殊符号，该如何操作呢？

步骤①　打开文档，点击想要插入特殊符号的文档位置。点击"插入"选项卡，找到并点击"符号"组中的"符号"按钮。在弹出一个下拉菜单中，选择"其他符号"。

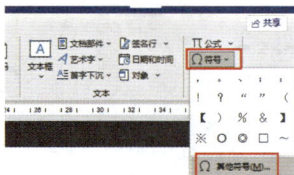

步骤②　在打开"符号"的对话框中，可以看到各种符号的列表。找到想要插入的特殊符号并选中，然后点击"插入"按钮，特殊符号将插入到文档中的插入点位置。

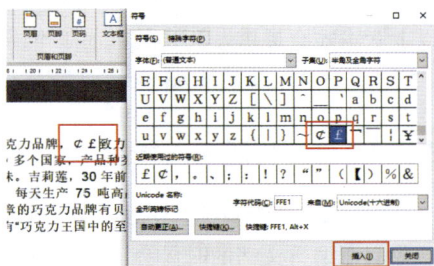

技巧11　如何输入数学形式的分数？

技巧难度： ▇▇▇ 中等

在Word中输入分数一般通过内置的公式工具来完成。

步骤①　打开文档，点击Word界面顶部的"插入"选项卡，在"符号"组中，点击"公式"右侧下拉按钮，在下拉菜单中，选择"插入新公式"。

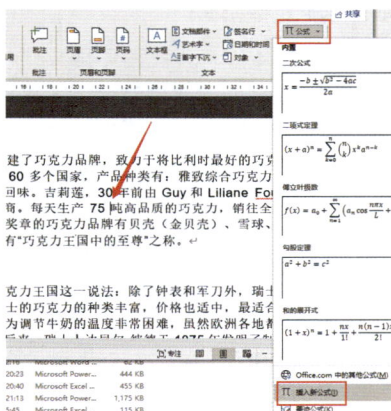

步骤②　在公式编辑器中，在顶部将看到一个"公式"选项卡，其中包含各种数学符号和结构。在"结构"组中，点击"分式"按钮，在下拉菜单中，选择想要的分数格式，如"分式（竖式）"。

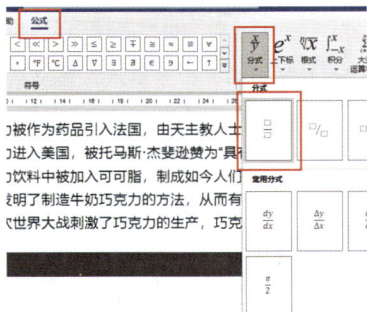

步骤③　在分数结构中，分别在分子和分母

的位置点击并输入数值即可。

笙，30 年前

立 $75\frac{1}{2}$ 高

力品牌有贝

技巧12　如何快速插入复杂的公式？

技巧难度： ▢▢▢ 　中等

如果要在Word中快速插入复杂的公式，可以通过以下步骤完成：

步骤①　打开文档，点击想要插入公式的位置。在Word的顶部菜单栏中，点击"插入"选项卡，点击"符号"组中的"公式"右侧下拉按钮，打开一个下拉菜单，点击"墨迹公式"。

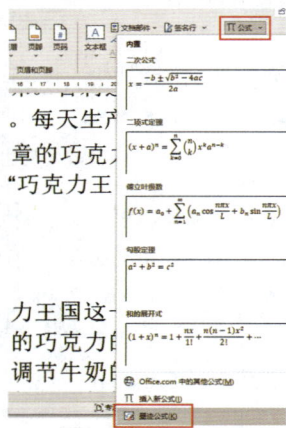

步骤②　在弹出的"数学输入控件"对话框中，可以使用鼠标、手绘板等手写公式。

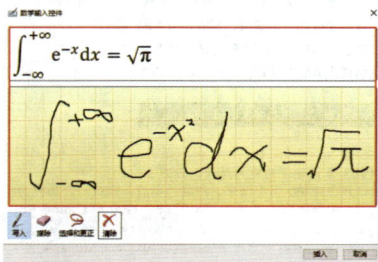

步骤③　可以看到识别出现了问题，点击对

话框下方的"选择和更正"按钮，框选出错的部分，Word将对框选部分给出修复方案，选择一个正确的方案。

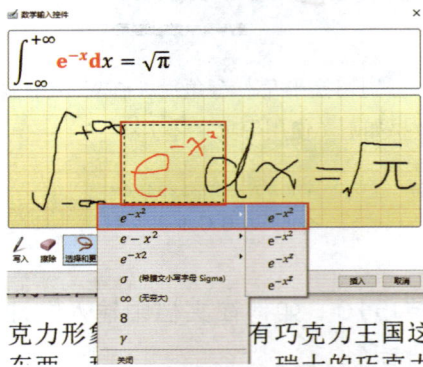

步骤④　确认正确之后，点击右下角的"插入"按钮。

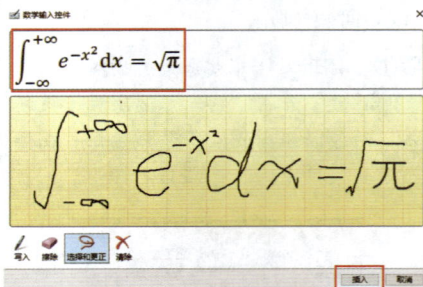

步骤⑤　公式将自动添加到文档的插入点中。

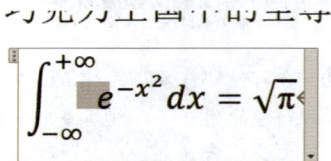

需注意，"墨迹公式"功能为Word 2016及以上版本才有提供，2013及以前版本需通过"插入新公式"手动插入。

技巧13　如何快速录入重复信息？

技巧难度： ▬▬▬ 　中等

我们在编辑文档的时候会需要输入一些

固定词语，例如公司名、品牌名等，名字又长，重复次数又多，如何快速录入呢？

步骤①　点击Word"文件"选项卡，在菜单中选择"选项"。

步骤②　在弹出的"Word选项"对话框中，选择"校对"，点击"自动更正选项…"按钮。

步骤③　在"自动更正"对话框中，选择"自动更正"选项卡。在"替换"框中输入一个简短的缩写或关键词，例如"bg"，在"替换为"框中输入想要自动替换的完整信息，例如"办公软件技巧有限公司"。点击"添加"按钮，然后点击"确定"。

步骤④　退出所有对话框，在文档中输入刚才设置的缩写，例如"bg"，按下空格键或标点符号，Word会自动将其替换为设置的完整信息，如下图。

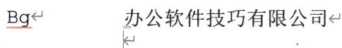

<u>Bg</u>↵　　　　　办公软件技巧有限公司↵

↵

第2节　文本编辑

本节详细介绍Word中的文本编辑功能，包括字体、段落和格式的调整，让您的文档更加专业和美观。

技巧14　如何快速移动文本或段落？

技巧难度：　■■■　简单

在进行段落组织的时候，有时需要进行段落顺序的调整，如何快速移动段落呢？

步骤①　打开文档，使用鼠标选择想要移动的文本或段落。

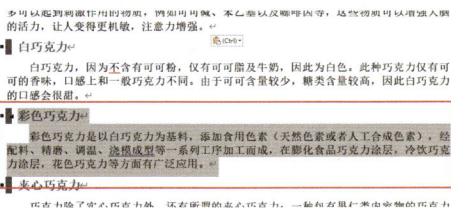

步骤②　按住鼠标左键，直接将选中的文本或段落拖动到新的位置，在拖动过程中将会看到一个虚线插入点，指示文本或段落将被放置的位置。

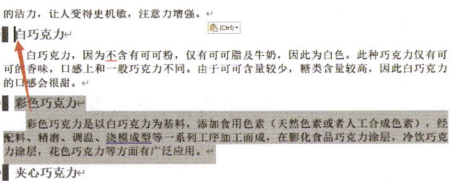

步骤③　释放鼠标左键，即可完成文本或段

落的移动。

■ 彩色巧克力

　　彩色巧克力是以白巧克力为基料，添加食用色素（天然色素或者人工合成色素），经配料、精磨、调温、浇模成型等一系列工序加工而成，在膨化食品巧克力涂层，冷饮巧克力涂层、花色巧克力等方面有广泛应用。

■ 白巧克力

　　白巧克力，因为不含有可可粉，仅有可可脂及牛奶，因此为白色，此种巧克力仅有可可的香味，口感上和一般巧克力不同，由于可可含量较少，糖类含量较高，因此白巧克力的口感会很甜。

技巧15　如何将文字转换成图片？

技巧难度： ▓▓▓▓　简单

　　为防止他人复制、修改文档内容，将文档发送给他人前，可先将文档中的内容转换为图片。

步骤①　打开文档，选中想要转换成图片的文字，右键点击选中的文本，然后选择"剪切"，或使用键盘快捷键Ctrl + X。

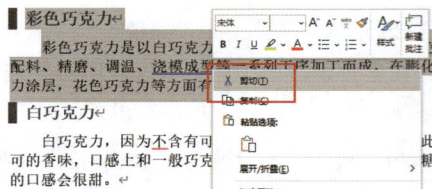

步骤②　在文字原来的位置右键，选择"粘贴"，或按快捷键Ctrl + V。此时在段落右下方将出现"粘贴选项"按钮。

步骤③　点击"粘贴选项"下拉按钮，选择"图片"。

步骤④　即可快速将选中的文字、段落转换成图片。

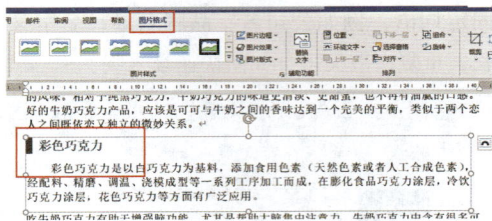

　　这样做的优点是可以防止文字被编辑，不过，图片格式的文字无法进行文本搜索或编辑。

技巧16　如何将简体字转换为繁体字？

技巧难度： ▓▓▓▓　简单

　　在与其他地区进行文档交流时，有时需要将简体汉字转换成繁体字再发送，如何利用Word提供的功能来完成呢？

步骤①　选择想要转换为繁体字的文本。如果需要转换整个文档，可以跳过这一步。

步骤②　在顶部菜单栏中，点击"审阅"选项卡，点击"中文简繁转换"组中的"简转繁"按钮。

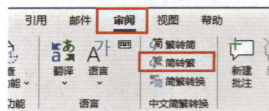

步骤③　点击"简转繁"按钮后，Word会自动将选中的简体字文本转换为繁体字。

步骤④　转换完成后，检查文档以确保所有需要的简体字都已正确转换为繁体字，特别是一些简体字形相同而繁体字形有不同的字。

技巧17　如何将金额的小写数字转化成大写数字？

技巧难度：▮▮▮▯▯　简单

在进行一些与财务相关的操作时，往往需要使用大写的数字，如何快速将小写的数字转化成大写呢？

步骤①　例如要为文档中的"报销金额（大写）"一栏输入大写金额，将光标放在插入点，点击"插入"选项卡，在"符号"组中，点击"编号"按钮。

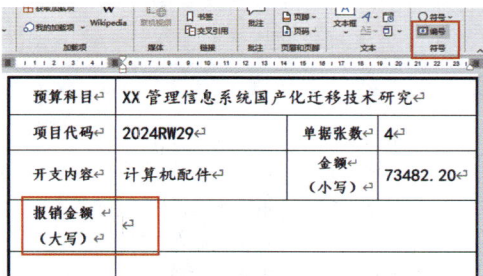

预算科目	XX 管理信息系统国产化迁移技术研究		
项目代码	2024RW29	单据张数	4
开支内容	计算机配件	金额（小写）	73482.20
报销金额（大写）			

步骤②　在弹出的"编号"对话框中，在编号中输入小写金额，如73482.2，编号类型选择"壹，贰，叁…"，点击"确定"按钮。

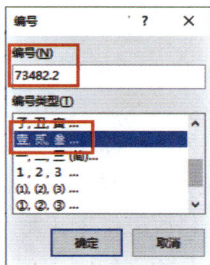

步骤③　由于该功能为编号功能，Word自动在插入点插入所填数字的整数部分，剩余小数部分需要我们补充，在末尾追加"圆贰角"，完成大写金额的填写。

开支内容	计算机配件	金额（小写）	73482.20
报销金额（大写）	柒萬叁仟肆佰捌拾贰圆贰角		

技巧18　如何撤销多个步骤？

技巧难度：▮▮▮▯▯　简单

在进行文本录入或格式修改时，难免会出错，或者达不到理想的效果，这时需要撤销修改操作。如果已经进行多步的编辑，如何快速撤销多个操作步骤呢？

步骤①　按下快捷键Ctrl + Z可以撤销最近的一步操作。连续按下Ctrl + Z，每按一次，Word会撤销一个操作，直到达到需要的撤销点。

步骤②　或在快速访问工具栏中，点击"撤销"按钮旁边的下拉箭头，会显示一个最近操作的列表。

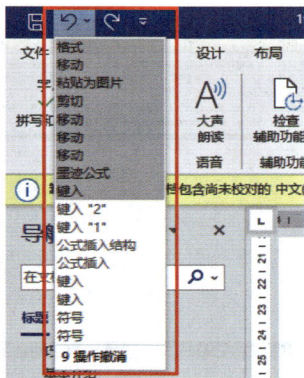

步骤③　在下拉菜单中，可以选择多个步骤进行撤销，点击列表中的一个操作，将撤销该操作及其之后的所有操作。

注意，Word的撤销功能通常有一个限制，即只能撤销一定数量的最近操作。如果需要撤销的操作超出了这个限制，可能需要使用事先备份的文档来恢复到更早的状态。

第3节　文本选择

本节将介绍Word中高效的文本选择技巧，包括鼠标和键盘操作，助您快速定位和编辑文档内容。

技巧19　如何快速选择文本？

技巧难度： ▮▮▮ 简单

在Word中快速选择文本可以通过以下几种方法实现：

步骤① 可以使用鼠标拖动选择：将鼠标光标放置在要选择的文本的起始位置，按住鼠标左键并拖动到要选择的文本的结束位置，然后释放鼠标左键。

步骤② 双击某个词，可以选择该词。按住Ctrl键并单击某个句子，可以选择该句子。

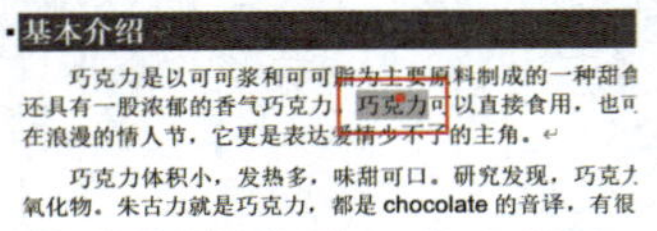

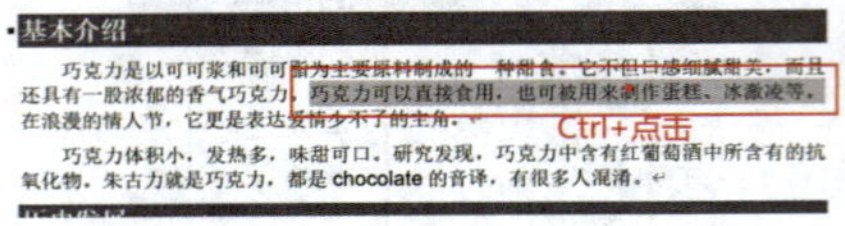

步骤③ 将鼠标光标放置在行的左侧，当光标变为指向右上方的箭头时，单击鼠标左键可以选择整行。双击鼠标左键可以选择整段。三击鼠标左键可以选择整个文档。

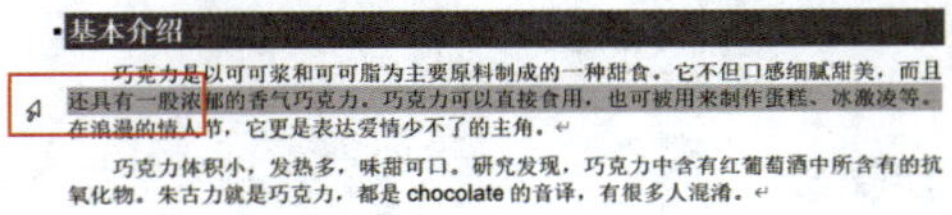

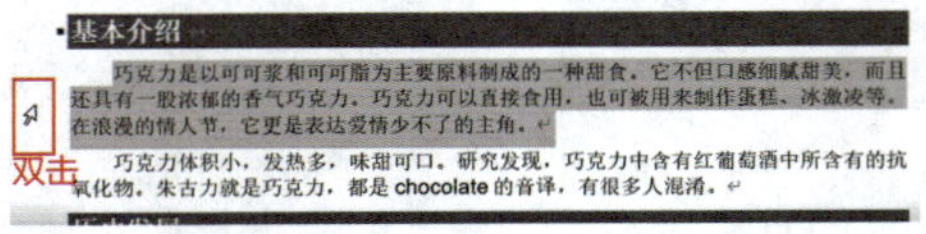

步骤④ 也可以使用键盘快捷键选择：将光标放置在要选择的文本的起始位置，按住Shift键，然后使用箭头键（←、→、↑、↓）移动光标到要选择的文本的结束位置。

技巧20　如何选择垂直区域的文本？

技巧难度： ▮▮ 简单

有时需要选择一些垂直区域的文本，例

如选择诗词等，该如何操作呢？

步骤① 将光标定位在想要选择垂直区域文本的起始位置。

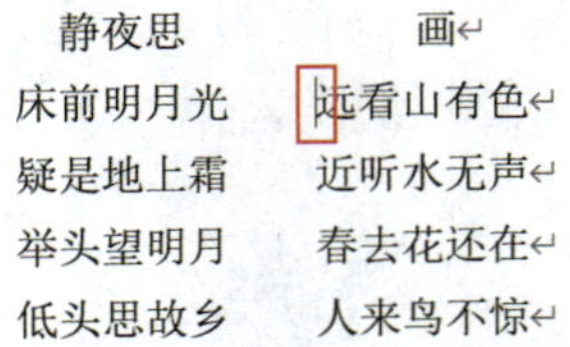

步骤② 在按住键盘Alt键的同时，通过拖动鼠标或使用方向键，可以选择一个垂直的文本区域，这个区域可以跨越多个段落和页面。当选择所需的文本区域后，释放Alt键，松开鼠标即可。

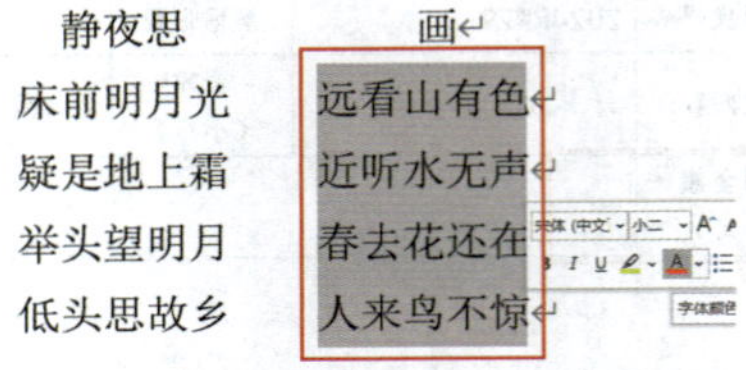

步骤③ 可对垂直选中的文本进行格式的设置等。

技巧21　如何快速选中所有格式相似的文本？

技巧难度： ▮▮ 中等

有时我们为一些标题设置了一种格式，而后期需要修改这个格式，例如改变颜色等，但一个个修改工作量又太大，该如何快速选择这些格式相似的文本段落呢？

例如要将"巧克力"文档中的所有标题修改为红色字体：

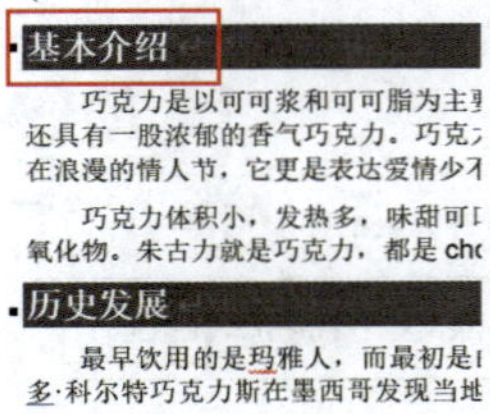

步骤① 选中想要查找的格式的示例文本或段落，点击"开始"选项卡，在"编辑"组中，点击"选择"按钮，在下拉菜单中，选择"选择格式相似的文本"。

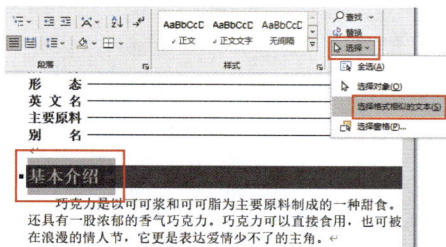

步骤② Word将自动选中所有与示例文本格式相似的文本。此时再进行格式的修改，即可同时将修改应用于所有选中的文本段落。

步骤③ 而文中与标题格式不同的文本则不会被选中，例如正文中的"加工过程"。

第3章　查找与替换

本章将介绍Word中的查找与替换功能，帮助您快速定位和修改文档中的特定内容，从而提升编辑效率和准确性。

第1节　查找功能

本节介绍Word强大的查找功能，教您如何快速定位文档中的特定内容，提升编辑效率。

技巧22 如何使用导航窗格查找文字？

技巧难度： ▮▮▮ 简单

在Word中使用导航窗格查找文字可以快速定位到文档中的特定内容。例如要在文档《巧克力》中寻找所有"黑巧克力"词语。

步骤① 打开文档，点击"视图"选项卡，在"显示"组中，勾选"导航窗格"复选框，导航窗格将显示在Word窗口的左侧。

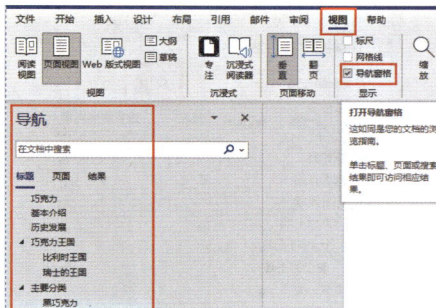

步骤② 在导航窗格中，默认显示的是"标题"视图，可在这里看到文档的各级标题，点击任意一个标题可以快速跳转到该页面。

步骤③ 在导航窗格顶部的搜索框中输入想要查找的文字，例如"黑巧克力"。Word会自动在文档中搜索包含输入文字的文本，并在导航窗格中显示搜索结果，每个结果旁边会显示所在的页面和段落。同时正文中相应的搜索词高亮显示。

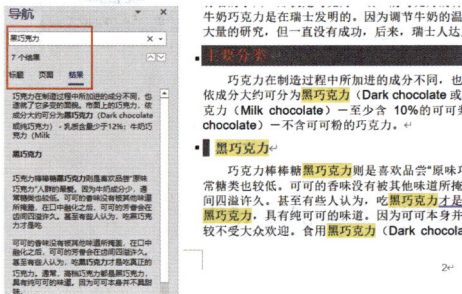

步骤④ 点击任意一个搜索结果，Word会自动跳转到文档中相应的位置。

技巧23　如何快速导航到图片、表格？

技巧难度： ▮▮▯▯▯　简单

如果我们想快速找到文档中的图片或表格，该如何操作呢？

例如要在文档《巧克力》中寻找并定位所有图形：

步骤①　打开导航窗格，在导航窗格中，点击上方的"搜索更多内容"下拉按钮。

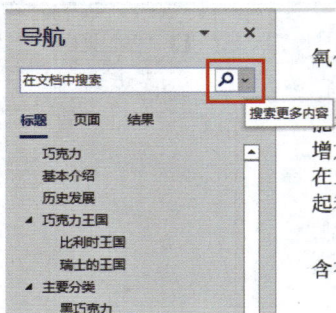

步骤②　在下拉菜单中选择"图形"，Word将搜索并展示出文档中所有的图形。可以通过"上一个""下一个"按钮依次浏览文档中的图形，Word将自动跳转到并选中该图形。

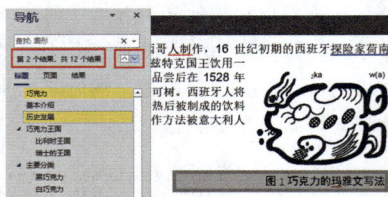

同理，在下拉菜单中选择"表格"，可快速定位到文档中所有的表格。

第2节　替换功能

本节讲解Word的替换功能，助您一键修改文档中的多处相同内容及格式，简化编辑流程。

技巧24　如何批量替换带有格式的目标文本？

技巧难度： ▮▮▮▯▯　中等

Word中的替换功能一般用于文字替换文字，但在有些文档中不需要全部替换，只需要替换其中一部分，例如只替换标题中带格式的文本，不替换正文的文本。应该怎么操作呢？

例如要将文档《巧克力》中的二级标题中的"巧克力"都替换为"朱古力"，而正文中的保持不变。

步骤①　按快捷键Ctrl + H，打开"查找和替换"对话框，在"查找内容"的文本框中输入要替换的文本，例如"巧克力"，点击"更多"按钮。

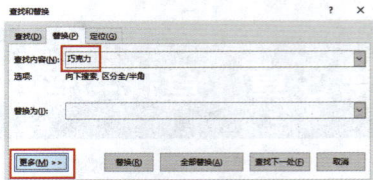

步骤②　点击"格式"下拉按钮，在下拉菜单中选择"字体"。

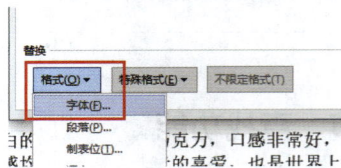

步骤③　二级标题与正文最大的区别就是，二级标题的字号是"小四"，正文是"五号"，可以此来区分。在弹出的"查找字

体"对话框中，选择"字号"为"小四"，点击"确定"。

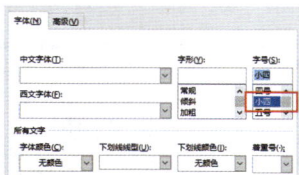

步骤④　返回"查找和替换"对话框，在"替换为"文本框输入"朱古力"，点击"全部替换"按钮。

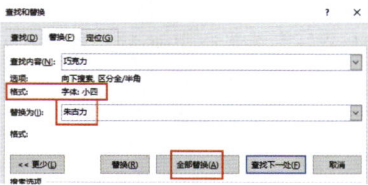

步骤⑤　再点击提示对话框中的"是"按钮。

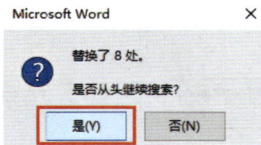

步骤⑥　这样就能将文档中所有二级标题中的"巧克力"更改为"朱古力"，而正文中的不会受影响。

技巧25　如何将文档中的文字替换为图片？

技巧难度：　▮▮▯　中等

为了丰富文档的表现力，我们可以将文段中的某些文字替换为图片。但是又不想一

个个替换，如何借助替换功能来实现呢？

例如要将文档《巧克力》中的"巧克力"字样全部替换成图片。

步骤①　将图片插入到文档中，调整到合适大小，以能匹配原文本的大小为宜。

图 4 卡通巧克力图

步骤②　选中需要替换为的图片，按快捷键 Ctrl+C 复制，将图片复制到剪贴板中。

步骤③　点击正文部分任意位置，按快捷键 Ctrl+H，打开"查找和替换"对话框。

步骤④　在"查找内容"文本框输入"巧克力"，鼠标光标定位在"替换为"的文本框，点击"更多"按钮。

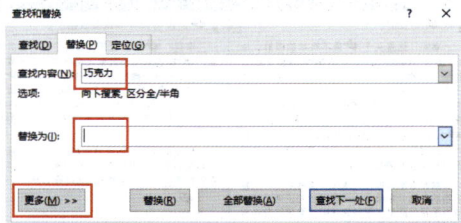

步骤⑤　点击"特殊格式"下拉按钮，在下拉菜单中选择"'剪贴板'内容"。

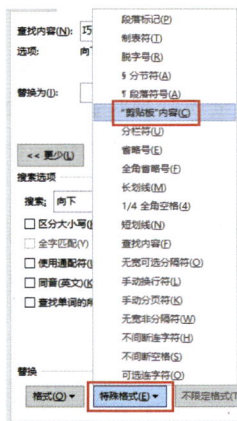

步骤⑥ 返回"查找和替换"对话框，点击"全部替换"按钮。

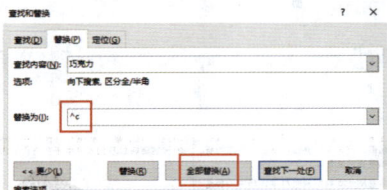

步骤⑦ 再点击提示对话框中的"是"按钮。

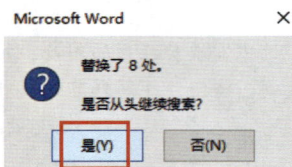

步骤⑧ 即可将指定文字全部替换为图片。替换后，记得将先前调整了大小的辅助图片删除。

技巧26 如何快速突出显示文档中的关键字？

技巧难度： 中等

在阅读纸质读物时，我们会使用荧光笔等记号笔将文本中一些关键字标记出来，突出重点。在Word中我们也可以使用替换功能，为文档中的某些关键字进行突出显示，应该如何操作呢？

例如，要将文档《巧克力》中的"巧克力"设置为绿色突出显示。

步骤① 打开文档，点击"开始"选项卡，

在"字体"组中点击"文本突出显示颜色"按钮，在下拉菜单中选择要标注关键字的颜色，例如"鲜绿"。

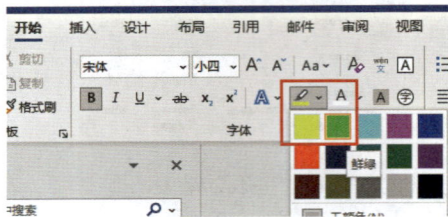

步骤② 按快捷键Ctrl+H，打开"查找和替换"对话框，点击"查找"选项卡，在"查找内容"文本框中输入"巧克力"，点击"阅读突出显示"的下拉按钮，在下拉菜单中选择"全部突出显示"选项，即可完成标记。

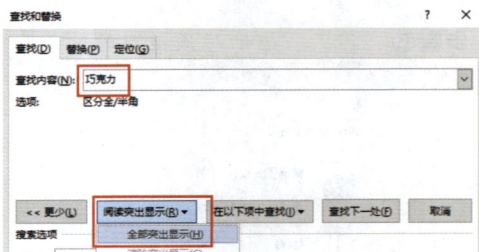

步骤③ 如果需要清除这些标记，在下拉菜单中选择"清除突出显示"即可。

技巧27 如何批量删除文档中的所有空格？

技巧难度： 简单

我们在复制网页上的内容粘贴到Word文

档时，经常会出现一些空格，如何批量删除所有空格呢？

　　例如删除文档《巧克力》中的全角空格和半角空格：

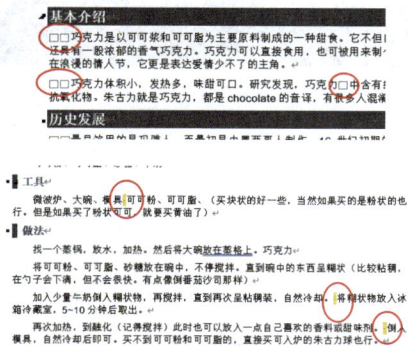

步骤①　打开文档，点击"开始"选项卡，在"编辑"组中点击"替换"按钮，或直接按下 Ctrl + H 快捷键，打开"查找和替换"对话框。

步骤②　在"查找和替换"对话框中，将光标定位到"查找内容"框中，按下空格键输入一个空格字符。将"替换为"框留空，表示将找到的空格替换为无内容。

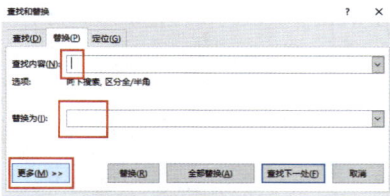

步骤③　点击"更多"按钮，展开更多选项，取消勾选"区分全/半角"复选框，点击"全部替换"按钮。

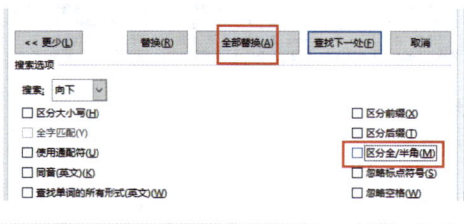

步骤④　Word会显示一个对话框，提示替换

了多少处，点击"确定"按钮关闭对话框。

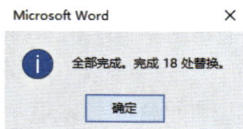

步骤⑤　去掉空格后的文档如下。

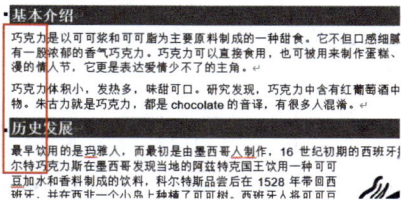

　　注意，自然段的段首空2格，一般通过缩进来完成，不通过2个全角空格来完成。

　　取消勾选"区分全/半角"即可一次性删除文中所有的全角和半角空格。但需注意，英文单词之间的空格也将被删除，所以该操作需谨慎。

技巧28　如何快速删除文档中的所有空白行？

技巧难度：　■■■ 中等

　　从网上复制的文章，由于采用不同的格式，经常会多出很多空行，这时候可以使用替换功能，将多余的空行一次性去掉。

　　例如要去掉文档《北京主要景点介绍》中的所有空行。

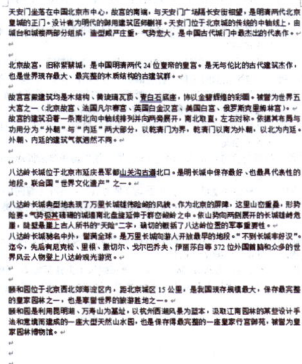

步骤① 打开文档，点击"开始"选项卡，在"编辑"组中点击"替换"按钮，或直接按下Ctrl + H快捷键，打开"查找和替换"对话框。在"查找和替换"对话框中，在"查找内容"框中输入"^p^p"，表示两个连续的段落标记（即空白行）。在"替换为"框中输入"^p"，表示一个段落标记。

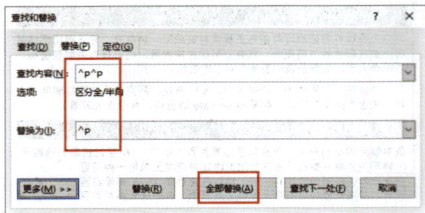

步骤② 点击"全部替换"按钮，Word将会把所有连续的空白行替换为一个空白行。

步骤③ 如果文档中有多组连续的空白行，需要重复点击"全部替换"按钮，直到Word提示没有更多内容可以替换为止。

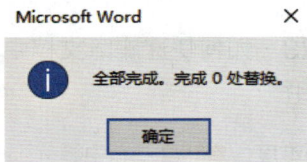

步骤④ 替换后的文档如下。

注意，不可以直接将"^p"段落标记替

换为无，否则将使所有段落都合并成一段。

第 4 章　格式与样式

本章将讲解Word中的格式与样式，涵盖文本格式设置、段落格式调整及样式应用与更改，助您打造专业且美观的文档。

第1节　文本格式

本节详细介绍Word中文本格式的设置方法，包括字体、大小、颜色等，让您的文档更加专业和美观。

技巧29　如何输入字号超过72的文字？

技巧难度：■■■■□□□□　简单

在Word中默认的字号范围从8号到72号进行选择，如果需要输入字号超过72的文字，可以按照以下步骤操作。

例如要将文档《鲜为人知的秘密》中每个标题中的序号格式修改为100号、Arial、加粗。

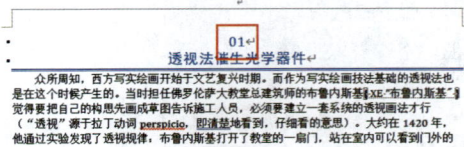

步骤① 打开文档，使用鼠标选择需要调整字号的文本。

步骤② 点击"开始"选项卡，在"字体"组中，找到字号选择框，在字号选择框中输入想要的字号数值，例如输入"100"，然后按下回车键。

透视法催生光学器件

步骤③　输入自定义字号后，选中的文本会立即按照设置的字号显示。再设置字体、加粗后的效果如下。

01↵

透视法催生光学器件

众所周知，西方写实绘画开始于文艺复兴时期。而作为写实绘画技法基础的透视法也是在这个时候产生的。当时担任佛罗伦萨大教堂设计建筑师的布鲁内斯基X E"布鲁内基"觉得要把自己的构思先画成草图告诉施工人员，必须要建立一套系统的透视画法才行。《"透视"源于拉丁动词 perspicio，即遍透地看到，仔细看的意思》。大约在1420年，他通过实验发现了透视规律，布鲁内斯基打开了教堂的一扇门，站在室内可以看到门以外的广场、街道和已经竣工的"洗礼堂"。以门框为界不就是一幅风景画吗？他发现建筑物尺

技巧30　如何为要删除的文字添加删除线？

技巧难度：　■■■　简单

有时需要通过添加删除线的方法，将文字标记为删除，该如何操作呢？

步骤①　打开文档，使用鼠标选择需要添加删除线的文字。

步骤②　点击"开始"选项卡，在"字体"组中，点击"删除线"按钮，即可为选中的文字添加删除线。

透视法催生

众所周知，西方写实绘画开始于文艺复兴时是在这个时候产生的。当时担任佛罗伦萨大教

步骤③　设置后的效果如下。

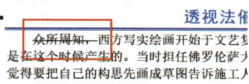

透视法催

众所周知，西方写实绘画开始于文艺复觉得要把自己的构思先画成草图告诉施工

技巧31　如何设置字符间距？

技巧难度：　■■■　简单

Word中的文字会根据一行中的字数进行自动调节。调整字符间距可以更好地控制文本的外观和可读性，尤其是在设计文档或需要特殊排版效果时。那么该如何设置字符间距呢？

例如要将文档《鲜为人知的秘密》每个标题中的字符间距调整为加宽12磅。

步骤①　打开文档，选择需要调整字符间距的文本。

步骤②　点击"开始"选项卡，在"字体"组中，点击右下角的小箭头，打开"字体"对话框。

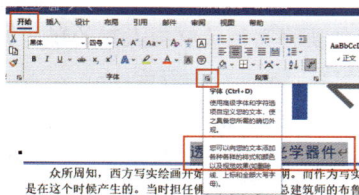

步骤③　在打开的"字体"对话框中，切换到"高级"选项卡。在"间距"下拉菜单中，可以选择"标准""加宽"或"紧缩"。或在"磅值"框中，输入想要的间距值，这个值决定了字符间距相对于标准间距的增加或减少量。

步骤④　可以通过"预览"区域查看设置后的效果。

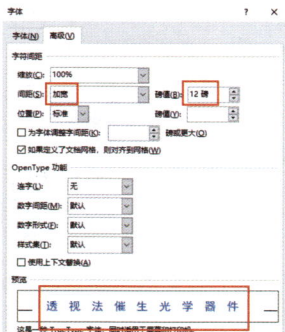

步骤⑤ 设置完成后，点击"确定"按钮应用更改。

技巧32 如何在文字下方添加着重号？

技巧难度： 简单

有时想强调某些词语或句子，而默认格式只有下划线、斜体等，该如何为文字添加着重号呢？

例如要将文档《鲜为人知的秘密》中的"文艺复兴时期"添加着重号。

步骤① 打开文档，选中文字，点击"开始"选项卡，在"字体"组中点击右下角的小箭头。

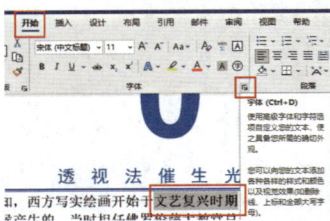

步骤② 在"字体"对话框中，在"着重号"下拉选择"·"选项。

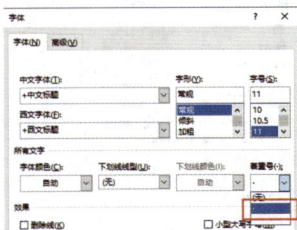

步骤③ 点击"确定"按钮，即可为文字应用着重号效果。

技巧33 如何给字符设置上标与下标效果？

技巧难度： 简单

在输入数学公式时经常需要输入上标或者下标，例如平方或者方程的根。该如何为文本应用上标或下标的效果呢？

例如输入"$x^2-4x+3=0$ 方程的 2 个根为 $x_1=1$，$x_2=3$"这段文本。

步骤① 新建文档，先输入文本"x2−4x+3=0方程的2个根为x1=1，x2=3"。

步骤② 选中需要设置为上标的文本（第一个x后的"2"），点击"开始"选项卡，在"字体"组中，点击上标按钮，或按快捷键Ctrl + Shift + =，即可为文本应用上标效果。

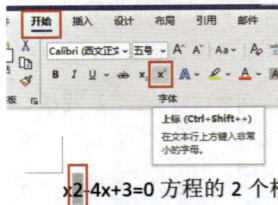

x^2-4x+3=0 方程的 2 个根

步骤③ 分别选中需要设置为下标的文本（两个根中的"1""2"），点击下标按钮或按快捷键Ctrl + =，则可为文本应用下标效果。

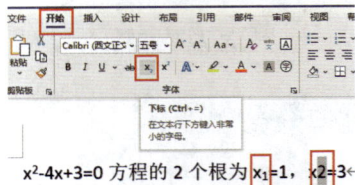

x^2-4x+3=0 方程的 2 个根为 $x_1=1$，$x_2=3$

步骤④ 设置后的文本如下图。

$x^2-4x+3=0$ 方程的 2 个根为 $x_1=1$，$x_2=3$

技巧34　如何为文字添加文本效果？

技巧难度：　■■■□□　简单

Word除了普通的格式设置外，还提供了一些3D等特殊效果，在哪里可以进行设置呢？

例如要将文档《鲜为人知的秘密》中的标题序号应用文本效果。

步骤①　打开文档，选中文本，点击"开始"选项卡，在"字体"组中点击右下角的小箭头，打开"字体"对话框。

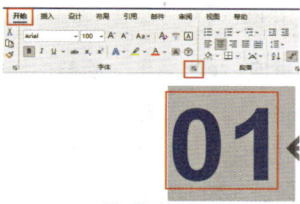

步骤②　在打开的"字体"对话框中，点击对话框底部的"文字效果"按钮。

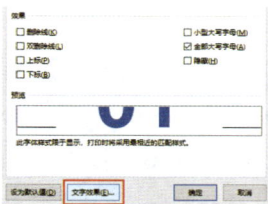

步骤③　在弹出的"设置文本效果格式"对话框中，选择需要的文本效果，如阴影、反射、发光等。

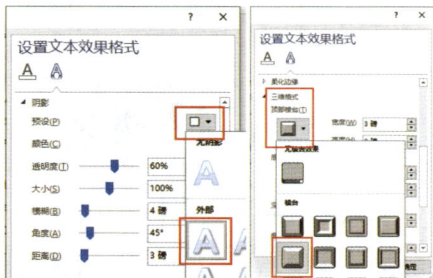

步骤④　调整效果的参数，如颜色、大小、透明度等，点击"确定"按钮应用更改。

透 视 法 催 生 光 学 器 件
西方写实绘画开始于文艺复兴时期。而作为写实绘画技法基生的。当时担任佛罗伦萨大教堂总建筑师的布鲁内斯基XE

技巧35　如何快速清除文本格式？

技巧难度：　■■■□□　简单

为文本应用各种各样的格式之后，或者从其他文档复制了带格式的文本时，需要直接清除所有格式重新设置，这时应当如何操作呢？

步骤①　选中文字，点击"开始"选项卡，在"字体"组中点击"清除所有格式"按钮，或按快捷键Ctrl + 空格键，选中的文字将会恢复到默认的文本格式。

步骤②　清除后就只剩下默认格式的纯文本。

透 视 法 催 生 光
众所周知，西方写实绘画开始于文艺复兴时期。是在这个时候产生的。当时担任佛罗伦萨大教堂总建常得要把自己的构思先描成草图告诉施工人员，必须

技巧36　如何让粘贴的内容匹配当前位置的格式？

技巧难度：　■■■□□　简单

Word中默认情况下，粘贴的内容将会带

上原来所在页面的格式，这在一定情况下是非常实用的，例如在网页中复制带有设置好格式的文本。但是有时我们想将复制的内容与当前文档插入点位置的格式相同，应该如何操作呢？

例如要在文档《鲜为人知的秘密》中粘贴从网页复制的内容。

步骤① 先从其他地方复制想要粘贴的文本，在 Word 文档中，点击定位到想要粘贴文本的位置。

步骤② 右键点击并选择"粘贴"，或使用快捷键 Ctrl + V 粘贴文本，此时在粘贴区域右下角将出现粘贴选项按钮，粘贴的文字默认带有源复制位置的所有格式。

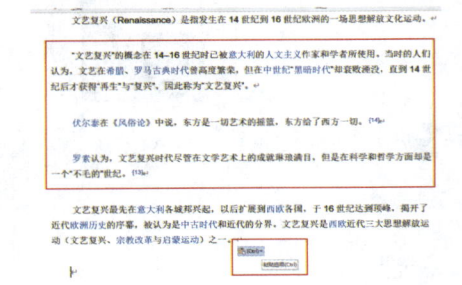

步骤③ 点击按钮，出现"保留源格式""合并格式"或"仅保留文本"的粘贴选项。"保留源格式"为粘贴的文本将保持其原始格式。"合并格式"意思是粘贴的文本将采用当前位置的格式，但保留一些原始格式（如加粗、斜体等）。"仅保留文本"表示粘贴的文本将仅保留纯文本，不包含任何格式。

步骤④ 点击"合并格式"即可让粘贴的内容匹配当前位置的格式。再适当合并段落，得到以下效果。

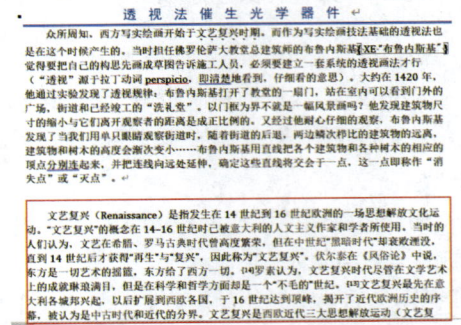

技巧37 如何对文本快速应用文档中已有的格式？

技巧难度： 简单

在 Word 中，格式刷是一种非常有用的工具，可以快速将一种文本格式应用到其他文本，从而保持文档的一致性。使用格式刷对文本快速应用文档中已有的格式的操作如下。

例如要将文档《鲜为人知的秘密》中之前对序号"01"设置的格式，应用到其他小节序号中。

步骤① 打开文档，找到希望复制格式的文本，使用鼠标选择该已格式化的文本。

步骤② 点击"开始"选项卡，在"剪贴板"组中，找到并点击"格式刷"图标。注意，单击格式刷图标一次，格式刷将在应用一次后自动关闭。如果需要多次应用，需双击格式刷图标。

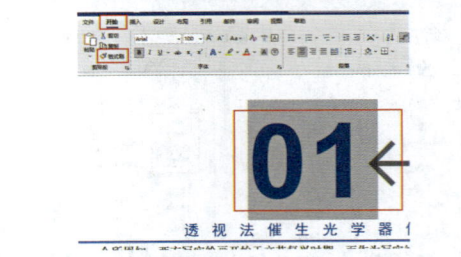

步骤③ 这时鼠标指针会变成一个刷子的形

状，表示格式刷已激活。使用鼠标选择希望应用相同格式的目标文本或段落。选中目标文本后，格式会立即应用。

步骤④　如果双击了格式刷图标，格式刷将保持激活状态，可以继续选择其他目标文本来应用相同的格式。完成所有格式应用后，再次点击格式刷图标或按下Esc键以关闭格式刷。完成格式复制的效果如下图。

第2节　段落格式

本节将介绍如何调整Word中的段落格式，包括对齐、缩进、行距等，使文档布局更加合理和清晰。

技巧38　如何为段落设置首行缩进？

技巧难度： 简单

我们的自然段落一般采用段首空2个字符，在Word中，一般是通过设置段落的首行缩进来完成。

例如为文档《鲜为人知的秘密》的段落添加首行缩进。

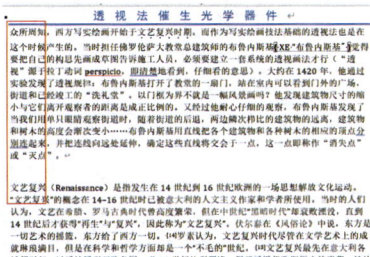

步骤①　使用鼠标选择要设置的段落。如果只设置一个段落，只需将光标放置在该段落中的任意位置。

步骤②　点击"开始"选项卡，在"段落"组中，点击右下角的小箭头，打开"段落"对话框。

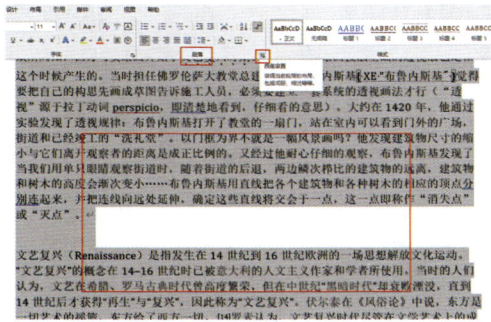

步骤③　在"段落"对话框中，切换到"缩进和间距"选项卡，在"缩进"部分的"特殊"（旧版本为"特殊格式"）下拉菜单中，选择"首行"（旧版本为"首行缩进"），在"缩进值"框中，输入想要的首行缩进值，通常首行缩进的默认值是"2字符"。

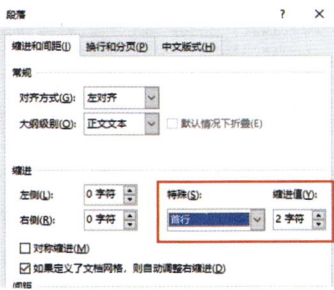

步骤④　点击"确定"，即可为选择的段落设置首行缩进。

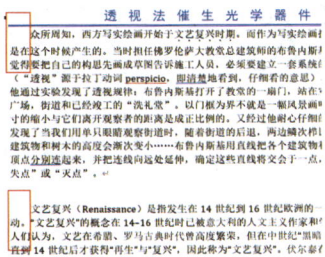

技巧39　如何设置文字首字下沉？

技巧难度： 简单

有时我们在排版时，需要为段落设置一些特殊效果，例如段首第一个字非常大，该如何操作呢？

例如为文档《鲜为人知的秘密》的第一段添加首字下沉。

步骤①　打开文档，将光标放置在该段落中的任意位置。点击"插入"选项卡。在"文本"组中，点击"首字下沉"按钮，在弹出的下拉菜单中，点击"首字下沉"。

步骤②　还可以在菜单中点击"首字下沉选项…"，打开"首字下沉"对话框，可以对下沉的行数和距正文的距离进行详细设置。

技巧40　如何使段落内容的中间不分页、与下段同页？

技巧难度： 简单

有些段落排版特殊，不希望一个段横跨两页。这时候可以使用Word的"段中不分页"选项，自动将段落从下一页开始排版。

例如为文档《供应链中的库存管理研究》第3页末尾段落设置在段落中间不分页。

步骤①　点击段落中的任意位置，右键点击选中的段落，选择"段落"选项，或者点击"开始"选项卡，点击"段落"组中右下角的小箭头，打开"段落"对话框。

步骤②　在"段落"对话框中，切换到"换行和分页"选项卡，勾选"段中不分页"复选框，点击"确定"按钮应用更改。

步骤③　段落中的内容已经自动从下一页开始排版，但是剩下标题在上一页末行往往不美观。将光标放在标题中间，打开"段落"对话框，在"换行和分页"选项卡中，勾选"与下段同页"复选框，点击"确定"按钮应用更改。

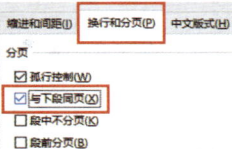

步骤④　最终完成的效果如下图，上一页末尾即使有空白处，也不会进行排版。

技巧难度：　简单

使用Word排版时可以控制段落中行与行之间的距离——行间距，也可以控制段落与段落之间的距离——段间距。其设置方法如下：

步骤①　使用鼠标选择要设置的段落。如果只设置一个段落，只需将光标放置在该段落中的任意位置。

步骤②　点击"开始"选项卡，在"段落"组中，点击右下角的小箭头打开"段落"对话框。

步骤③　在"段落"对话框中，切换到"缩进和间距"选项卡，在"间距"部分的"段前"（段落上方与前一段落之间的间距）和"段后"（段落下方与下一段落之间的间距）框中，输入想要的间距值，可以以磅或行为单位。

步骤④　右侧的"行距"则可以设置段落中行与行之间的距离，一般可设置为单倍、1.5倍、2倍等。在其间的小数则使用"多倍行距"，在右侧输入倍数，例如1.3、2.4等。也可设为固定值，并在右侧输入以磅为单位的值。设置好的段落与上下段落的对比如下图。

库存管理是制造企业资源调集环节中最重要的部分，因为在资源中，物料占用资金的比率最大，其他如机器设备、厂房、人力利润的影响都不如物料。制造企业的组织使命是根据市场需求生产出能使顾客满意的产品，如果库存环节失去适当功能，也就无法适时供应生产所需"质"与"量"的物料，与销售四环节的失调，产销目标不能实现。

库存成本在制造成本中占最大比率，对利润的影响也最大。制造企业的生产是先投入成本后转变为成品，以谋取利润，所以物料成本中的角色非同小可。一般来说，在装配业与一般加工业、其物料成本带占总制造成本的半数以上少数资本密集或技术密集的产业除外。因此，就重点管理的原则来说，物料本应该是管理的重点，对成本、利润的影响也最大经营成败的关键。

库存控制做不到适时、适量、适质的物料供应，会严重降低企业的生产力。生产力是制造业的中心思想，制造企业必须运用管理手段与技巧，人才、设备与物料，能彻底有效运用。

技巧难度： 简单

为了强调一些文本、项目或小标题，可在其前面加上项目符号。如何添加呢？

例如为文档《供应链中的库存管理研究》中"库存的作用"添加项目符号。

▲**2.1.2·库存的作用**

　库存是企业为维持连续的正常生产、应付不确定性
下几点：

　满足不确定的顾客需求；
　调节供需平衡；
　分离生产过程中的作业；
　降低单位订购费用与生产准备费用；
　利用数量折扣；
　避免价格上涨；

步骤① 点击段落中的任意位置，或者使用鼠标拖动选择多个段落。点击"开始"选项卡，在"段落"组中，点击"项目符号"右侧的下拉按钮。

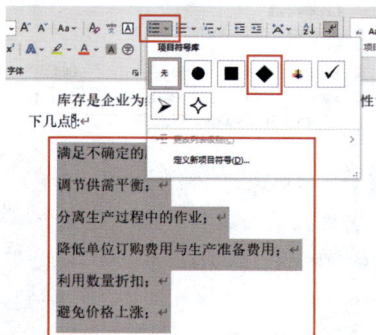

步骤② 在菜单中选择一种合适的符号，即

可为选中的段落添加项目符号。

　库存是企业为维持连续的正常生产、应付不i
下几点：

　◆→满足不确定的顾客需求；
　◆→调节供需平衡；
　◆→分离生产过程中的作业；
　◆→降低单位订购费用与生产准备费用；
　◆→利用数量折扣；
　◆→避免价格上涨；

步骤③ 如果想取消，直接按退格键删除即可，或再次点击"项目符号"右侧下拉按钮，在菜单中选择"无"，即可取消项目符号。

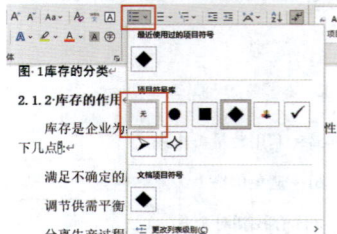

技巧难度： 中等

通常插入的项目符号都是与正文同色的，为了格式设置即文档需要，有时想设置为其他颜色，该如何操作呢？

例如为文档《供应链中的库存管理研究》中蓝色文本的"库存的作用"项目符号设为红色。

▲**2.1.2·库存的作用**

　库存是企业为维持连续的正常生产、应付不确
下几点：

　◆→满足不确定的顾客需求；
　◆→调节供需平衡；
　◆→分离生产过程中的作业；
　◆→降低单位订购费用与生产准备费用；
　◆→利用数量折扣；
　◆→避免价格上涨；

步骤① 使用鼠标拖动选择已经应用项目符

号的段落。点击"开始"选项卡，在"段落"组中，点击"项目符号"右侧的小箭头，在菜单中选择"定义新项目符号…"。

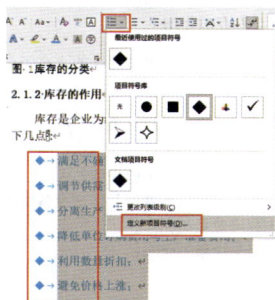

步骤② 在"定义新项目符号"对话框中，点击"字体"按钮，打开"字体"对话框。

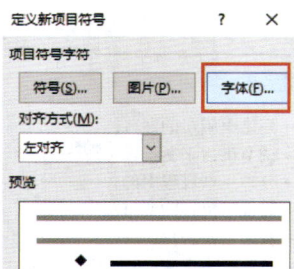

步骤③ 在"字体"对话框中，找到"字体颜色"选项，从下拉菜单中选择想要更改的颜色，例如红色。

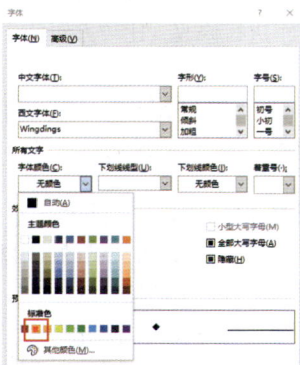

步骤④ 按顺序点击"确定"按钮，应用更改。

▲ 2.1.2 库存的作用

库存是企业为维持连续的正常生产、应付不
下几点：

- ◆ → 满足不确定的顾客需求；
- ◆ → 调节供需平衡；
- ◆ → 分离生产过程中的作业；
- ◆ → 降低单位订购费用与生产准备费用；
- ◆ → 利用数量折扣；
- ◆ → 避免价格上涨；

技巧44 如何添加项目符号库中没有的符号?

技巧难度： ▯▯▯ **中等**

Word默认提供的项目符号样式比较有限，有时候想进行一些个性化的设置，该如何添加其他的项目符号呢?

步骤① 使用鼠标拖动选择已经应用项目符号的段落。点击"开始"选项卡，在"段落"组中，点击"项目符号"右侧的小箭头，在菜单中选择"定义新项目符号…"。

步骤② 在"定义新项目符号"对话框中点击"符号"按钮。

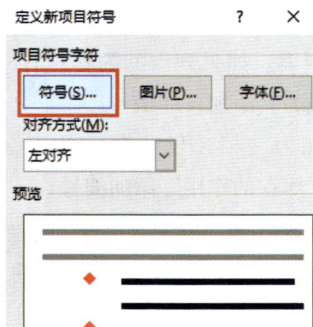

步骤③ 在"符号"对话框中，从"字体"下拉菜单中选择一个包含所需符号的字体，一般选择"Wingdings""Wingdings 2""Wingdings 3"等。

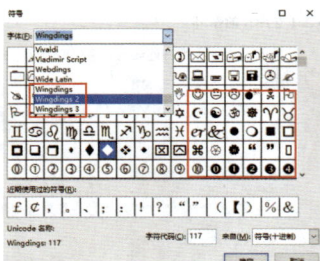

步骤④ 浏览符号列表，选择想要用作项目符号的符号。点击"确定"按钮，返回到"定义新项目符号"对话框。可继续对字体、大小、颜色等格式进行设置。点击"确定"按钮，应用自定义项目符号。

技巧45 如何插入编号？

技巧难度： 简单

与项目符号的无序不同，编号是带有序号的列表。如果列出的内容是有先后顺序的，一般为其添加自动编号。

例如为文档《供应链中的库存管理研究》中"库存的作用"添加编号。

步骤① 使用鼠标拖动选择多个段落。点击"开始"选项卡，在"段落"组中，点击"编号"右侧的下拉按钮。

步骤② 在菜单中选择一种合适的编号，例如"1.2.3.""一、二、三、"等，即可为选中的段落添加编号。

步骤③ 如果想取消，可直接按退格键删除，或再次点击"编号"右侧下拉按钮，在菜单中选择"无"，即可取消编号。

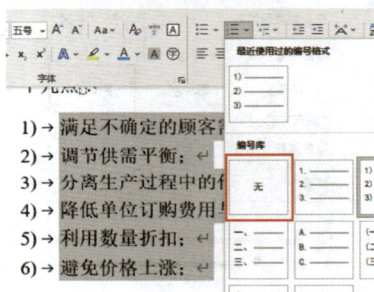

Word的编号功能可以帮我们自动维护顺序，比起手工打的序号，如果删除中间的某一项，采用Word编号可以自动调整编号，无需我们逐个进行修改，比较方便。

技巧46 如何为编号设置指定的值？

技巧难度： 简单

除了选择Word默认提供的编号样式，我们还可以使用自定义的编号。

例如将编号设置为"作用壹·"。

步骤① 使用鼠标拖动选择已经应用项目符号的段落。点击"开始"选项卡，在"段落"组中，点击"编号"右侧的小箭头，在菜单中选择"定义新编号格式…"按钮。

2.1.2·库存的作用

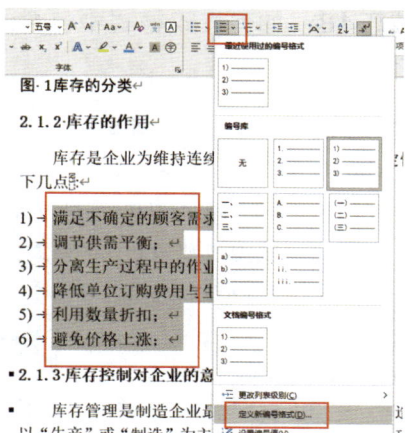

图·1库存的分类

2.1.2·库存的作用

库存是企业为维持连续的正常生产、应付不确定
下几点：

1）满足不确定的顾客需求
2）调节供需平衡；
3）分离生产过程中的作业
4）降低单位订购费用与生
5）利用数量折扣；
6）避免价格上涨；

■ 2.1.3·库存控制对企业的意义

■ 库存管理是制造企业最

步骤② 在"定义新编号格式"对话框中，在"编号样式"下拉中选择我们需要的"壹，贰，叁，…"，根据需要的编号格式进行选择。在"编号格式"中，保留灰底的"壹"，这个是用来递增的。

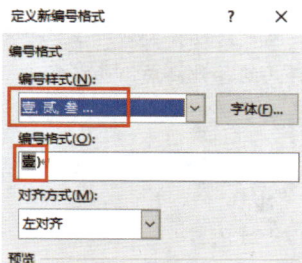

步骤③ 删除前后多余的字符，并在前面加上"作用"，在后面加上"·"。

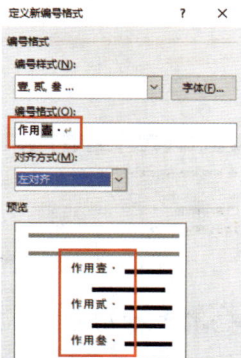

步骤④ 点击"确定"，应用修改，即可为所选段落应用自定义的编号格式。

2.1.2·库存的作用

库存是企业为维持连续的正常生产、应付不确定
下几点：

作用壹 ·	满足不确定的顾客需求；
作用贰 ·	调节供需平衡；
作用叁 ·	分离生产过程中的作业
作用肆 ·	降低单位订购费用与生产准备费用；
作用伍 ·	利用数量折扣；
作用陆 ·	避免价格上涨；

■ 2.1.3·库存控制对企业的意义

第3节　样式更改

本节将介绍如何在Word中应用和修改样式，快速统一文档格式，提升编辑效率和文档专业度。

技巧47　如何快速为段落应用一种样式？

技巧难度： ▇▇▇ 简单

样式是预定义的格式集合，用于快速统一文档中文本、段落、表格等的外观。它们包括字体、字号、颜色、间距、缩进等多种属性。一般来说，相同级别的标题，应当应用同一种样式，方便统一化管理。如果想为段落应用样式，可采用如下步骤。

例如要为文档《Access数据库应用基础》的红色文本应用"标题1"样式、绿色文本应用"标题2"样式。

适用对象

需要使用 Access 管理、查询数据的

课时

8

课程大纲

Access 概述

步骤① 打开文档，选中任一红色文本的段

落。点击"开始"选项卡，在"编辑"组中点击"选择"按钮，在弹出的菜单中选择"选择格式类似的文本"。

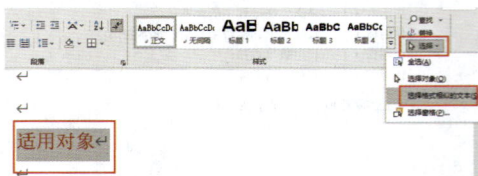

需要使用 Access 管理、查询数据的各类人员

步骤② 点击"开始"选项卡，在"样式"组中将看到一系列预定义的样式。这些样式包括标题1/2/3、标题、正文、引用等。

步骤③ 找到想要应用的样式，点击该样式，这里点击"标题1"，即可快速将该样式应用到选中的段落。

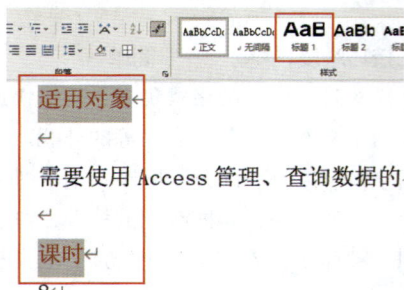

步骤④ 使用同样方法选择所有绿色文本的段落，应用"标题2"样式。

步骤⑤ 此时，在导航窗格中也可以看到，包含标题1/2的文本已经自动提升为相应的大纲级别并显示出来。

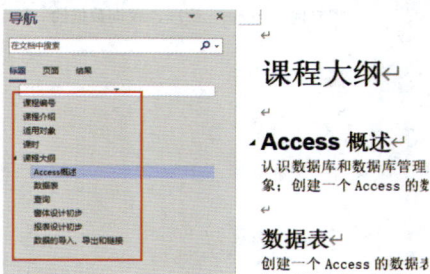

技巧48 如何修改样式中包含的格式？

技巧难度： ▮▮▮ 简单

Word提供样式的默认格式，不一定适合我们的文档，例如标题1/2/3的字号过大、段间距过大等。可以如何修改默认的格式呢？

步骤① 点击"开始"选项卡，在"样式"组中，找到要修改的样式，如果没有看到，可点击右下角的小箭头，在更多"样式"窗格中寻找。右键点击选中的样式，选择"修改…"选项。

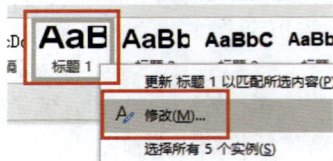

步骤② 在"修改样式"对话框中，可以分别设置样式的各种格式，包括字体、段落、边框和底纹等。

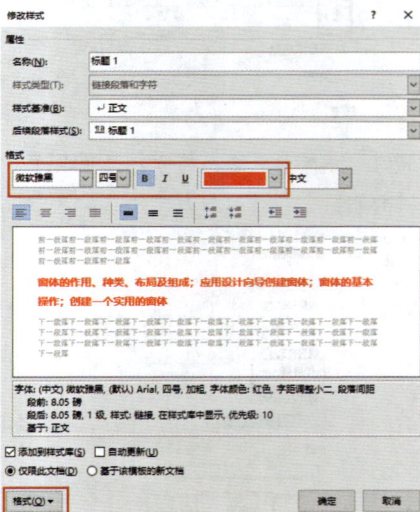

步骤③ 例如对字体的设置，点击左下角的"格式"按钮，选择"字体"，在"字体"对话框中设置字体样式、大小、颜色等。

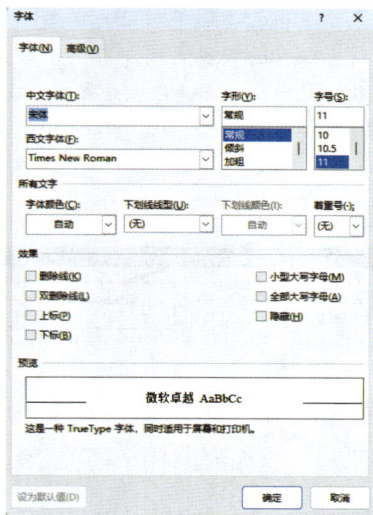

步骤④ 例如对段落的设置，点击左下角"格式"按钮，选择"段落"，在"段落"对话框中设置对齐方式、缩进、行距等。

步骤⑤ 修改完成后，在"修改样式"对话框中，点击"确定"按钮，应用样式更改。这时文档中应用了该样式的文本已经更新为新的格式。

技巧49 如何将设置好的文本格式保存为样式？

技巧难度： 简单

在文档中有时我们会创建一些特别的格式，例如注意事项、引文、课后习题等板块，需要统一应用某种格式，用格式刷又太慢，而且不便于后期统一调整，这时候可将其保存为自定义样式，方便应用到更多相似的段落。

例如将文档《Access数据库应用基础》中的问号文本样式存为"问题"样式。

步骤① 选中已经设置好格式的文本。点击"开始"选项卡，在"样式"组中，点击样式选择框右侧下拉箭头，点击"创建样式"。

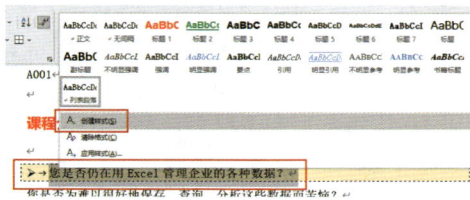

步骤② 在"根据格式化创建新样式"对话框中，在"名称"中输入自定义的名称，如果还需要对格式作额外修改，可点击下方的"修改..."按钮进行修改。

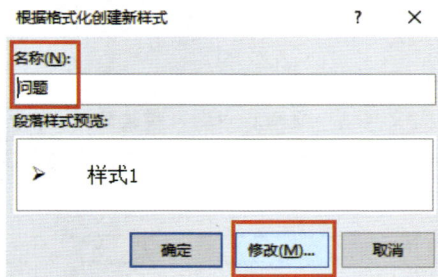

步骤③ 设置完成后，点击"确定"按钮，新样式将会被保存并在"样式"窗格中显示。可以将该样式应用到其他类似的文本，达到风格的统一。

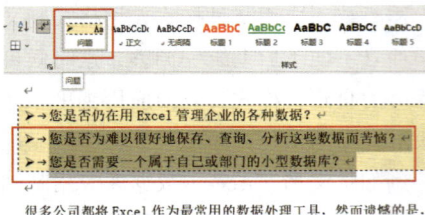

→ 您是否仍在用 Excel 管理企业的各种数据？

→ 您是否为难以很好地保存、查询、分析这些数据而苦恼？

→ 您是否需要一个属于自己或部门的小型数据库？

很多公司都将 Excel 作为最常用的数据处理工具，然而遗憾的是，

技巧50 如何保存文档中的所有样式？

技巧难度： 中等

当制作好一份文档，对其中自定义的各级格式都比较满意，想保存作为模板以便以后的文档可以使用，该如何保存呢？

例如要保存文档《Access数据库应用基础》中已经制作好的样式。

步骤① 打开文档，点击"设计"选项卡，点击"文档格式"组中的右侧下拉按钮，其下拉菜单中选择"另存为新样式集…"。

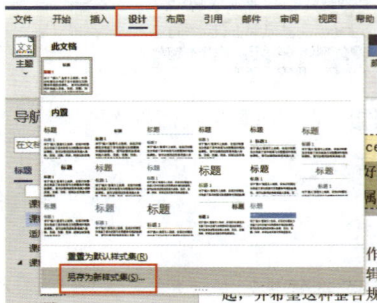

步骤② 打开"另存为新样式集"对话框，在"文件名"文本框中输入模板的名称，点击"保存"按钮，即可将文档中所有样式保存为模板文件。

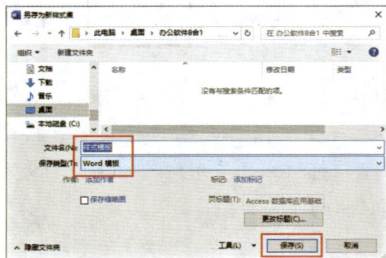

步骤③ 下次需要使用相同的样式，双击打开刚才保存的模板文件即可。模板文件无法直接保存，保存时将自动保存为Word文档。

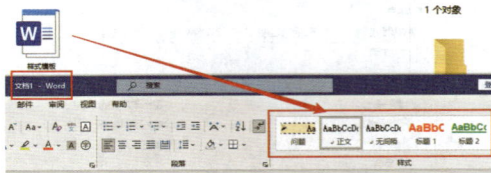

技巧51 如何导入另一个文档的样式？

技巧难度： 中等

如果看到另外一个文档有需要的样式，也可以直接导入这个文档的全部或某几个样式，该如何操作呢？

例如导入文档《巧克力》中的样式。

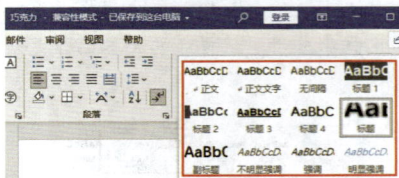

步骤① 新建或打开准备应用样式的文档。点击"开始"选项卡，在"样式"组中，点击右下角的小箭头，打开"样式"窗格。

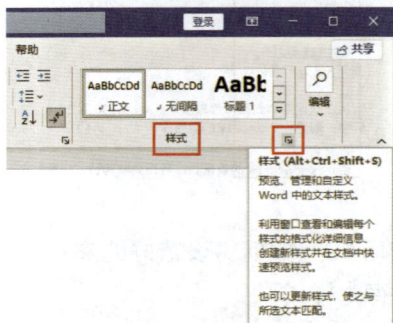

步骤② 在"样式"窗格中，点击底部的"管理样式"按钮。

步骤③　在"管理样式"对话框中，点击左下角"导入/导出"按钮。

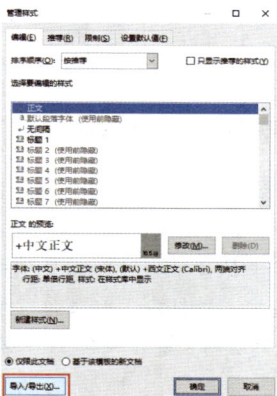

步骤④　在打开的"管理器"对话框右侧，点击"关闭文件"按钮，关闭默认的Normal.dotm模板文件。

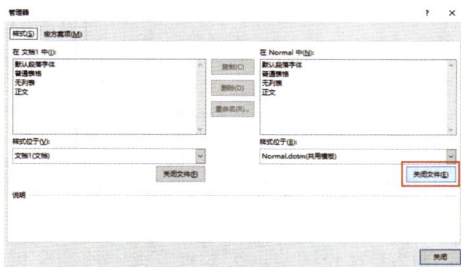

步骤⑤　再点击原位置的"打开文件"，打开包含要导入样式的Word文档，例如"巧克力"。注意，在"打开"文件对话框中，

默认的文件类型是"模板文件"，需更改为"所有Word文档"。

步骤⑥　打开后，在"管理器"对话框右侧可以看到准备导入文档中的所有样式。选择想要导入的样式（如果要保存导入样式则先点击第1项，按住Shift再点击最后一项）。

步骤⑦　点击"复制"按钮，将选中的样式从源文档复制到目标文档。点击"确定"按钮，关闭对话框。

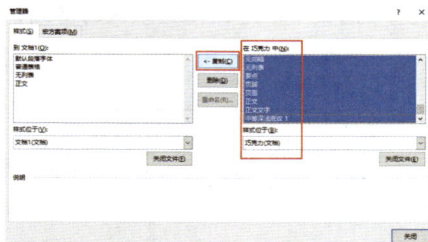

步骤⑧　在弹出的对话框中提示样式冲突，选"全是"。

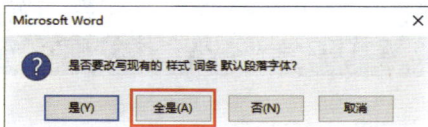

操作完成后，我们的文档中已经包含导入文档的样式，可在"样式"窗格中查看和应用这些新样式。

技巧52　如何将文本的样式清除？

技巧难度：▮▮▮▮▯　简单

在应用了样式之后，如果想恢复到纯文本不带样式的格式，需要如何操作呢？

步骤　使用鼠标拖动选择需要清除样式的文本，点击"开始"选项卡，在"样式"组中，点击右侧下拉箭头，在下拉菜单中找到并点击"清除格式"。

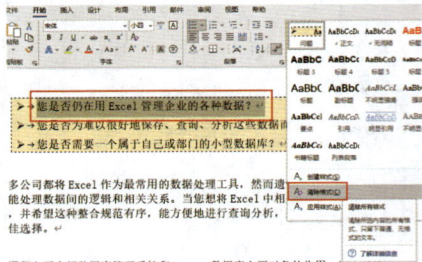

选中的文本已经恢复到默认的格式，即"正文"样式。

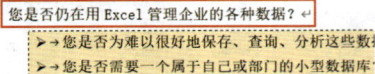

第 5 章　插入对象

本章将介绍Word中的插入对象功能，涵盖文本框、图片、表格、艺术字和SmartArt的使用，帮助您丰富和美化文档内容，提升视觉效果。

第1节　文本框

本节将介绍Word中如何插入和编辑文本框，实现文档中灵活的文本布局和设计。

技巧53　如何使文字灵活移动到页面任意位置？

技巧难度：▮▮▮▮▯　简单

在Word中，使用文本框可以让文字灵活移动到页面的任意位置，不受正常段落排版的限制。

例如在文档《Access数据库应用基础》标题右侧显示"限时折扣"。

步骤①　不选中任何文本，点击"插入"选项卡，在"文本"组中，点击"文本框"按钮，展开下拉菜单。在下拉菜单中，选择"绘制横排文本框"（旧版为"绘制文本框"）或"绘制竖排文本框"，或者选择一个预设的文本框样式。

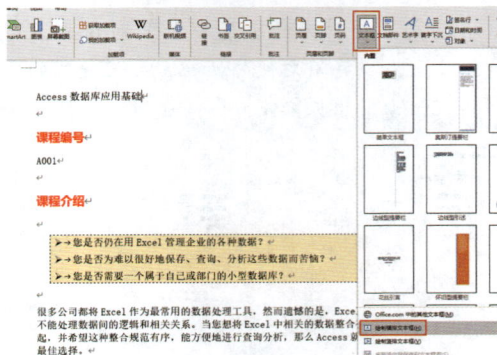

步骤②　选择"绘制文本框"或"绘制竖排文本框"后，鼠标指针将变成十字形。在文档中想要放置文本框的位置，点击并拖动鼠标来绘制文本框。

Access 数据库应用基础

课程编号

A001

课程介绍

➤→您是否仍在用 Excel 管理企业的各种数据？

步骤③　松开鼠标键，文本框就会出现在文档中。在文本框内点击，以激活文本输入模式。输入所需的文字。可以对文字进行字体、字号、颜色的设置。

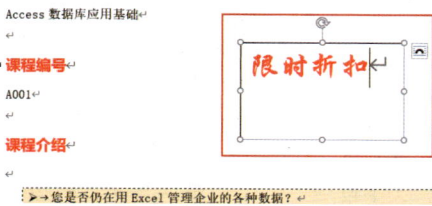

Access 数据库应用基础

• 课程编号

A001

课程介绍

限时折扣

➤→您是否仍在用 Excel 管理企业的各种数据？

步骤④　如果需要调整文本框的大小，可以点击文本框的边缘，以选中它。选中后，文本框的边缘会出现控制点。拖动这些控制点，可以调整文本框的大小以适应文字内容。

限时折扣

步骤⑤　如果需要移动文本框，可以点击文本框的边缘，然后拖动文本框到新的位置。可以在页面的任意位置放置文本框。

步骤⑥　如果需要设置文本框格式，选中文本框后，Word会自动显示"形状格式"选项卡，可以更改文本框的填充颜色、边框样式、文字环绕方式等。例如可以将文本框的形状轮廓设置为"无"、形状填充设置为"无"，可以使文本框透明显示在文档中。

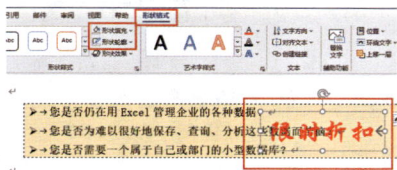

➤→您是否仍在用 Excel 管理企业的各种数据？
➤→您是否为难以很好地保存、查询、分析这些 限时折扣
➤→您是否需要一个属于自己或部门的小型数据库？

注意，新版Word选中文本框后将出现"形状格式"选项卡，而旧版Word显示为"绘图工具"选项卡，其中包括"格式"选项卡。点击"格式"选项卡，方与"形状格式"一致。以下均以新版Word进行说明，不再赘述。

技巧54　如何将现有文本应用文本框形式？

技巧难度：　■■■□□□　简单

如果想快速对文档中的文字应用文本框，该如何快速操作呢？

例如要将文档《Access数据库应用基础》中的问题部分放入文本框中，以便进行旋转操作。

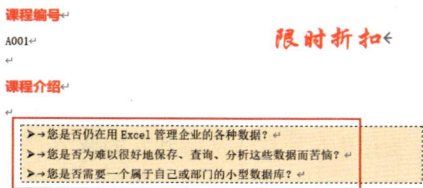

课程编号

A001

限时折扣

课程介绍

➤→您是否仍在用 Excel 管理企业的各种数据？
➤→您是否为难以很好地保存、查询、分析这些数据而苦恼？
➤→您是否需要一个属于自己或部门的小型数据库？

很多公司都将 Excel 作为最常用的数据处理工具，然而遗憾的是，Excel 并不不够处理数据间的逻辑和相关关系。当您想将 Excel 中相关的数据整合在一

步骤①　使用鼠标选择想要放入文本框的文本，点击"插入"选项卡，在"文本"组中，点击"文本框"按钮，在弹出的菜单中，选择"绘制文本框"或"绘制竖排文本框"。

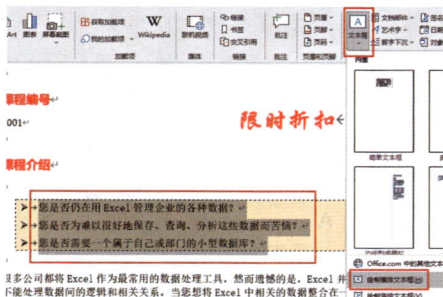

程编号

001

限时折扣

据介绍

➤您是否仍在用 Excel 管理企业的各种数据？
➤您是否为难以很好地保存、查询、分析这些数据而苦恼？
➤您是否需要一个属于自己或部门的小型数据库？

很多公司都将 Excel 作为最常用的数据处理工具，然而遗憾的是，Excel 并下能处理数据间的逻辑和相关关系。当您想将 Excel 中相关的数据整合在

步骤②　选中的文本将自动移动到文本框中。

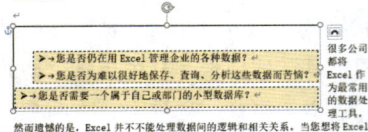

步骤③ 适当调整文本格式、文本框大小，设置形状轮廓为"无"、形状填充为"无"，再旋转一个角度，设置完成后如下图。

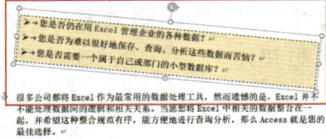

技巧55 如何改变文本框中文字的方向？

技巧难度： 简单

文本框里显示的文字可以有横排或竖排，还有从左到右或从右到左的调节。要改变文本框中文字的方向，可通过以下步骤来完成。

例如更改文档《Access数据库应用基础》中的"限时折扣"的文字角度。

步骤① 选中文本框后，Word顶部菜单栏会自动显示"形状格式"选项卡，在"文本"组中，点击"文字方向"按钮。

步骤② 在下拉菜单中选择想要的文字方向，如"水平""垂直""将所有文字旋转90°""将所有文字旋转270°"或"将中文字符旋转270°"。本例中选择"垂直"。

步骤③ 选中的文本框中的文字方向将会根据选择进行改变。适当改变文本框大小。效果如下图。

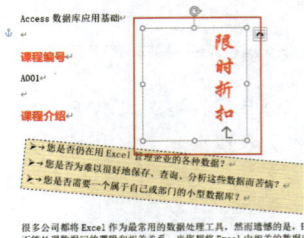

技巧56 如何设置文本框中文本的边距？

技巧难度： 中等

文本框中的文字，默认与文本框边界有一定的距离。如果想要紧凑排列，可通过修改文本框的边距来完成。

例如更改文档《Access数据库应用基础》中的文本框的边距为0。

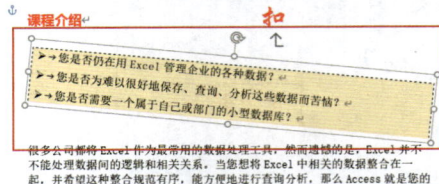

步骤① 点击文本框的边框（不要点击文本框内部的文本），以选择整个文本框。

步骤② 在选中的文本框上，点击鼠标右键，选择"设置形状格式..."。

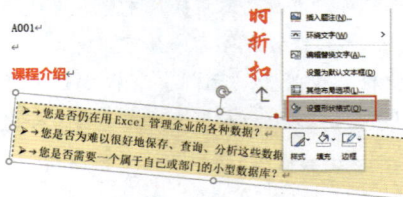

步骤③ 在Word右侧打开的"设置形状格式"窗格中，切换到"文本选项−布局属性"。

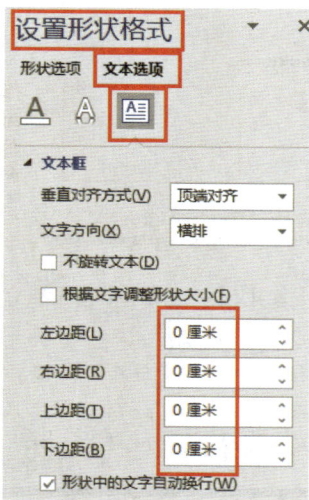

步骤④　这里可以设置文本框中文本的上下左右边距。输入想要的边距值（以厘米为单位），或者使用微调按钮调整边距。设置后效果如下图（由于段落应用了"边框与底纹"设置，边框略有偏差）。

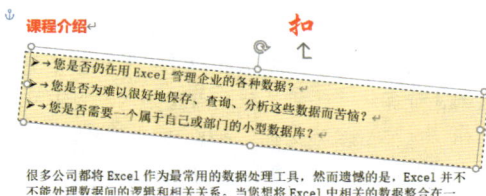

技巧57　如何将超过文本框容量的内容链接到另一文本框内？

技巧难度：　中等

在进行一些杂志排版时，有时当前页面排版不下，会转到另一个页面来继续排版，并注明"（转××页）"字样。文本框中超出当前轮廓边界的文字默认不显示，如何使超过的文字，自动显示到另一个文本框中呢？

例如将文档《杂志》中介绍北京主要景点的内容，自动转到文章《语义网格的研究现状与展望》之后继续排版。

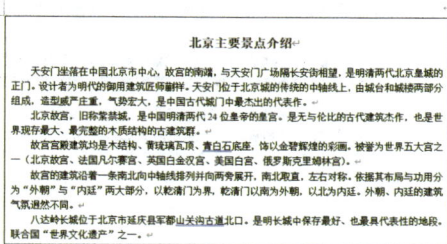

步骤①　插入文本框，在第一个文本框中输入或粘贴想要显示的内容。适当填充内容，或调整文本框大小，使内容超过文本框的容量。

步骤②　在文档中另一个位置，插入第二个文本框。

步骤③　点击第一个文本框的边框，使其处于选中状态。Word顶部菜单栏会自动显示"形状格式"选项卡，在"文本"组中，点击"创建链接"按钮。

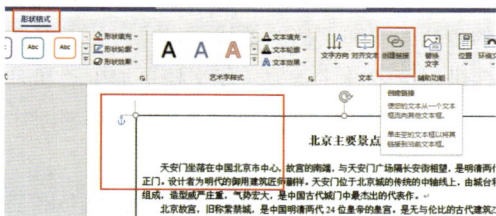

步骤④　此时，鼠标指针会变成一个"倾倒"形状。点击第二个文本框的内部。

11) 配置和部署的简易性：应该使一般用户（而不是要求具有高深的
用系统。

12) IT 保留系统的集成：由于语义网格环境属于灰场开发，因此需要
足将原有的商业处理系统和学习管理系统等互联起来进行协同工作的挑战

尽管上述的许多需求被认为是传统网格所具备的，但我们相信所有这
方面获益。因此，对我们来说，这是有效的描述方式，语义网贯穿于网格

步骤⑤ 这样第一个文本框中超出的内容就
会自动流入第二个文本框。

尽管上述的许多需求被认为是传统网格所具备的，但我们相信有这些需求将不断地从语义网的某个
方面获益。因此，对我们来说，语义网贯穿于网格系统的终结。

八达岭长城典型地表现了万里长城雄伟险峻的风貌。作为北京的屏障，这里山峦重叠，形势险要。
气势磅礴巍峨的城垣南北盘旋延伸于群峦峻岭之中。依山势向两侧展开的长城峰恋，雄堪悬垂上古
人所书的"天险"二字，确切的概括了八达岭位置的军事重要性。
八达岭长城地名古今外，誉满全球。是万里长城向游人开放最早的地段。"不到长城非好汉"。迄今，
先后有尼克松、撒切尔、戈尔巴乔夫、伊丽莎白等 372 位外国国首脑和众多的世界风云人物登上八
达岭观光游览。
颐和园位于北京西北郊海淀区内，距北京城区 15 公里，是我国现存规模最大、保存最完整的皇家
园林之一，也是享誉世界的旅游胜地之一。
颐和园是利用昆明湖、万寿山为基址，以杭州西湖风景为蓝本，吸取江南园林的某些设计手法和意
境而建成的一座大型天然山水园，也是保存得最完整的一座皇家行宫御苑，被誉为皇家园林博物馆。
鸟巢，即中国国家体育场，因其奇特外观而得名，位于北京奥林匹克公园中心区南部，为 2008 年
第 29 届奥林匹克运动会的主体育场。
鸟巢由 2001 年曾利茨克奖获得者雅克·赫尔佐格、德梅隆与中国建筑师李兴钢等合作设计。整体采
用"曲线箱形结构"，建筑工艺先进。看台通过多种方式满足不同时期不同观众量的要求。

第2节 图片

本节将介绍如何在Word文档中插入、
调整和优化图片，增强文档的视觉效果和吸
引力。

技巧58 如何调整图片大小？

技巧难度： ▰▰ 简单

在Word文档中恰当地使用图片不仅可
以增强文档的视觉吸引力，还可以提高信息
的传达效率和文档的整体质量。图片能够迅
速吸引读者的注意力，使文档更加生动和有
趣。如何在Word文档中插入图片并调整图片
的大小呢？

例如要在文档《Access数据库应用基
础》适当的地方插入access.png图片。

Access 数据库应用基础

课程编号
A001

课程介绍

限时折扣 ←

➤→ 您是否仍在用 Excel 管理企业的各种数据？
➤→ 您是否为难以很好地保存、查询、分析这些数据而苦恼？

步骤① 在文档中找到希望插入图片的位置
并点击。点击"插入"选项卡，在"插图"
组中，找到并点击"图片"按钮。在下拉
菜单中点击"此设备..."（旧版本只有"图
片"按钮，没有下拉菜单）。

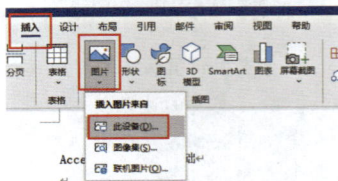

步骤② 在弹出的"插入图片"对话框中，
浏览计算机文件夹，找到希望插入的图片文
件。选择该图片文件，然后点击"插入"按
钮插入图片。图片即被自动插入到光标处。

步骤③ 点击图片，使其周围出现八个控制
点，将鼠标指针移动到图片的任意一个角点
上，鼠标指针会变成一个双向箭头。按住鼠
标左键，拖动角点以调整图片的大小。拖动
时，图片会按比例缩放。

步骤④　如果需要不按比例调整大小，可以将鼠标指针移动到边点上，然后拖动边点。

步骤⑤　调整到合适的大小后，释放鼠标左键即可。

步骤⑥　如果想要精确控制图片大小，例如指定的高度宽度，可以先选定图片，Word顶部菜单栏会显示"图片格式"选项卡（旧版本为"图片工具"选项卡，其中包括"格式"选项卡，在"格式"选项卡中进行操作，不再赘述），在"大小"组中，可以看到图片的当前高度和宽度。直接在"高度"和"宽度"框中输入需要的数值，或者使用微调按钮调整数值。

技巧59　Word中的图片有哪些环绕方式?

技巧难度： ▇▇ 简单

　　在Word中，可以通过多种方式调整图片与文本的环绕关系，使文档排版更加美观和专业。插入图片后，可以在右上角的"环绕方式"悬浮按钮，或在"图片格式"选项卡中的"环绕文字"按钮进行设置。

　　"嵌入型"将图片作为文本的一部分，图片会随着文本的行进行排列。这是图片插入后的默认环绕方式。

　　"四周型"文本会围绕图片的边框形成四周环绕。

　　"紧密型"文本会紧密围绕图片的实际边界，而不是图片的边框。

　　"穿越型"文本会穿过图片的透明部分或空白部分，使得文字和图片之间的间距更小。

　　"上下型"文本只会出现在图片的顶部和底部，不会出现在图片的左右两侧。

　　"浮于文字上方"图片会覆盖在文本上方，文本不会围绕图片。

　　"衬于文字下方"图片会在文本的下方，文本覆盖在图片上。

　　如果想要进行灵活定位，可设置成"浮于文字上方"，图片就可以随意拖动到页面任何位置，而不影响到文字的正常排版顺序。

技巧60　如何让图片不随文字移动?

技巧难度： ▇▇▇ 中等

　　在Word中插入图片后，默认的环绕方式

是嵌入型，不随文字移动。如果是其他的环绕方式，如"上下/紧密型环绕""浮于文字上方"等都会随着文字移动。如果需要图片固定在页面某个位置，应该怎么操作呢？

例如在文档《Access数据库应用基础》中敲入回车后，图片随文字移动，而不是固定在页面的某个位置。

步骤① 插入图片后，点击图片选中，在"图片格式"选项卡，在"排列"组中，点击"环绕文字"按钮，展开下拉菜单。

步骤② 在下拉菜单中，取消勾选"随文字移动"，这样，图片就不会随着文字的移动而移动了。敲入回车后，文字移动了，而图片固定在插入点的位置，保持在页面中不动。

技巧61 如何快速去除图片背景色？

技巧难度： ▰▰▱▱▱ 简单

在Word中，可使用自带的工具来为图片快速去除背景色。该如何操作呢？

例如在文档《供应链研究封面》中，插入的图片有白色背景色，与文档页面背景色无法融合。

步骤① 点击图片，在"图片格式"选项卡中，在"调整"组中点击"颜色"按钮，在弹出的菜单中点击"设置透明色"。

步骤② 此时光标将变成一把玻璃刀样式，点击图片中的背景色，例如白色。

步骤③　Word会自动将图片中所有与这个颜色相同的都去掉，成为透明底色。

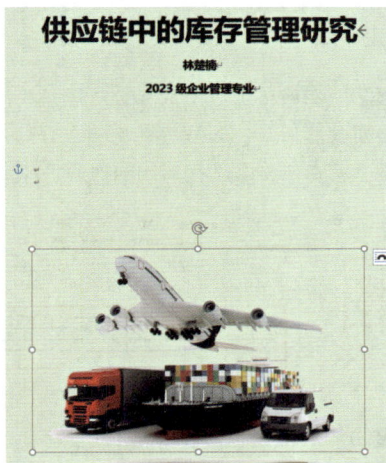

利用这个功能可以实现快速抠图。

技巧62　如何将图片裁剪为各式各样的形状？

技巧难度：　中等

如果没有安装Photoshop等专业图片处理软件，又想将Word中插入的图片裁剪成不同形状，如何操作呢？

例如要将文档《供应链研究封面》中的图片裁剪为"心形"。

步骤①　点击插入的图片，使其处于选中状态。点击Word界面顶部的"图片格式"选项卡，在"大小"组中，点击"裁剪"按钮的下拉箭头，在弹出的菜单中点击"裁剪为形状"项。

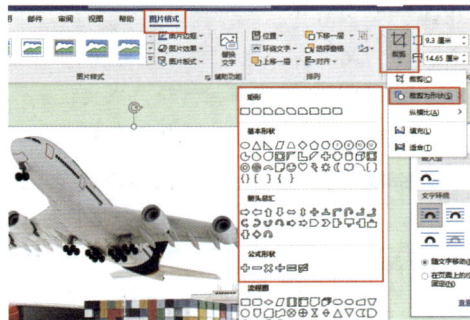

步骤②　在形状中，选择一个想要的形状，例如"心形""流程图"等，即可完成裁剪。

技巧63　如何清除图片的所有格式？

技巧难度：　简单

如果对图片做了过多的调整后，想要快速恢复到图片原来的状态，除了删除重新插入外，还可以使用Word提供的重设功能。

例如文档《供应链研究封面》中的图片做了太多效果，想恢复到初始状态。

步骤 点击图片，在"图片格式"选项卡中，在"调整"组中点击"重置图片"按钮。图片的所有格式将被清除，恢复到原始状态，连同裁剪、颜色、倒影等全部清除。

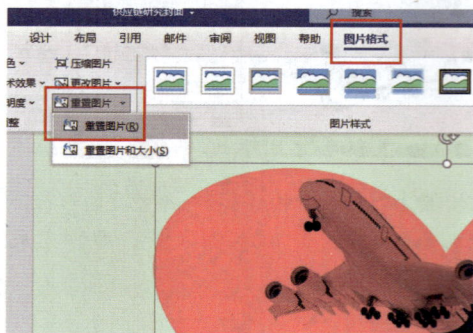

第3节 表格

本节将详细介绍在Word中创建、编辑和格式化表格的方法，助您高效整理和展示数据。

技巧64 如何快速创建几行几列表格？

技巧难度： 简单

表格提供了一种结构化的方式来展示数据和信息，使读者更容易理解和比较数据。通过行和列的排列，表格可以清晰地展示复杂的数据集，使信息更加直观和易于理解。

在Word中插入表格，可通过以下方式实现。

步骤① 点击Word界面顶部的"插入"选项卡，在"表格"组中，点击"表格"按钮，将显示一个网格。

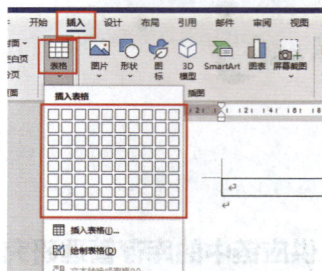

步骤② 在网格上移动鼠标，选择想要的行数和列数。例如，如果想创建一个3行4列的表格，就在网格上选择3行和4列的区域。

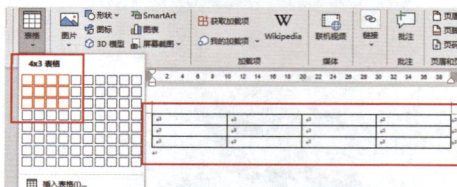

步骤③ 单击鼠标后，Word将自动插入一个具有指定行数和列数的表格。

步骤④ 如果需要创建更大或更复杂的表格，可以使用"插入表格"对话框中的"插入表格…"选项。

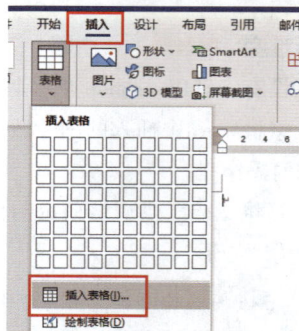

步骤⑤ 在"插入表格"对话框中，在行数和列数中，输入具体的数值，点击"确定"即可。

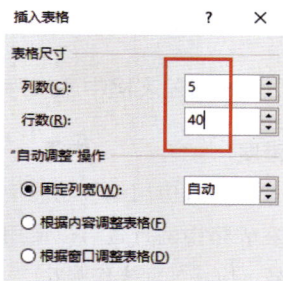

技巧65　如何根据文本生成表格？

技巧难度： ▮▮▮▯▯ 简单

对已经具有一定格式的文本，可以直接生成表格。

例如要将文档《巧克力营养价值》中使用制表符分隔的文本转换为表格。

步骤① 首先，确保要转换为表格的文本已经按照一定的格式排列，例如使用逗号、制表符或其他分隔符来分隔不同的数据项。

步骤② 使用鼠标选中要转换为表格的文本。点击 "插入" 选项卡，在 "表格" 组中，点击 "表格" 按钮，在下拉菜单中，选择 "文本转换成表格…" 选项。

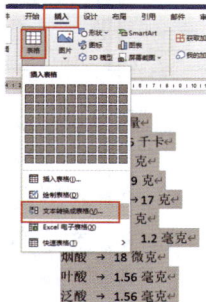

步骤③ 在弹出的 "将文字转换成表格" 对话框中，Word会自动检测文本中的分隔符，并显示预览的表格大小。确认 "列数" 和 "行数" 是否正确。如果不正确，可以手动调整。

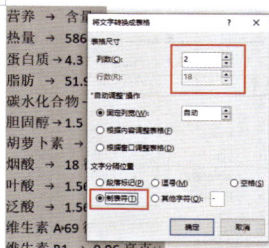

步骤④ 在 "分隔符" 部分，选择或输入用于分隔文本的分隔符类型，如逗号、空格、制表符等。本例为 "制表符"。

步骤⑤ 确认设置无误后，点击 "确定" 按钮。Word将根据设置，将选中的文本转换为表格。

步骤⑥ 转换完成后，可根据需要对表格进行进一步的调整，如调整列宽、行高、添加边框和背景色等。

技巧66　如何增加/删除行、列？

技巧难度： ▮▮▮▯▯ 简单

在制作表格时，一开始插入的行数或者列数往往不准确，后续可根据内容多少随时增删表格的行或列。该如何实现呢？

步骤① 如果需要增加行，先定位到想要操作的表格。将光标放置在想要插入新行的位置。

步骤② 右键点击选中的行，然后在弹出的菜单中选择"插入"，在子菜单中，选择"在下方插入行"或"在上方插入行"。

步骤③ 如果需要增加列，将光标放置在想要插入新列的位置。

步骤④ 右键点击选中的列，然后在弹出的菜单中选择"插入"，在子菜单中，选择"在左侧插入列"或"在右侧插入列"。

步骤⑤ 如果需要删除行，拖动鼠标选择需要删除的行的所有单元格，直接按键盘上的退格键。

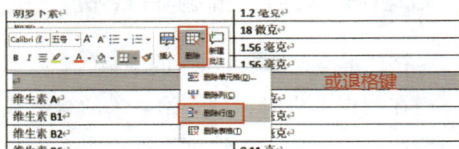

步骤⑥ 如果需要删除列，拖动鼠标选择需要删除的列的所有单元格，直接按键盘上的退格键。

技巧67　如何在表格中添加序号？

技巧难度： 中等

不仅段落可以应用编号功能使得可以自动编号，在表格中的行也可以使用编号功能来添加序号，应该如何操作呢？

例如要在文档《巧克力营养价值》中新增表格的第1列插入自动序号。

步骤① 选中要添加编号的单元格，点击"开始"选项卡，点击"段落"组中的"编号"下拉按钮，在下拉菜单中选择"1，2，3，……"编号样式。

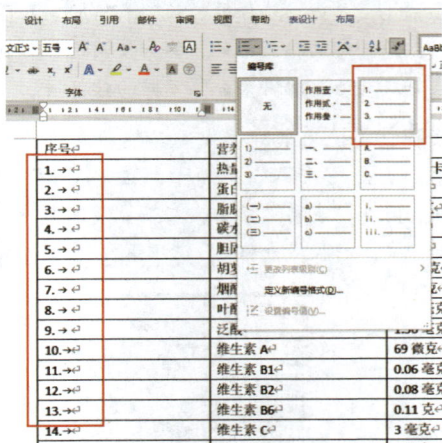

步骤② 如果对编号的格式不满意，例如想去掉默认的点或顿号，可以通过"定义新编号格式"功能来完成。

定义新编号格式　？　×

编号格式

编号样式(N):

1, 2, 3, …　字体(F)...

编号格式(O):

1

对齐方式(M):

左对齐

预览

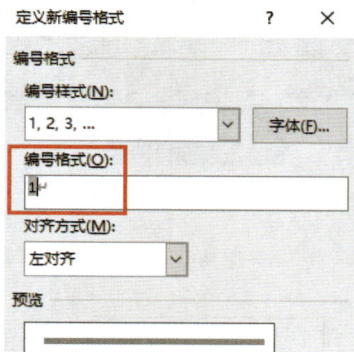

步骤③　添加了序号的表格效果如下图。

序号	营养	含量
1 →	热量	586 千卡
2 →	蛋白质	4.3 克
3 →	脂肪	51.9 克
4 →	碳水化合物	17 克
5 →	胆固醇	1.5 毫克
6 →	胡萝卜素	1.2 毫克
7 →	烟酸	18 微克
8 →	叶酸	1.56 毫克
9 →	泛酸	1.56 毫克
10 →	维生素 A	69 微克
11 →	维生素 B1	0.06 毫克
12 →	维生素 B2	0.08 毫克
13 →	维生素 B6	0.11 克
14 →	维生素 C	3 毫克
15 →	维生素 D	1 微克
16 →	维生素 E	1.62 毫克
17 →	维生素 K	6 微克

技巧68　如何根据内容自动调整表格？

技巧难度：　简单

　　对表格进行排版，除了逐行、逐列拖动改变大小外，还可以让Word帮我们进行自动布局。

步骤①　点击表格左上角的十字箭头图标来选择整个表格。点击表格的"布局"选项卡，在"单元格大小"组中，点击"自动调整"按钮，展开下拉菜单。

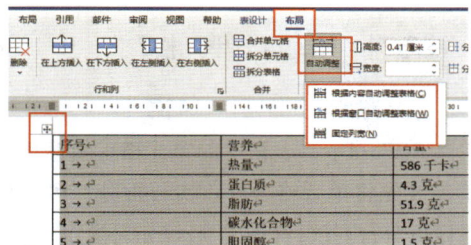

序号	营养	含量
1 →	热量	586 千卡
2 →	蛋白质	4.3 克
3 →	脂肪	51.9 克
4 →	碳水化合物	17 克
5 →	胆固醇	1.5 克

步骤②　在下拉菜单中，选择"根据内容自动调整表格"将根据单元格中的内容自动调整列宽和行高。选择"固定列宽"将保持当前的列宽不变。选择"根据窗口自动调整表格"将根据文档窗口的大小自动调整表格的大小。本例选择"根据内容自动调整表格"，再将表格在页面中居中，效果如下图。

序号	营养	含量
1 →	热量	586 千卡
2 →	蛋白质	4.3 克
3 →	脂肪	51.9 克
4 →	碳水化合物	17 克
5 →	胆固醇	1.5 克
6 →	胡萝卜素	1.2 毫克
7 →	烟酸	18 微克
8 →	叶酸	1.56 毫克
9 →	泛酸	1.56 毫克
10 →	维生素 A	69 微克
11 →	维生素 B1	0.06 毫克

技巧69　如何为表格应用样式？

技巧难度：　简单

　　除了手动设置表格的底色外，Word也提供了许多默认的样式供我们快速应用。应当如何设置呢？

步骤①　点击表格中的任意单元格，或选择整个表格。点击表格"设计"选项卡，在"表格样式"组中，点击下拉箭头。

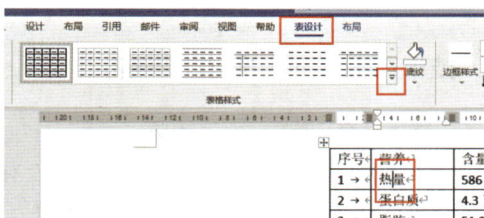

序号	营养	含量
1 →	热量	586
2 →	蛋白质	4.3

步骤②　浏览并选择一个喜欢的表格样式，可以通过滚动样式列表或使用样式预览来选择合适的样式。

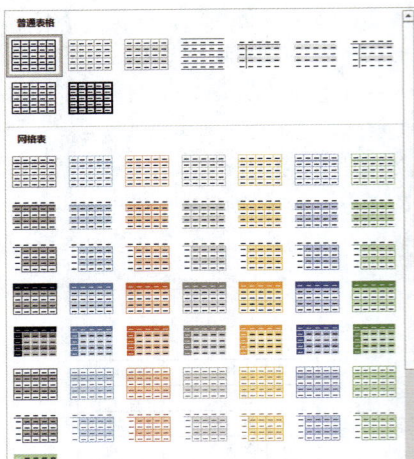

步骤③ 点击选择的表格样式，例如"网格表5-深色1"，Word会立即将该样式应用到选中的表格。

技巧70 如何设置重复标题行？

技巧难度： 简单

如果表格跨页显示，第二页的数据没有了列头。如果想将表中信息与列头对应上，还得重复返回上一页。Word提供了"重复标题行"功能来帮助我们解决这个问题。

例如将技巧69的表格的单元格高度调整为1厘米后，表格将跨页显示。跨页后的表格没有显示列头。

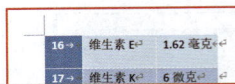

步骤① 选中列头整行以便告诉Word标题行的位置。点击表格的"布局"选项卡，在"数据"组中，点击"重复标题行"按钮。

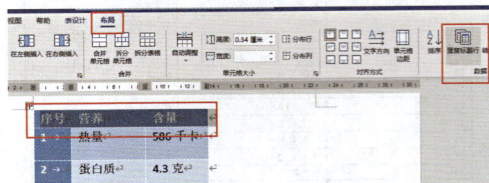

步骤② 如果表格跨越多页，每一页的顶部都应该显示相同的标题行。

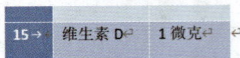

技巧71 如何拆分单元格？

技巧难度： 简单

在Word中，表格中的单元格重新拆分，不需要先将单元格合并再实行拆分，可直接指定拆分行列进行拆分，应该如何操作呢？

例如要将文档《人才发展主要指标》中表格的第一个单元格拆分成2格。

步骤①　点击并拖动选择要拆分的单元格，点击"表格工具"的"布局"选项卡，找到"合并"组，点击"拆分单元格"按钮。

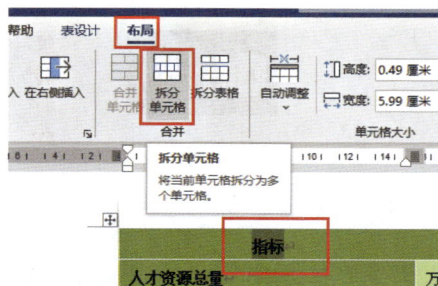

步骤②　在弹出的"拆分单元格"对话框中，在"列数"和"行数"中输入想要拆分成的列数和行数。例如要将一个单元格拆分成2列1行，就在"列数"框中输入"2"，在"行数"框中输入"1"。

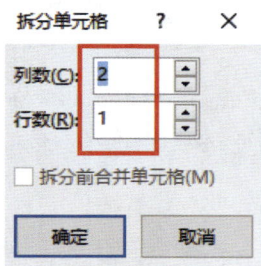

步骤③　设置好列数和行数后，点击"确定"按钮。再填写内容，如下图。

技巧72　如何在表格中利用公式进行计算？

技巧难度：▮▮▮　中等

Word中为表格提供了简单的公式功能，可进行简单的表格汇总运算。如果想使用公式进行计算，可采取以下步骤。

例如要在文档《人才发展主要指标》中表格的右侧增加平均值列。

步骤①　打开文档，在表格右侧插入1列，列头填入"平均值"。

步骤②　点击想要显示计算结果的单元格，例如第2行最后一列，点击"布局"选项卡，在"数据"组中，点击"公式"按钮。

步骤③　在"公式"对话框中，可以在"公式"框中输入计算公式。Word默认会提供一个简单的求和公式"=SUM（ABOVE）"（定位在列末）或"=SUM（LEFT）"（定位在行末）。可选择的函数都在"粘贴函数"中选择。在"公式"中输入"=AVERAGE（LEFT）"，表示对该单元格的左侧所有单元格求平均值。

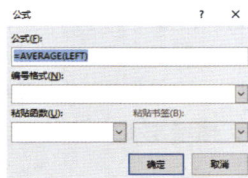

步骤④ 在"公式"对话框中，还可以在"编号格式"下拉菜单中选择结果的显示格式。例如选择"0.00"表示保留2位小数。

步骤⑤ 输入并设置好公式后，点击"确定"按钮。计算结果将显示在选择的单元格中。

步骤⑥ 如果后续数据有改动，只需要在公式所在单元格的数字上点击右键，在弹出的菜单中选择"更新域"即可重新计算。

一般建议在Excel中计算好结果，再粘贴进Word文档。

第4节 艺术字

本节将展示如何在Word中使用艺术字功能，为您的文档增添个性化的视觉元素和创意表达。

技巧73 如何将普通文本转化为艺术字？

技巧难度： 简单

单纯输入的标题往往过于单调，这时可直接将其转化为艺术字，增强页面的表现能力。应该如何设置呢？

例如要将文档《Access数据库应用基础》中的标题应用艺术字样式。

步骤① 使用鼠标拖动来选择想要转化为艺术字的文本，点击"插入"选项卡，找到"文本"组，点击"艺术字"按钮。在弹出的下拉菜单中，浏览并选择喜欢的艺术字样式。

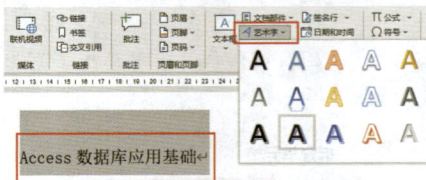

步骤② 点击一个样式，Word会立即将选中的文本转化为该样式的艺术字。

技巧74 如何自定义艺术字？

技巧难度： 简单

默认转化成的艺术字，样式不一定符合

我们的需要，还可以通过调整艺术字的相关参数来达到较好的效果。

例如要美化技巧73中生成的艺术字。

步骤①　点击已经生成的艺术字，选中艺术字文本框，在Word顶部会自动显示"形状格式"选项卡。在"艺术字样式"组中，可以再次更改艺术字的样式。

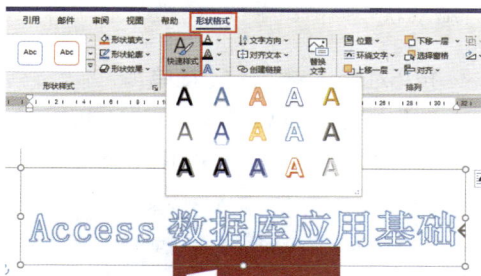

步骤②　点击"文本填充""文本轮廓"和"文本效果"按钮，也选择设置喜欢的样式和效果。

第5节　SmartArt

本节将介绍如何在Word中利用SmartArt工具。SmartArt是Office中的一个功能，它允许用户通过一系列的预设图形模板来可视化信息。这些模板可用于创建包括组织结构图、流程图、列表、层次结构图、循环图等在内的图表。它非常适合用来表示复杂信息，同时保持文档的美观和专业性。

技巧75　如何将文本转化为SmartArt图形？

技巧难度：▮▮▮▮▮▮　简单

在制作具有一定结构的文本时，使用文本框绘制比较麻烦，而且样式呆板。这时候可以简单使用SmartArt来让内容更好地进行布局，使要展示的内容更有层次感。例如要插入一个简单的流程图，可使用以下的步骤来完成。

例如要为文档《Access数据库应用基础》中的"上课流程"制作流程图。

步骤①　点击文中合适位置，点击"插入"选项卡，在"插图"组中，点击"SmartArt"按钮。

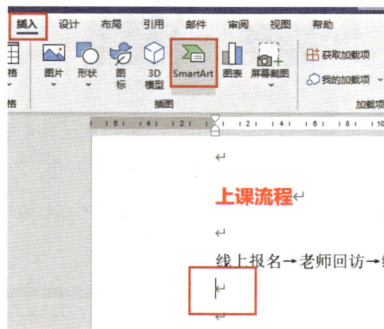

步骤②　在弹出的"SmartArt图形"对话框中，显示多种SmartArt图形类型，如列表、流程、循环、层次结构、关系、矩阵、棱锥图等。浏览并选择适合文本内容的SmartArt图形类型，例如"流程-基本流程"。点击"确定"按钮。

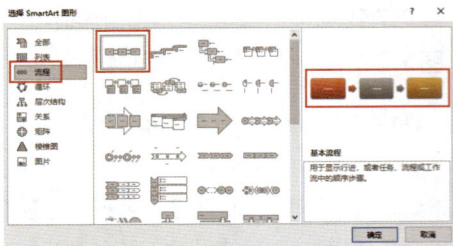

步骤③ 插入的SmartArt图形会出现在文档中，点击左侧的箭头，左侧会出现"文本"窗格。

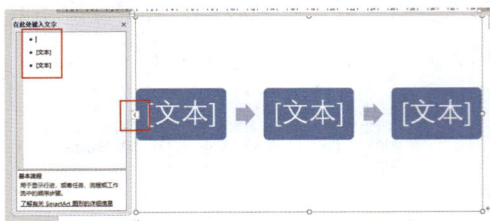

步骤④ 在"文本"窗格中，可以直接输入或粘贴文本内容（故意遗漏一个流程内容）。每个文本项会自动对应SmartArt图形中的一个形状。

步骤⑤ 可以在"SmartArt设计"选项卡中，在"SmartArt样式"组中，点击"更改颜色"按钮，在下拉菜单中选择一种配色。也可在右侧选择一种形状的效果。

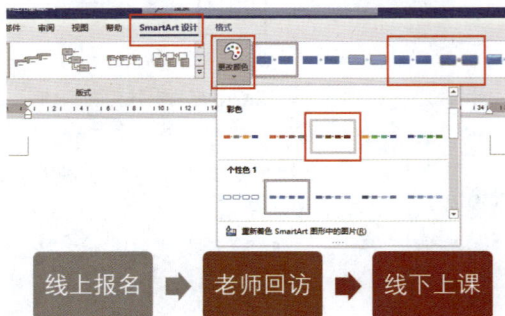

步骤⑥ 修改后的SmartArt图形如下图。

技巧76 如何在SmartArt图形中增减形状？

技巧难度： 简单

制作好的SmartArt图形，如果还想增减形状，例如增加流程，应该如何操作呢？

步骤① 点击SmartArt图形中的任意位置，点击左侧的箭头按钮，在打开的"文本"窗格中，直接通过层级内容进行编辑即可。例如在"老师回访"后按下回车键，输入"缴纳课程费"，即可完成形状的增加。

步骤② 如果需要删除形状，选择形状后，按下键盘上的"Delete"键即可，或直接在文本窗格中删除指定的内容行。

技巧77 如何更改SmartArt图形中的形状？

技巧难度： 简单

SmartArt图形中的元素一般都是根据模板进行套用的。有时候有些节点，我们想要更改成其他的轮廓形状，使其更为显眼突出，应该如何操作呢？

步骤① 点击SmartArt图形中的某个形状，如果需要同时更改多个形状，可以按住Ctrl键，然后依次点击每个形状。选定形状后，在"SmartArt格式"选项卡中，在"形状"组中，点击"更改形状"按钮。

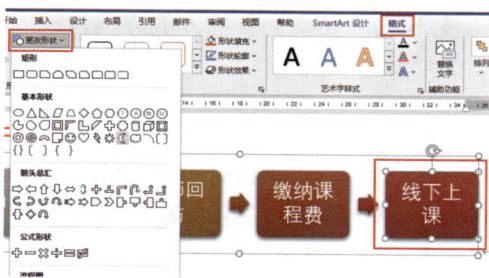

步骤②　在弹出的下拉菜单中，浏览并选择想要替换的新形状。点击一个形状后，Word会立即将选中的形状替换为新形状。

第6章　题注与交叉引用

本章将讲解Word中的题注与交叉引用功能，涵盖题注、交叉引用、脚注和尾注的使用方法，帮助您创建更清晰、专业的文档注释体系。

第1节　插入题注

本节将介绍如何在Word中插入题注，以增强文档的引用和参考功能，提升文档的专业性。

技巧78　如何为图片加上题注？

技巧难度：　简单

在图片或表格的上面或下面，使用文

字对图片或表格加以说明的简短文字称为题注，对图片来说可具体称为图注，对表格的称为表注。通过Word中提供的题注功能，可以实现题注自动编号，即在前面插入图片并添加自动题注后，后面的所有题注的编号能实现自动变化。该如何添加题注呢？

例如要为文档《供应链中的库存管理研究》中的图片添加题注。

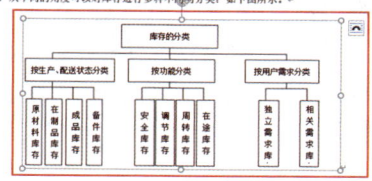

步骤①　打开文档，点击并选中想要添加题注的图片，点击"引用"选项卡，在"题注"组中，点击"插入题注"按钮。

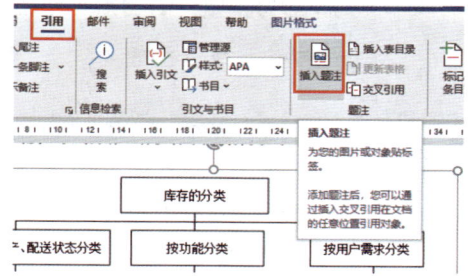

步骤②　在弹出的"题注"对话框中，可以看到"标签"下拉菜单，选择适合的标签类型，可以看到没有"图"。

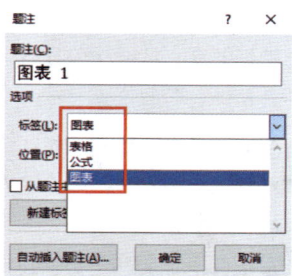

步骤③ 点击"新建标签..."按钮，在弹出的"新建标签"对话框中，输入"图"，点击"确定"。

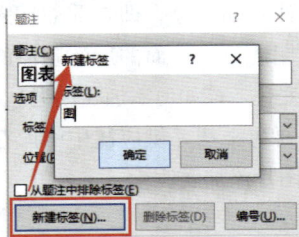

步骤④ 在"题注"文本框中输入图片额外的说明文字，例如"库存的分类"。

步骤⑤ 在"题注"对话框中，选择题注的位置，可以选择"下方"或"上方"。

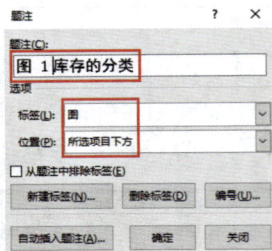

步骤⑥ 点击"确定"按钮，题注将被插入到图片的指定位置。

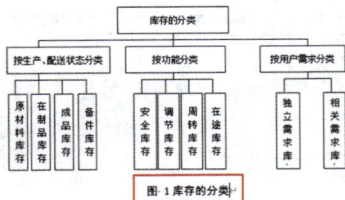

图 1 库存的分类

步骤⑦ 根据需要，对题注进行格式化，如更改字体、大小、颜色等。

步骤⑧ 如果文档中的图片顺序或编号发生变化，可以右键点击题注，选择"更新域"来更新题注的编号。

步骤⑨ 根据以上步骤，再为文档中其他图片都加上题注。

技巧79 如何为新插入的表格自动添加题注？

技巧难度： 中等

每次插入图片或表格之后，还要手动插入一次题注有点麻烦，有什么简便的方法实现自动插入题注呢？

步骤① 以表格为例，点击"引用"选项卡，在"题注"组中，点击"插入题注"按钮。

步骤② 在弹出的"题注"对话框中，选择适合的标签类型，如果没有想要的标签，点击左下角"新建标签..."按钮。

步骤③ 在弹出的"新建标签"对话框中，输入想要的标签，例如"表"，点击"确定"按钮。

步骤④ 返回"题注"对话框，点击"自动插入题注..."按钮。

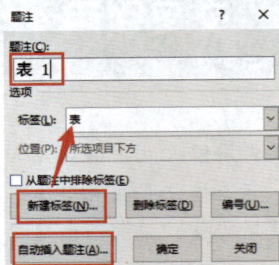

步骤⑤ 在弹出的"自动插入题注"对话框中，找到并勾选"Microsoft Word 表格"复选框，点击"确定"按钮。

步骤⑥ 这样，文档中新插入的表格将自动添加题注了。

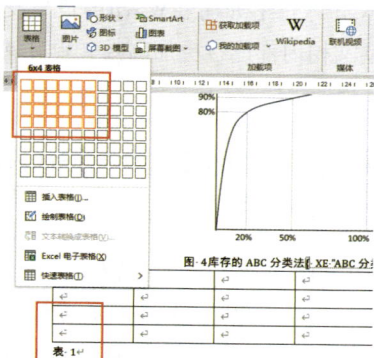

表·1

技巧80　如何添加带有章节号的题注？

技巧难度： 中等

题注中默认只带一个序号，例如"图1""表2""引文3"等，如果需要在题注中自动插入当前的章节编号，可以怎么实现呢？

步骤① 选择想要添加题注的图片或表格，点击"引用"选项卡，在"题注"组中，点击"插入题注"按钮。

步骤② 在弹出的"题注"对话框中，选择适合的标签类型，如"图"。点击"编号…"按钮，进入"题注编号"对话框。

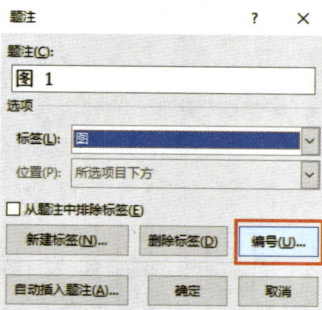

步骤③ 查看"章标题"所套用的样式为"标题1"。

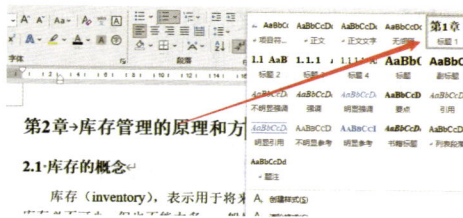

步骤④ 在"题注编号"对话框中，勾选"包含章节号"选项。选择章节起始样式，选择"章"所套用的样式"标题1"。

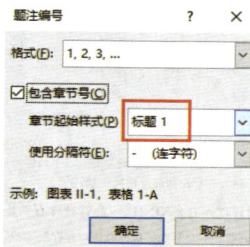

步骤⑤ 点击"确定"按钮，返回"题注"对话框。在"题注"对话框中，点击"确定"按钮，包含章节号的题注将被插入到指定位置。

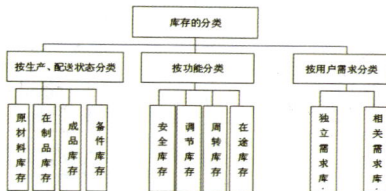

图·2-1 库存的分类

步骤⑥ 查看其他章中已经设置好的图片题注，可以看到已经包含章节号，序号自动从章开始。

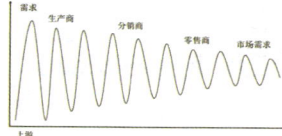

图·3-1·供应链中的库存波动

技巧81　如何在文档中插入书签？

技巧难度：　■■■■□□□　简单

在Word中可以在某些位置插入书签，类似我们阅读书本时一样，以达到再次打开时方便定位的目的。如何插入书签呢？

步骤①　打开文档，将光标移动到想要插入书签的位置，或者选择一段文本、图片、表格等作为书签的锚点。点击"插入"选项卡，在"链接"组中，点击"书签"按钮。

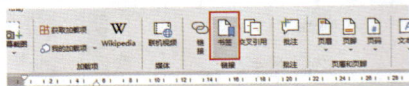

步骤②　在弹出的"书签"对话框中，输入书签的名称。书签名应简洁明了，便于记忆和查找，尽量避免为贪图方便而使用"111""aaa"等名称。点击"添加"按钮，书签将被插入到文档中（不可见）。

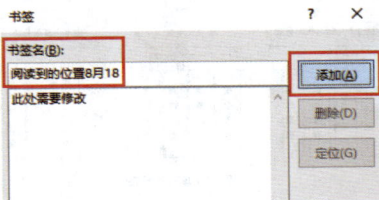

步骤③　插入书签后，可以通过该"书签"对话框来快速定位到书签所在的位置。在"书签"对话框中，选择想要定位的书签名，然后点击"定位"按钮。文档将自动滚动到书签所在的位置。

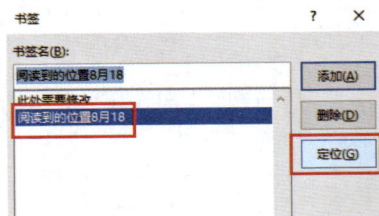

第2节　交叉引用

本节将介绍如何在Word中设置交叉引用，使文档内部链接更加高效，提升阅读体验和文档连贯性。

技巧82　如何在文档中引用插入的图片、表格的题注？

技巧难度：　■■■□□□□　简单

在已经为图片、表格添加题注的基础上，我们在正文中可能会引用该图片或题注，比如"见图1""如表2-2"等。手动键入这些引用，当图片或表格的题注编号发生改变时，又必须手动更改，此时可以使用交叉引用功能来完成引用的插入。

例如为文档《供应链中的库存管理研究》中的图片添加交叉引用。

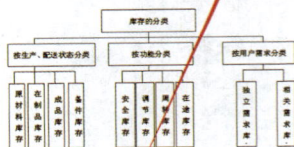

图·2·1 库存的分类

步骤①　确保已经在文档中插入图片或表格并添加题注。将光标移动到想要插入交叉引用的位置，例如"如××所示"中间。

步骤②　点击"引用"选项卡，在"题注"组中，点击"交叉引用"按钮。或点击"插入"选项卡"链接"组的"交叉引用"按钮。

步骤③　在弹出的"交叉引用"对话框中，选择"引用类型"为具体要插入的题注的种类，例如"图"。

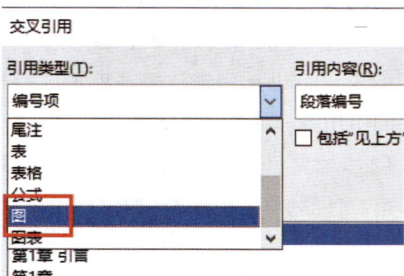

步骤④　在"引用内容"下拉菜单中，选择想要引用的内容，如"仅标签和编号"或"整项题注"，一般选择"仅标签和编号"。

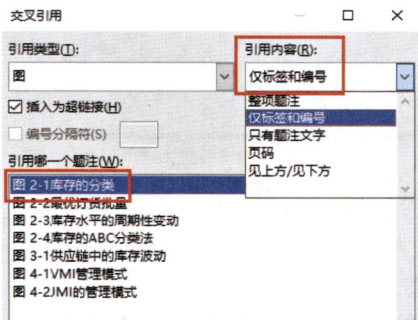

步骤⑤　在"引用哪一个题注"列表中，选择想要引用的具体题注。点击"插入"按钮，交叉引用将被插入到文档中的光标位置。

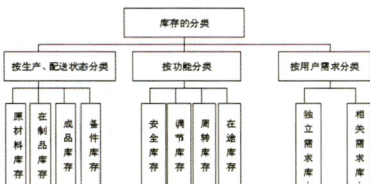

图·2-1 库存的分类

步骤⑥　按住Ctrl键点击交叉引用的项目，可以快速跳转到该项目。

步骤⑦　当项目的编号发生改变时，可通过右键"更新域"的方式来自动更新交叉引用中的编号。

第3节　脚注和尾注

本节将讲解如何在Word中添加脚注和尾注，以增强文档的注释功能，提升文档的学术性和可读性。

技巧83　如何为文档中的文本添加脚注？

技巧难度： ▇▇ 简单

脚注一般为对当前页面中出现的名词、引文等的注释，在页面的底部。如何为需要注释的文本添加脚注呢？

例如为文档《供应链中的库存管理研究》第一段的故事添加引用的出处。

步骤①　打开文档，将光标移动到想要添加脚注的文本的末尾。点击"引用"选项卡，在"脚注"组中，点击"插入脚注"按钮。

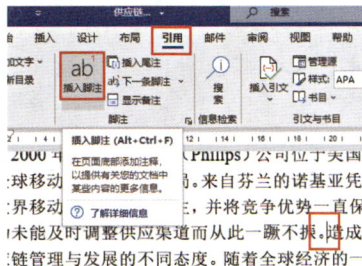

步骤②　Word会自动在当前页面底部插入一个脚注标记，并将光标移动到脚注区域。在脚注区域输入想要添加的脚注内容，例如

"（张三，2010，P189）"。

担，提高企业的市场竞争力。因此，寻
降低各节点库存成本，达到从整体效益
究供应链的库存控制策略问题。

1 (张三，2010，P189)

步骤③ 如果需要，可以对脚注进行格式
化，如更改字体、大小、颜色等。

步骤④ 如果需要调整脚注的位置或编号格
式，可以点击"脚注"组中右下角的小箭头
按钮。在弹出的"脚注和尾注"对话框中，
选择脚注的位置（如页面底部或文字下方）
和编号格式（如数字、字母等）。

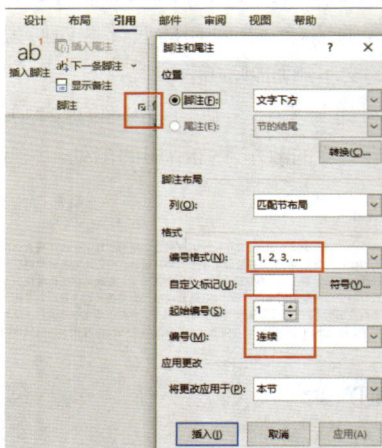

步骤⑤ 如果需要编辑脚注，可以直接在脚
注区域进行编辑操作。如果需要删除脚注，
在正文中找到脚注编号，按删除键或退格键
删除即可。

第1章→引言

2000年发生在飞利浦（Philips）公司位于美国得克萨斯
了全球移动市场的竞争格局。来自芬兰的诺基亚凭借其极具
为世界移动终端产品的霸主，并将竞争优势一直保持到今天
因为未能及时调整供应渠道而从此一蹶不振。造成这场兴
对供应链管理与发展的不同态度。随着全球经济的一体化，
企业之间的竞争、跨国集团与跨国集团之间的竞争，发展演

技巧84　如何为文档中的文字添加尾注？

技巧难度： 简单

与脚注不同，尾注一般出现在整个文档
或节的末尾，也是用来注释说明的。一般为
论文的引用等。如何插入尾注呢？

例如为文档《供应链中的库存管理研
究》第2章标题添加引用的出处。

第2章→库存管理的原理和方法

2.1·库存的概念

库存（inventory），表示用于将来目的的、暂时处于闲置状
库存必不可少，但也不能太多。一般情况下，人们设置库存的目
储存的水一样。另外，它还具有保持生产过程连续性、分摊订货
求的作用。在企业生产中，尽管库存是出于种种经济考虑而存在

步骤① 打开文档，将光标移动到想要添加
尾注的文本的末尾，点击"引用"选项卡，
在"脚注"组中，点击"插入尾注"按钮。

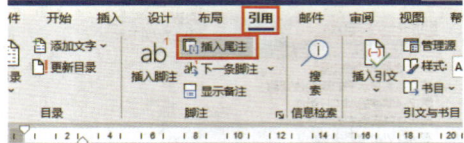

第2章→库存管理的原理和方法

2.1·库存的概念

步骤② Word会自动在文档末尾插入一个
尾注标记，并将光标移动到尾注区域。在尾
注区域输入想要添加的尾注内容，例如"张
三．（2010）．供应链管理与实务．物资出
版社."。

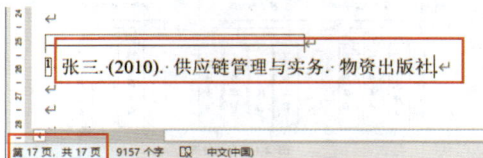

张三．(2010)．供应链管理与实务．物资出版社.

步骤③ 如果需要，可以对尾注进行格式
化，如更改字体、大小、颜色等。

第7章　章节组织

本章将介绍Word中的章节组织技术，包括如何使用分隔符、分栏和目录，帮助您有效地结构化文档，提升阅读体验和导航便利性。

第1节　分隔符

本节将介绍Word中的分隔符功能，帮助您更好地控制文档结构，实现页面布局的灵活调整。

技巧85　分隔符有哪些形式，各有什么用途？

技巧难度：�■□ 中等

在Word中，分隔符用于控制文档的页面布局和分节，常用的分隔符介绍如下。

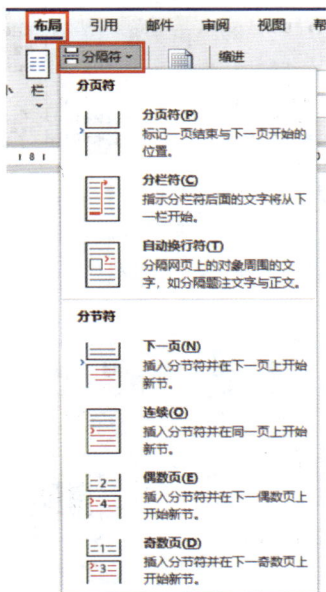

1 分页符用于在文档中强制开始新的一页。点击"布局"选项卡，在"页面设置"组中，点击"分隔符"按钮，选择"分页符"即可插入一个分页符；或按快捷键Ctrl + Enter。

2 分栏符用于在文档中强制开始新的一栏。点击"布局"选项卡，在"页面设置"组中，点击"分隔符"按钮，选择"分栏符"即可插入一个分栏符。

3 分节符用于在文档中创建新的节，每个节可以有不同的页面布局和格式设置。点击"布局"选项卡，在"页面设置"组中，点击"分隔符"按钮，选择以下分节符类型之一："下一页"表示新节将从下一页开始；"连续"表示新节将从当前位置开始，不换页；"偶数页"表示新节将自动从下一个偶数页开始；"奇数页"表示新节将自动从下一个奇数页开始。

第2节　分栏设置

本节将介绍如何在Word中进行分栏设置，优化文档布局，使内容呈现更加有序和专业。

技巧86　如何设置分栏？

技巧难度：■□□ 简单

有些文档中段落中的句子比较短，比如诗歌等，如果按传统的排版方式，比较浪费版面，或者图片比较多的文档，图片左右都会留下比较大的空白，可以将此类文档排版成分栏布局。该如何调整呢？

例如要将文档《杂志》中《语义网格的研究现状与展望》从正文内容开始分栏。

步骤① 如果只想对文档的某一部分设置分栏，首先选择想要分栏的文本。如果想要对整个文档设置分栏，则不需要选择任何文本。本例从"1 引言"选择到文档末尾。点击"布局"选项卡，在"页面设置"组中，点击"栏"（旧版为"分栏"）按钮，展开下拉菜单。在下拉菜单中，可以选择预设的分栏样式，如"两栏""三栏"等。

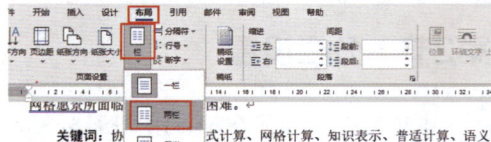

步骤② 点击想要应用的分栏样式即可。如果之前选择了特定的文本，分栏将应用于选择的文本。如果没有选择文本，分栏将应用于本节，即直到文档的下一个分节符，或文档末尾。

技巧87　如何自定义每栏的宽度和栏间距？

技巧难度： ▬▬▬ 简单

　　页面内容应用分栏之后，可以对每栏的宽度进行调整，该如何调整呢？

步骤① 点击"页面布局"选项卡，在"页面设置"组中，点击"栏"在下拉菜单中选择"更多栏…"选项。

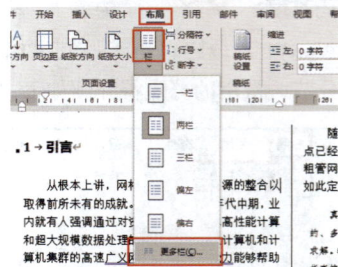

步骤② 在打开的"栏"对话框中，可以选择文档的栏数。如果页面横向布局，超过3栏的可以在"栏数"中直接输入数值指定。

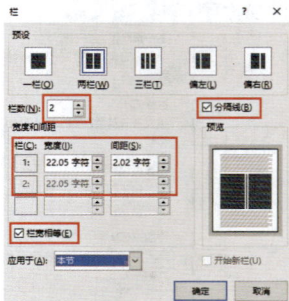

步骤③　勾选"栏宽相等"复选框，可以使所有栏的宽度相等。如果需要自定义每栏的宽度，可以取消勾选该复选框，在上面指定每一栏的宽度。在"栏"对话框的"栏1""栏2"等部分，可以手动输入每栏的宽度和栏间距。例如，输入"宽度"和"间距"的数值。

步骤④　在"栏"对话框中，可以通过"预览"区域查看栏宽和栏间距的调整效果。

技巧88　如何分布栏中的内容？

技巧难度： ▰▰▰ 简单

　　Word的内容分栏依据，首先填充满一栏，再将排放不下的内容放到下一栏。当到文档最后一页时，这样的排版显得不美观。当需要使两栏或更多栏的内容高度一致时，该如何操作呢？

　　例如文档《杂志》中文章《语义网格的研究现状与展望》分栏后，最后一页左右分布不均匀。

　　的环境智能。例如，装置会探测到样本信息（例如通过条形码或射频标签），科学工作者可以利用便携式设备进行数据记录，访问网络（AG）的结点可以识别发声者，以及可以在各种屏上展示各种信息。

　　以上是原先提出来的需求，现在我们又增加了两项关于配置和部署相关的新需求：

　　11）配置和部署的简易性：应该使一般用户（而不是要求具有高深研究背景的团队）就能部署网络应用系统。

　　12）IT 保留系统的集成：由于语义网格环境属于灰场开发，因此需要以一种更令人满意的方式，来满足将原有的商业处理系统和学习管理系统等互联起来进行协同工作的挑战。

　　尽管上述的许多需求被认为是传统网格所具备的，但我们相信所有这些需求将不断地从语义网的某个方面获益。因此，对我们来说，这是有效的描述方式：语义网贯穿于网格系统的始终。

步骤①　在分栏的前提下，在页面的最后一页，计算好两栏的平均行数。在第一栏的末尾，点击"布局"选项卡，在"页面设置"组中，点击"分隔符"按钮，选择"分栏符"即可插入一个分栏符，在特定位置强制开始新的一栏。

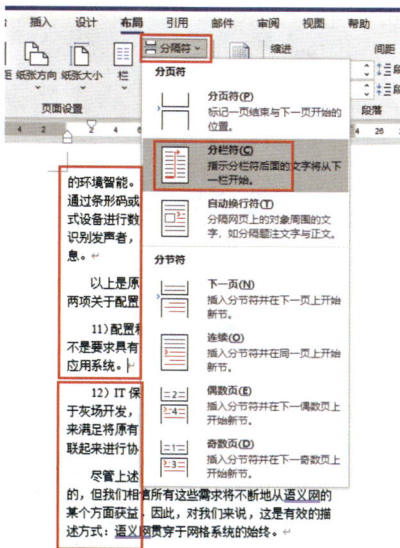

步骤②　插入分栏符后的效果如下图。

第3节　插入目录

　　本节将介绍如何在Word文档中插入目录，简化导航，提升文档的可读性和专业外观。

技巧89　如何快速插入自动目录？

技巧难度： ▰▰▰ 简单

　　Word提供了自动目录功能，它能自动读取文中带大纲级别的标题并自动生成目录与相应的页码。该如何操作呢？

　　例如为文档《供应链中的库存管理研究》添加自动目录。

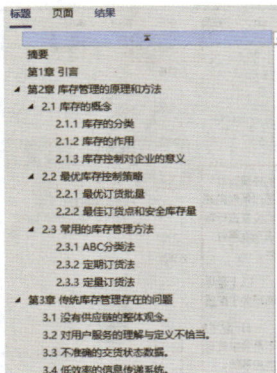

步骤① 打开Word文档，确保文档中的标题已经应用了Word内置的标题样式（如"标题1""标题2"等），即在导航面板中，可以看到文档中的各级标题。

步骤② 将光标放置在文档中想要插入目录的位置。点击"引用"选项卡，在"目录"组中，点击"目录"按钮。

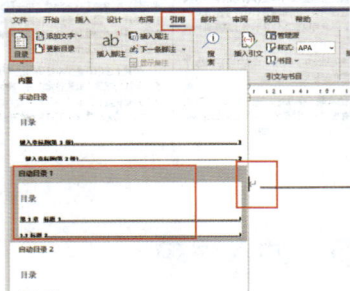

步骤③ 从下拉菜单中选择一个预设的目录样式，例如"自动目录1"或"自动目录2"，即可在插入点插入一个自动目录。

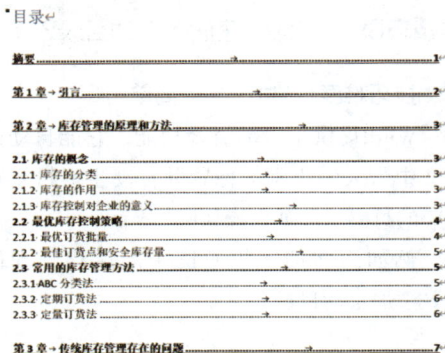

技巧90 如何更新目录的页码？

技巧难度： ▮▮▮▭▭▭ 简单

在生成目录之后，如果对文中的内容进行调整，例如插入内容、调整章节先后顺序等，已经生成的目录中的页码就不再准确，这时候有什么简便的方法可以快速调整呢？

步骤① 点击目录区域，确保光标位于目录内部。右键点击目录区域，从弹出的快捷菜单中选择"更新域"。

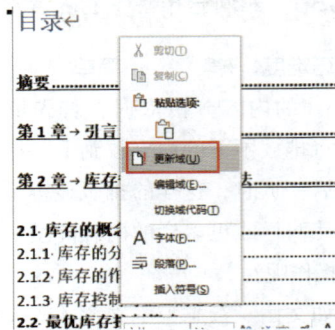

步骤② 在弹出的"更新目录"对话框中，选择更新类型。选择"更新整个目录"将更新目录中的所有内容和页码。选择"只更新页码"将仅更新目录中的页码，不改变目录内容。根据需要选择相应的更新类型后，点击"确定"按钮。

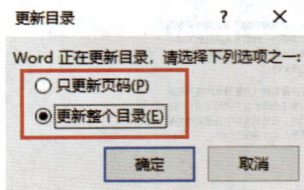

技巧91 如何更改目录显示的级别？

技巧难度： ▮▮▮▮▭▭ 中等

自动目录默认显示的大纲级别是3级，有时我们文档中的目录，显示的级别不符合的需求，比如想要显示更多级别，这时我们可以自定义目录，按照自己的需求设置目录显示的级别，该如何操作呢？

例如文档《供应链中的库存管理研究》中最低大纲级别是4级，自动目录中只有3级目录。

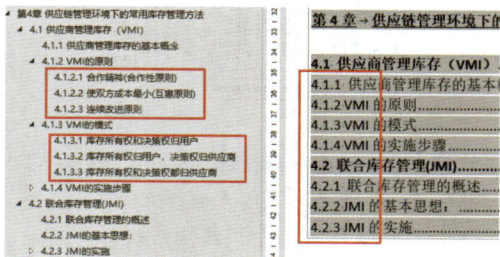

步骤①　将光标放置在文档中想要插入目录的位置（删除先前目录）。点击"引用"选项卡，在"目录"组中，点击"目录"按钮。从下拉菜单中选择"自定义目录…"。

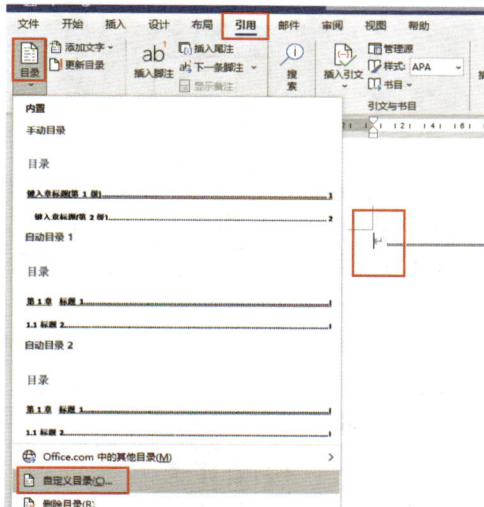

步骤②　在弹出的"目录"对话框中，"显示级别"选项决定了目录中显示的标题级别数量。默认情况下为显示3级标题。可以根据需要增加或减少这个数值。例如，如果想要显示4级标题，可以将"显示级别"设置为4。还可以在对话框中勾选"是否显示页码""制表符前导符"等设置。

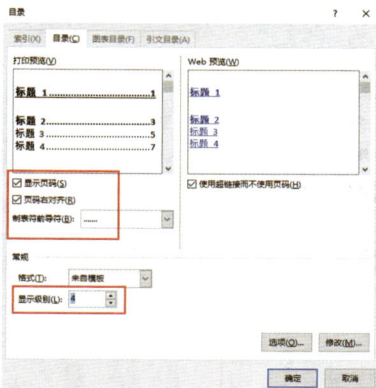

步骤③　调整"显示级别"后，点击"目录"对话框底部的"确定"按钮，应用更改，生成目录。生成的目录将包含1~4级的标题。

技巧92　如何更改目录样式？

技巧难度： 简单

自动生成的目录比较单调，Word还提供几种默认的样式供我们进行套用。如何设置呢？

步骤①　点击目录中的任意位置，以选中整个目录，目录通常会以灰色背景突出显示。点击"引用"选项卡，在"目录"组中，点击"目录"按钮，在弹出的下拉菜单中，选择"自定义目录…"选项。

步骤②　在弹出的"目录"对话框中，在"格式"下拉菜单中，选择想要的目录样式。Word提供了多种内置的目录样式，如"正式""简单""古典"等。例如选择

"流行"，点击"确定"。

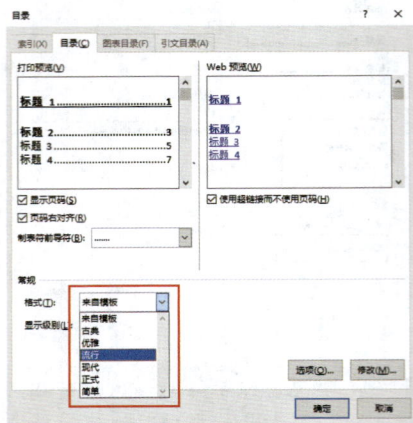

步骤③ 在弹出的对话框中点击"确定"，即可应用新的目录样式。

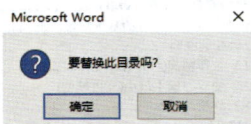

技巧93 如何插入图表目录？

技巧难度： ▬▬▬ **简单**

除了为章节的标题生成目录之外，在前面章节在文档中插入了题注的基础上，还可以单独为图、表生成目录。该如何操作呢？

例如前面已经在文档《供应链中的库存管理研究》中为图片添加了题注，现在想要在目

录之后另起一页插入图目录。

2.1.1·库存的分类·

库存是企业生产经营过程中一个不可缺少的重要环节，是企业物流的基本功能。库存译自英语里面的"inventory"，它表示用于将来目的的资源暂时处于闲置状态，是库存有不同的形式，从不同的角度可以对库存进行多种不同的分类；如图2-1所示。

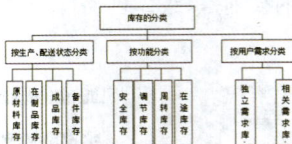

图·2-1·库存的分类·

2.1.2·库存的作用·

步骤① 在目录后面按快捷键Ctrl + Enter另起一页。点击要插入图表目录的位置，点击"引用"选项卡，在"题注"组中，点击"插入表目录"按钮。

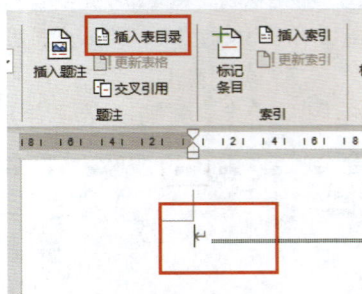

步骤② 在弹出的"图表目录"对话框中，点击"题注标签"下拉框，选择需要生成图表目录的标签引用，例如"图"。取消勾选"使用超链接而不使用页码"，点击"确定"，应用图表目录设置。

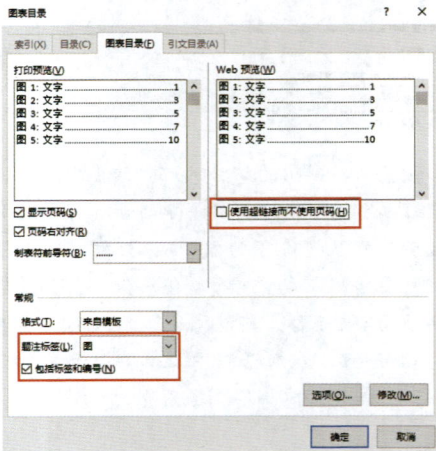

步骤③　自动插入后的图目录如下图。

---分节符(下一页)---

第8章　页面布局与打印

本章将介绍Word中的页面布局与打印功能，涵盖页面设置、页眉页脚的编辑和打印设置，帮助您创建布局合理、打印效果出色的文档。

第1节　页面设置

本节将详细介绍Word中的页面设置功能，帮助您调整文档布局，满足不同打印和阅读需求，提升文档的整体美观度。

技巧94　如何快速插入空白页？

技巧难度： ▇▇　简单

如果想在文档中临时插入一个页面来单独介绍某些内容，应该如何操作呢？

步骤　将光标移动到想要插入空白页的位置。点击"插入"选项卡，在"页面"组中，点击"空白页"按钮。Word会在当前光标位置插入一个空白页。

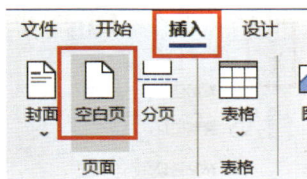

该操作的原理是通过在插入点前后各插入一个分页符来快速实现空白页的插入。

技巧95　如何删除文档中的空白页？

技巧难度： ▇▇▇　中等

有时想要删除文档中的空白页，却用退格键删除，应该怎么操作呢？

步骤①　如果是页面中的分节符或者分页符，则使用Backspace或Delete键可以删除，空白页也会随之消失。"分页符""分节符"一般不可见，需要点击"开始"选项卡，在"段落"组中点击"显示/隐藏编辑标记"，使其处于按下状态。

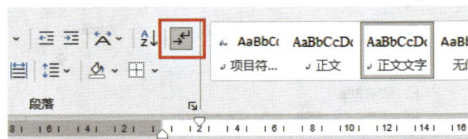

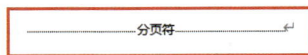

例如要为文档"结算单"删除最后一个空白页。

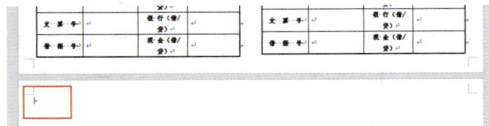

步骤②　如果空白页出现在文档末尾，且倒数第二页末尾是个表格，则选中空白页的段落标记，单击鼠标右键，在下拉菜单中选择"段落"。

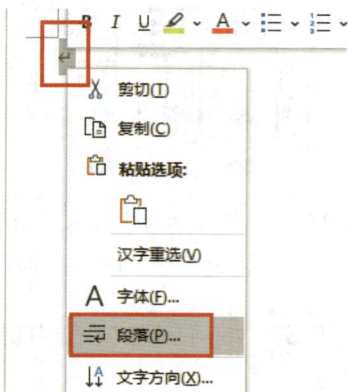

步骤③ 在弹出的"段落"对话框中，点击"行距"的下拉按钮，在其下拉菜单中选择"固定值"，在"设置值"文本框中输入"1磅"，点击"确定"按钮。

该操作的原理是使这个空行非常窄，则可以自动排版到上一页末尾，实现删除文档末尾的空白页的目的。

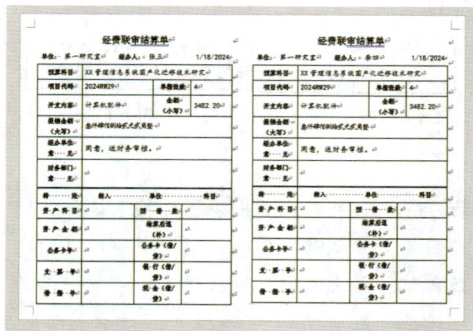

技巧96 如何利用分节设置不同的页面布局？

技巧难度： 中等

Word的页面设置，例如纸张大小、方向、分栏、页眉页脚等，都是以"节"为单位进行设置，各节之间可以进行互相独立的设置。如果想要实现不同的页面布局，首先要将文档分节，按节进行不同的页面布局的设置。

例如文档《巧克力》中《营养介绍》一节有图表，纵向页面排版不下，需更改为横向页面布局。

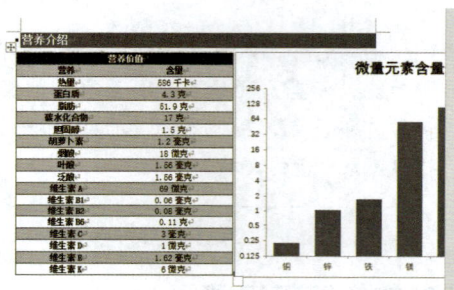

步骤① 将光标移动到上一页末尾，点击"布局"选项卡，在"页面设置"组中，点击"分隔符"按钮。在下拉菜单中选择"下一页"，Word将插入一个分节符并开始新的一页。如果上一页末尾已经有"分页符"，则插入一个"连续""分节符"。

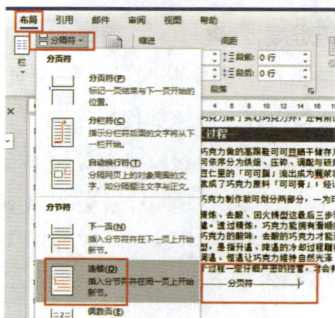

步骤② 用同样方法在本页末尾也插入一个分节符，根据实际情况选择"下一

页""连续"。

步骤③　表格的这一页已经单独成为一节了。将光标放在刚刚创建的新节中。点击"布局"选项卡，可以在"页面设置"组中，点击"纸张方向"按钮，然后选择"横向"。

步骤④　可以点击"页边距"按钮，选择或自定义页边距。

步骤⑤　可以点击"纸张大小"按钮，选择所需的纸张大小。

步骤⑥　设置完页面方向的效果如下图，仅该节的页面横向，前后页面都为纵向。

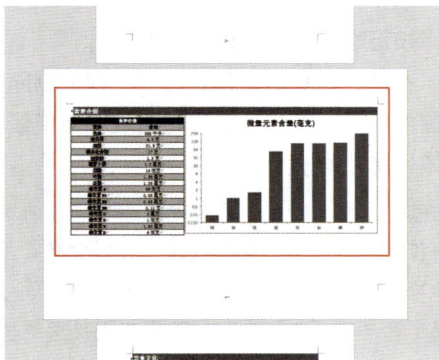

技巧97　如何为文档设置稿纸样式?

技巧难度：　简单

Word提供了多种稿纸的样式，可以轻松使用Word做出"三百格"等稿纸的效果。

例如要为文档"北京主要景点介绍"应用三百格稿纸样式。

步骤①　点击"布局"选项卡，在"稿纸"组中，点击"稿纸设置"，打开"稿纸设置"对话框。

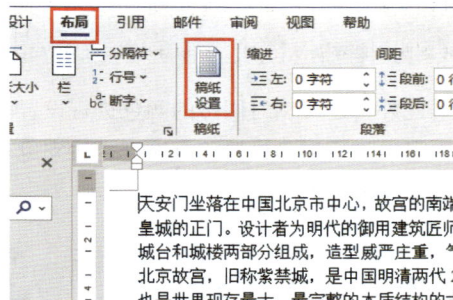

步骤②　在"稿纸设置"对话框中，点击"格式"下拉按钮，在下拉菜单中选择"方格式稿纸"。

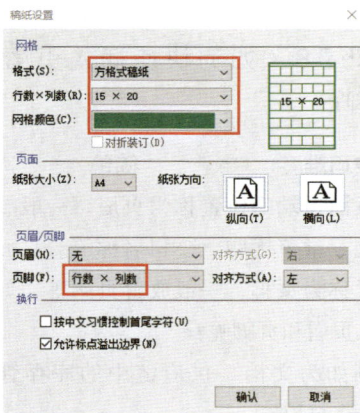

步骤③　点击"行数×列数"下拉按钮，可以选择所需的行列数，这里选择"15×20"，点击"纵向"，勾选"按中文习惯控制首尾字符"复选框，点击"确定"

按钮应用稿纸样式。

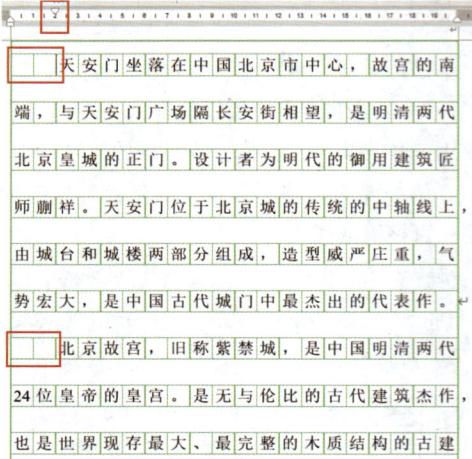

此外，还可以对网格的颜色进行设置。并可以通过标尺来设置首行缩进，达到段首空2格的效果。

第2节　页眉和页脚

本节将介绍如何在Word中添加和编辑页眉页脚，使文档格式统一，增强专业性和一致性。

技巧98　如何快速插入页眉和页脚？

技巧难度：■■■　　简单

页面顶端的位置称为页眉，一般放置文档标题、章节标题、公司名称等。页面底部的位置称为页脚，一般放置页码等。如何快速插入页眉和页脚呢？

例如为文档《供应链中的库存管理研究》插入页眉。

步骤① 点击"插入"选项卡，在"页眉和页脚"组中，点击"页眉（或页脚）"按钮。

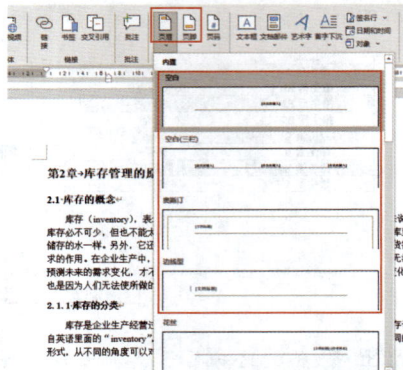

步骤② 在下拉菜单中，选择一个喜欢的页眉/页脚样式，Word提供了多种预设样式供选择。或点击"编辑页眉（页脚）"选项。

步骤③ 选择样式后，页面顶部会出现页眉编辑区域，输入想要的内容，如文档标题、作者名等。或者在底部出现页脚编辑区域，输入想要的内容，如页码、日期等。

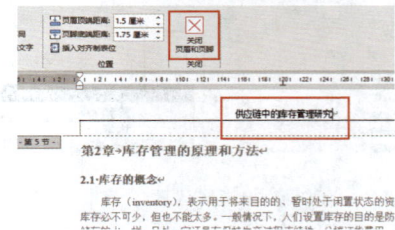

步骤④ 完成编辑后，双击正文区域，或者在"页眉和页脚工具"的"设计"选项卡中点击"关闭页眉和页脚"按钮。

技巧99　如何删除页眉横线？

技巧难度：■■■　　中等

在进行过页眉的设置之后，即使删除了页面的文字，页眉位置也将出现一条横线，应该如何去掉呢？

步骤① 页眉中的横线通常是一个段落的下边框。进入页眉的编辑模式，选择所有页眉的文本。点击"开始"选项卡，在"段落"组中，点击"边框"按钮右侧的下拉按钮。

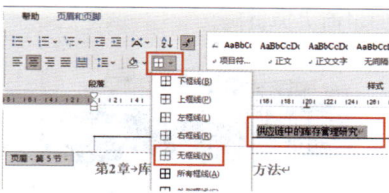

步骤②　在下拉菜单中选择"无框线"，即可删除掉页眉的横线。

技巧100　如何让页眉显示每章的标题？

技巧难度：▊▊▊　中等

有些文档在页眉位置，除了显示文档标题外，还显示了每章的标题。文档标题为固定内容，可以统一设置。每章的标题需要每一章单独进行分节设置吗？有什么简便的方法呢？

例如为文档《供应链中的库存管理研究》插入每章标题的页眉。

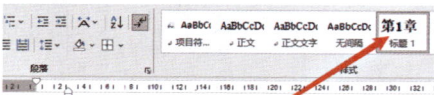

步骤①　首先确保每章的标题都应用了某种样式，例如"标题 1"或其他相同的样式。双击页面顶部的页眉区域，进入页眉编辑模式，删除先前添加的页眉。

步骤②　在"页眉和页脚工具"的"设计"

选项卡中，在"插入"组中，点击"文档信息"或"文档部件"按钮，然后选择"域"。

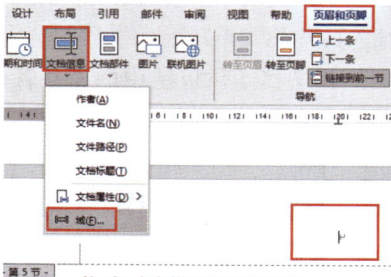

步骤③　在"域"对话框中，在"域名"列表框中选择"StyleRef"选项。在"域属性"部分，"样式名"中，选择章对应的样式，例如"标题 1"。

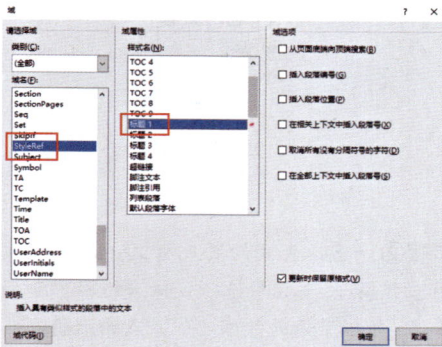

步骤④　点击"确定"按钮，插入域代码。当前页面所属章的标题就自动插入到页眉中，点击"关闭页眉和页脚"按钮。

步骤⑤　查看其他章的自动页眉。

技巧101 如何在文档中插入页码？

技巧难度： ▮▮▮▯▯▯▯ 简单

文档中的页码一般出现在页脚的位置。如何插入页码呢？

例如为文档《供应链中的库存管理研究》插入页码。

步骤① 点击"插入"选项卡，在"页眉和页脚"组中，点击"页码"按钮，在下拉菜单中，选择页码的位置。其中，"页面顶部"用于在页面的顶部插入页码（页眉部分）。"页面底部"用于在页面的底部插入页码（页脚部分）。"页面边缘"用于在页面的左边或右边插入页码。"当前位置"用于在光标当前位置插入页码（需要先进入页眉或页脚编辑模式）。

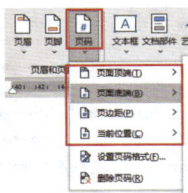

步骤② 选择喜欢的页码样式，分别有页码、页码/总页数等选项，例如选择"页面底端–加粗显示的数字2"，点击后将在指定位置添加页码。

技巧102 如何设置首页不显示页码？

技巧难度： ▮▮▮▮▯▯▯ 中等

在进行论文等编辑的时候，首页一般是封面，不显示页码，如何设置呢？

例如为文档《供应链中的库存管理研究》的封面去掉页码。

步骤① 在文档中双击底部的页脚区域以激活页脚编辑模式。在"页眉和页脚工具"的"设计"选项卡中，在"选项"组中，勾选"首页不同"复选框。这样就可以为首页设置一个不同的页眉和页脚，与其他页面分开。

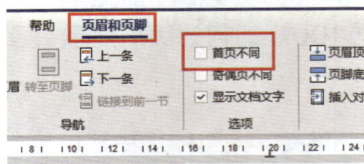

步骤② 在页眉和页脚编辑模式下，如果首页已经有页码，选中它并删除。

步骤③ 移动到文档第二页的页脚区域，右键点击页码，通常为"2"，在弹出的菜单中选择"设置页码格式…"。

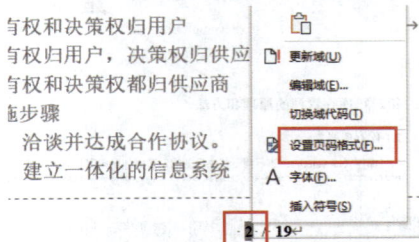

步骤④ 在弹出的"页码格式"对话框中，设置"起始页码"为"1"，点击"确定"。该文档中第2页是目录，一般将页码设置成罗马数字"Ⅰ, Ⅱ, Ⅲ, …"。

页码格式

编号格式(F):　I, II, III, …

☐ 包含章节号(N)

章节起始样式(P)　标题 1

使用分隔符(E):　- (连字符)

示例:　　　1-1, 1-A

页码编号

○ 续前节(C)

◉ 起始页码(A):　I

确定　　**取消**

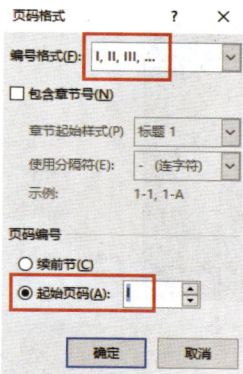

步骤⑤　这时候第二页的页码变为"I"，点击"关闭页眉和页脚"按钮，退出编辑。第3页为图目录，其页码如下图。

· III · / · 19 ↵

技巧103　如何从任意页开始设置页码?

技巧难度:　　　　中等

如果编辑的是带目录的文档，一般封面不显示页码，序、前言、目录共用一种页码格式，比如使用罗马数字的 I 、II 、III 、IV 等，而正文开始的时候从阿拉伯数字1开始。如何进行设置呢?

例如为文档《供应链中的库存管理研究》从正文(摘要)开始设置页码为1。

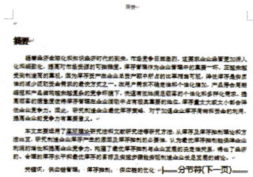

V/19

步骤①　将光标放在希望页码重新开始的页面的开头(例如该文档第1页封面，2、3页目录，第4页图目录，从第5页开始重新设置页码，将光标放在第4页的图目录末尾)。点击"布局"选项卡，在"页面设置"组中，点击"分隔符"按钮，从下拉菜单中选择"下一页"分节符。如果上一页末尾已经有换行符，则插入一个"连续"分节符。将在当前位置插入一个分节符，并开始一个新节。

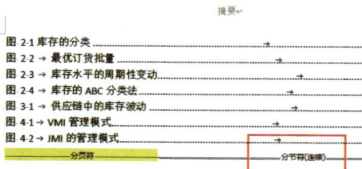

步骤②　双击希望重新开始页码的页面的页眉或页脚区域，即"摘要"页，进入页眉和页脚编辑模式。

步骤③　在"页眉和页脚工具"的"设计"选项卡中，找到"导航"组，点击"链接到前一节"按钮，确保取消此选项(按钮不再被突出显示)。这一步是关键，因为它允许为当前节设置独立的页码格式。

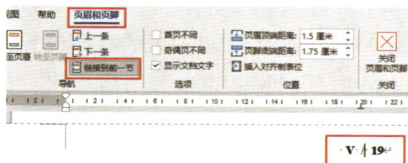

V / 19

步骤④　点击"页码"按钮，然后选择"设置页码格式"。

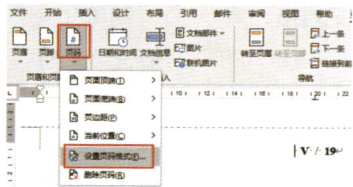

V / 19

步骤⑤　在"页码格式"对话框中，选择需要的编号格式(如阿拉伯数字)。在"页码编号"部分，选择"起始页码"，然后输入希望的起始页码数字（例如，从1开始）。点击"确定"按钮应用更改。

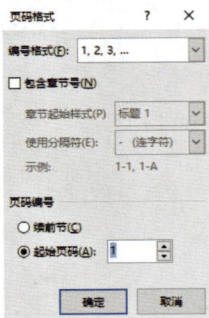

步骤⑥ 设置完成后查看正文部分，页码已经更改为阿拉伯数字，从1重新开始编码。例如第2章首页末尾页码如下图。

第3节 打印设置

本节将详细介绍Word中的打印设置，确保文档在打印时格式正确，节省纸张，提高打印效率。

技巧104 如何打印指定页码范围的文档?

技巧难度： ▇▇▇ 简单

Word中默认打印的是整份文档。有时只需要打印其中某些页面，或其中某几页不连续的页面，该如何设置呢？

步骤① 点击"文件"选项卡，选择"打印"选项，或者直接按快捷键Ctrl + P，打开打印对话框。

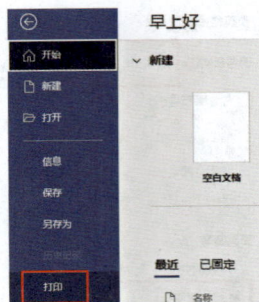

步骤② 在打印设置页面，找到"设置"部分。直接在输入框中输入想要打印的页码范围。

步骤③ 如果想打印连续的页码范围，则使用减号进行连接，例如输入"1-5"即表示打印第1页到第5页。

步骤④ 如果想打印不连续的页码，则使用半角逗号进行连接。也可以与减号合用，例如输入"1，3，5-7"即表示打印第1页、第3页、第5页到第7页。

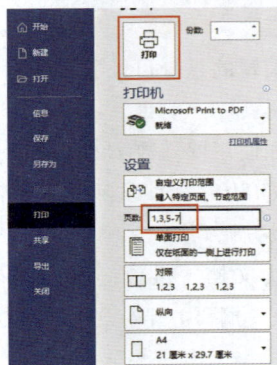

步骤⑤ 根据需要调整其他设置，如页面方向、纸张大小、双面打印等后，点击打印即可。

技巧105 如何将多页文档打印到一页纸上?

技巧难度： ▇▇▇ 简单

有时为了节省纸张，可能需要将多页文档打印到一张纸上。该如何操作呢？

步骤①　点击"文件"选项卡，选择"打印"选项，或者直接按快捷键Ctrl + P，打开打印对话框。

步骤②　在打印设置页面，在"设置"部分，找到"每版打印1页"旁边的下拉菜单，选择想要的多页打印选项，"每版打印n页"意思是将n页文档打印到一页纸上。根据文档和打印需求进行选择。

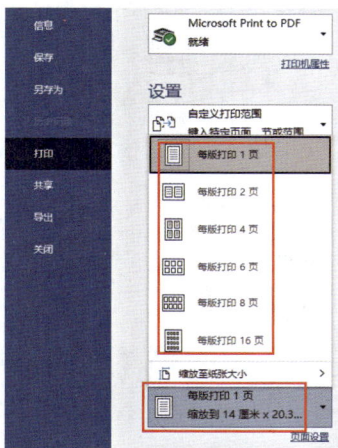

步骤③　根据需要调整其他设置，如页面方向、纸张大小、双面打印等后，点击打印即可。

技巧106　如何设置双面打印？

技巧难度：　▇▇▇▇　简单

有些文档特别要求需要双面打印。先确保打印机支持双面打印功能，否则需要自己进行手动双面打印，即打印一面之后将纸张重新放入打印机纸盒中，继续打印背面。

步骤①　点击"文件"选项卡，选择"打印"选项，或者直接按快捷键Ctrl + P，打开打印对话框。

步骤②　在打印设置页面，在"设置"部分，点击"单面打印"按钮，在弹出的下拉菜单中，如果打印机支持自动双面打印，选择"双面打印"；如果不支持，那么只有

"手动双面打印"选项。

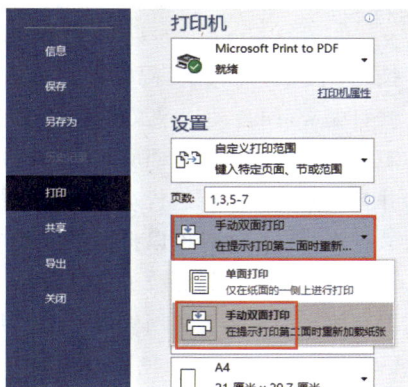

步骤③　确认所有设置，然后点击"打印"按钮开始打印过程。

注意：首先确保打印机支持双面打印功能。如果打印机的双面打印功能在Word中不可用，确保打印机驱动程序是最新的，因为打印机驱动程序可能会更新打印选项。

如果打印机不支持自动双面打印，可能需要手动翻转纸张来打印文档的另一面。

第9章　审阅与修订

本章将讲解Word的审阅与修订工具，重点介绍修订和批注功能，助力您高效管理文档修改，确保内容准确无误。

第1节　修订功能

本节将讲解Word的修订功能，帮助您高效管理文档修改，轻松追踪和整合反馈，提升协作效率。

技巧107 如何启用修订模式添加修订标识？

技巧难度： ▇▇▇ 简单

修订是Word自动记录文档被修改的过程的工具，它可以显示文档所有被修改的记录，并且能够与原文档进行对比。相比直接修改，进入修订模式后可以自动记录所有修改，可以清楚看到究竟更改了哪些内容，是否需要更改。如果需要启用修订模式，可采用以下步骤。

例如要对文档《北京主要景点介绍》进行修订。

步骤① 打开文档，点击"审阅"选项卡。在"修订"组中，点击"修订"按钮。点击后，按钮会变为激活状态，表示修订模式已启用。

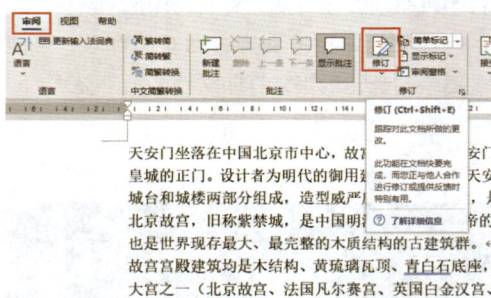

步骤② 此时开始修改文档，所有的插入、删除和格式更改都会被标记为修订。

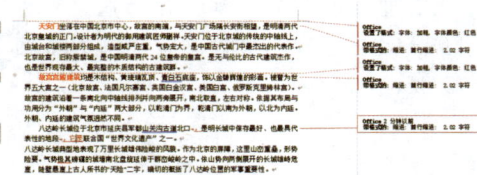

步骤③ 插入的文本会带有下划线，删除的文本会带有删除线，格式更改会以不同的颜色或标记显示。启用修订模式的文档在保存时会包含所有的修订信息。

技巧108 如何查看修订内容？

技巧难度： ▇▇▇ 简单

在文档使用修订模式进行修改后，如何看到所有修改的记录呢？

步骤① 点击"审阅"选项卡，在"修订"组中，点击"审阅窗格"按钮，打开"审阅窗格"。

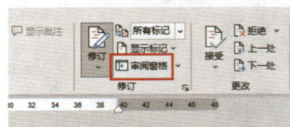

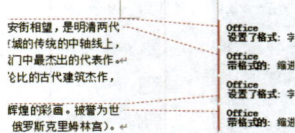

步骤② 在"审阅窗格"中可以看到所有的修改记录。

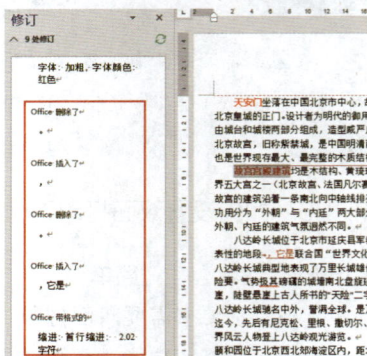

步骤③ 或在"更改"组中，使用"上一条"和"下一条"按钮在修订之间导航。点击"上一处"按钮可以跳转到上一个修订，点击"下一处"按钮可以跳转到下一个修订。

技巧109 如何查看修订前的原始文档?

技巧难度: 简单

对文档进行修订之后,如何查看修订之前的原始文档呢?

步骤① 点击“审阅”选项卡,在“修订”组中,点击“显示以供审阅”右侧下拉按钮。

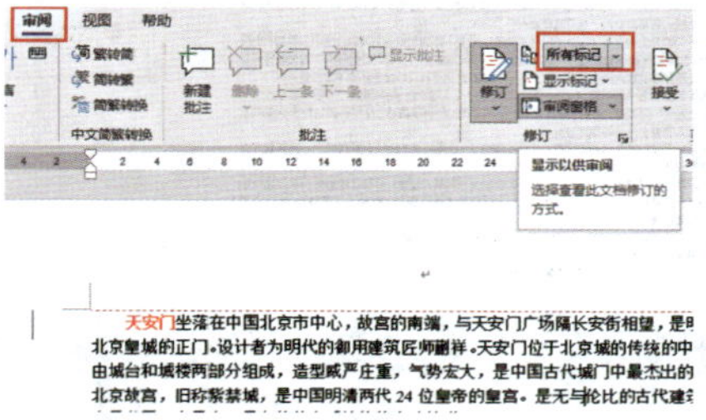

步骤② 在下拉菜单中选择“原始版本”,文档将变回修订之前的原始状态。

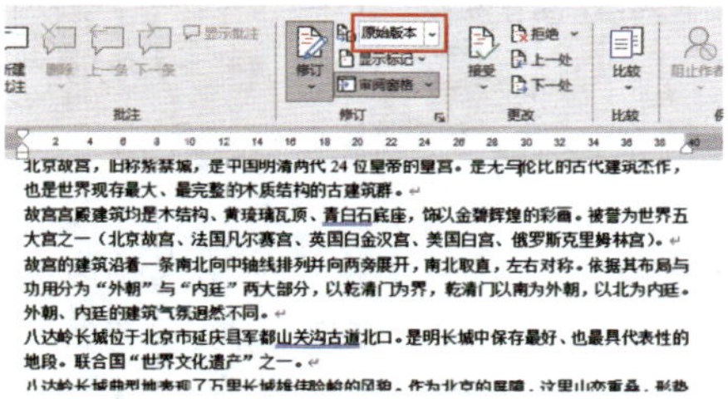

步骤③ 再点击下拉按钮,在下拉菜单中选择“无标记”即可切换回修订后的文档。

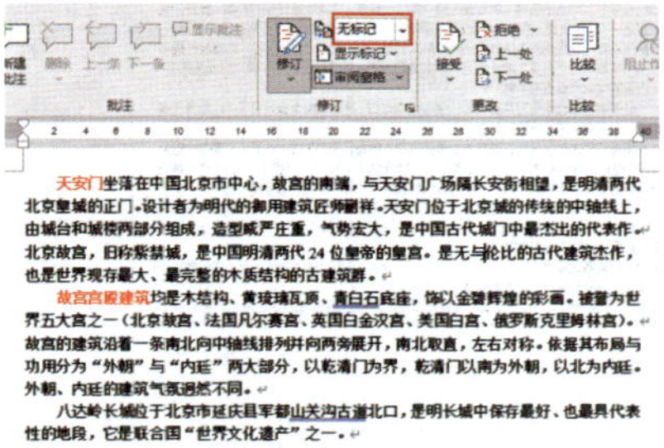

在一些版本的Word中,需要通过以下操作来实现:点击“显示以供审阅”右侧下拉按钮。找到并选择“显示最终标记”或“显示最终无标记”选项,将显示文档的最终版本,而不显示任何修订标记。选择“显示原始标记”或“显示原始无标记”选项,将显示文档的原始版本,没有任何修订。

技巧110 如何拒绝/接受修订?

技巧难度: 简单

修订一般不用“删除”,而是使用“接受”来接受该条修订提出的修改意见,使用“拒绝”来忽略这条修订并将其删除。应该怎么操作呢?

步骤① 点击“审阅”选项卡,在“更改”组中,使用“上一处”和“下一处”按钮在修订之间浏览。或在审阅窗格中点击修订意见,定位到某条修订。

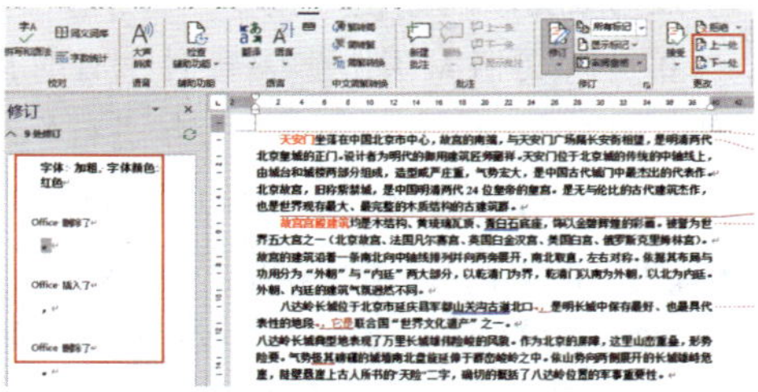

步骤② 在“更改”组中,点击“接受”按钮来接受当前选中的修订,或者点击“拒绝”按钮来拒绝当前选中的修订。

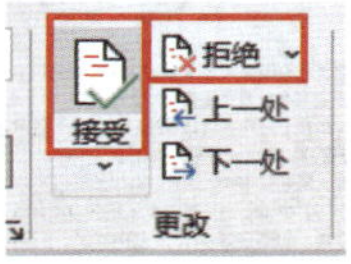

步骤③ 如果确定要一次性接受或拒绝所有修订,可以使用批量处理功能。在“更改”组中,点击“接受”按钮的下拉箭头,选择“接受所有修订”以接受文档中所有的修订。点击“拒绝”按钮右侧的下拉箭头,选择“拒绝所有修订”以拒绝文档中所有的修订。

第2节　批注功能

本节将详细介绍Word的批注功能，让您能够高效地在文档中添加、查看和管理批注，促进团队沟通和审阅。

技巧111　如何在文档中添加批注？

技巧难度：▮▮▮ 简单

在进行文档团队协作编辑时，有时候对他人的文章提出意见而不是直接进行修改时，需要用到批注功能。如何添加批注呢？

步骤①　用鼠标选中希望添加批注的文本段落、句子、单词或位置。点击"审阅"选项卡，在"批注"组中，点击"新建批注"按钮。

步骤②　在弹出的"批注"窗口中，输入批注内容，例如输入"与上一段合并。另，注意配图"，再点击文档的任意位置退出批注编辑。

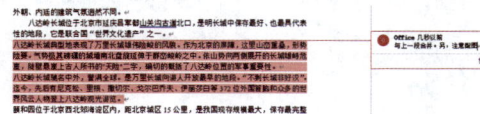

技巧112　如何隐藏批注？

技巧难度：▮▮▮ 简单

添加了批注之后，再次打开文档会发现文档宽度变宽了，如果想要将批注暂时隐藏，应该如何操作呢？

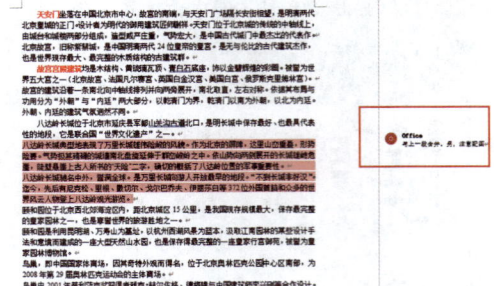

步骤①　点击"审阅"选项卡，在"批注"组中，点击"显示批注"按钮，使其处于非按下状态，隐藏文档中的所有批注。

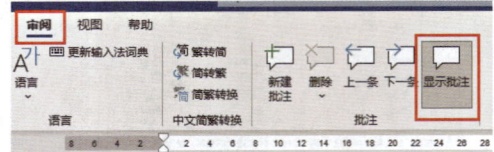

步骤②　隐藏后，Word将折叠起批注，并在右侧页边距处显示标注标识，鼠标移过会有提示。

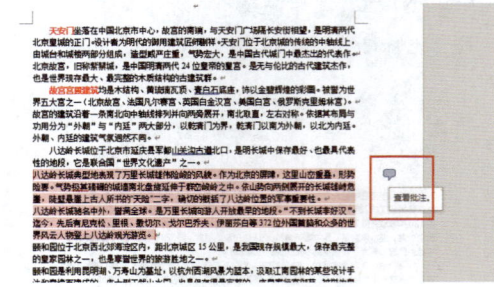

技巧113　如何答复批注？

技巧难度：▮▮▮ 简单

对他人使用批注提出的意见，可以进行

"答复"操作，如何实现呢？

步骤①　打开已经存在批注的文档，找到想要答复的批注，将鼠标停在要答复的批注上，批注框会显示一个"答复"按钮。

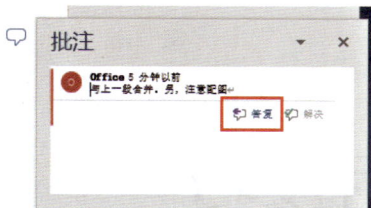

步骤②　点击"答复"按钮，批注框下会出现一个新的输入框，在新的输入框中输入答复内容。然后按下键盘上的Enter键或点击输入框外的任意位置以保存答复。

技巧114　如何删除批注？

技巧难度：▮▮▮▯▯　简单

如果批注不再需要，可将其删除。如何操作呢？

步骤①　在文档的右侧边栏中，找到希望删除的批注。

步骤②　如果想要删除单个批注，选中该批注，点击"审阅"选项卡中的"删除"按钮来删除当前选中的批注。

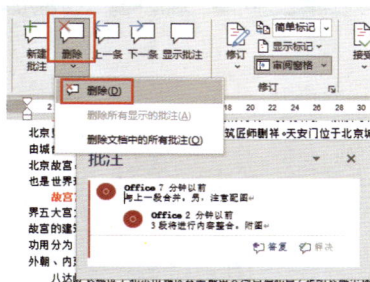

步骤③　如果希望一次性删除文档中的所有批注，可在"审阅"选项卡中，点击"删除"按钮的下拉箭头，选择"删除文档中的所有批注"，以批量删除文档中的所有批注。

第二篇章 ◀◀◀◀◀◀◀

Excel 使用技巧

　　Excel 是一款优秀的电子表格软件，其数据处理功能强大、公式计算灵活、图表制作直观，支持大量数据处理、自定义公式编写、数据可视化功能，适用于数据分析、财务管理、统计报表等任务。Excel 擅长处理各种数据内容，如预算、计划、统计分析等，用户可以通过数据建模、数据透视、图表分析等功能快速准确地处理大量数据，并生成清晰易懂的报告。

第 10 章　界面介绍

本章将介绍 Microsoft Excel（以下简称 Excel）的界面功能区、视图模式和缩放功能，帮助您熟悉操作界面，提高工作效率。

第1节　界面功能区

本节将介绍 Excel 的界面功能区，帮助您快速定位和使用各种工具，提升工作效率，轻松应对数据处理任务。

技巧1　Excel主界面有哪些功能区？

技巧难度： ▩▩□□□　简单

在 Excel 的主界面中，主要包含以下几个区域：

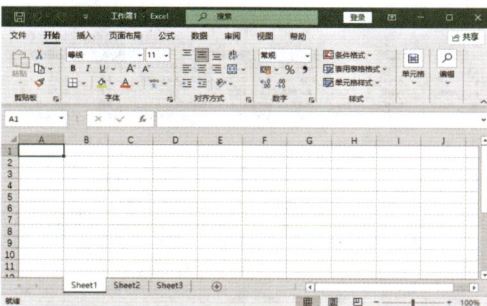

1　标题栏在窗口的最顶端，显示当前打开的文件名称和 Excel 应用名称。

2　快速访问工具栏在标题栏的左侧，包含常用命令，如保存、撤销、重做等。可以自定义此工具栏以添加更多常用命令。

3　功能区（Ribbon）在快速访问工具栏的下方。包含多个选项卡，如"文件""开始""插入""页面布局""公式""数据""审阅""视图"等，每个选项卡下有相关的工具和命令。

4　选项卡在功能区的顶部，每个选项卡（如"开始""插入""公式"等）对应一组相关功能和命令。

5　命令组在各个选项卡下面，每个选项卡下包含若干命令组，将相关的工具和命令组织在一起，例如，"开始"选项卡下的"剪贴板""字体""对齐方式""数字"等命令组。

6　名称框位于功能区下方的左侧，显示当前选中的单元格或范围的名称或地址。

7　编辑栏（公式栏）在名称框右侧，用于输入和编辑当前选中单元格的内容或公式。

8　工作表标签在编辑栏下方的窗口底部，显示当前工作簿中的各个工作表名称。可以通过点击标签来切换工作表，也可以添加、删除、重命名工作表。

9　状态栏在窗口的最底部，显示当前工作表的状态信息，如选择的单元格数量、平均值、求和等。还有一些快捷操作，如切换视图、调整缩放比例等。

10　滚动条位于窗口右侧（垂直滚动条）和底部（水平滚动条），用于在工作表中上下或左右滚动视图。

11　工作表网格占据界面的主要部分，由行和列组成的网格，用于输入和计算数据。每个单元格有一个唯一的地址，如 A1、B2 等。

12　视图选项在状态栏右侧，提供几种不同的工作表视图模式，如普通视图、页面布局视图和分页预览视图。

第2节　视图模式与缩放

本节将介绍Excel的视图模式与缩放功能，助您根据需求灵活调整工作表显示，优化数据查看体验，提高操作便捷性。

技巧2　如何调整比例大小来显示文件？

技巧难度： ▮▮▮ 简单

在Excel中，和Word一样可通过调整缩放比例来达到最好的显示效果。

步骤① 打开工作表，在Excel窗口的右下角可以看到一个缩放滑块，通常显示当前的缩放百分比，例如100%，拖动缩放滑块向左或向右，以减少或增加显示比例。可以观察工作表的即时变化，直到找到合适的比例大小。

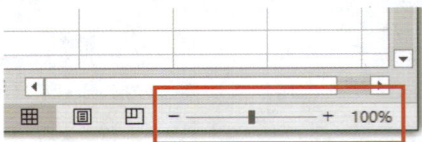

步骤② 或者按住Ctrl键，然后滚动鼠标滚轮。向前滚动以增大显示比例，向后滚动以减小显示比例。

技巧3　如何拆分工作表显示？

技巧难度： ▮▮▮ 简单

Excel的拆分窗格功能和Word一样，可以使当前文档拆分成若干个子窗口进行比较。应该如何实现拆分呢？

步骤① 点击想要拆分工作表的单元格。例如如果希望在第11行和第E列拆分显示，那么点击单元格E11。点击"视图"选项卡，在"窗口"组中点击"拆分"按钮。

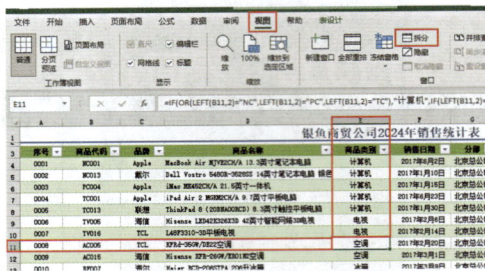

步骤② 工作表将会根据选择的单元格进行水平和垂直拆分，生成四个可独立滚动的窗格。

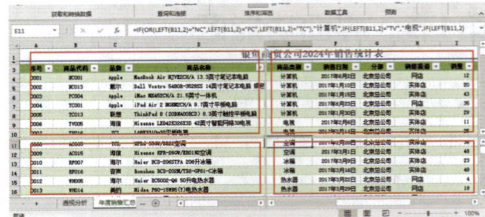

步骤③ 如果只想水平拆分工作表，可以点击某一行号（例如第4行的行号），然后点击"拆分"按钮。

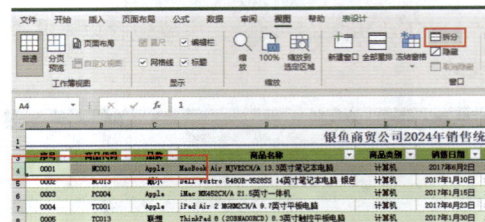

步骤④ 如果只想垂直拆分工作表，可以点击某一列号（例如D列的列号），然后点击"拆分"按钮。

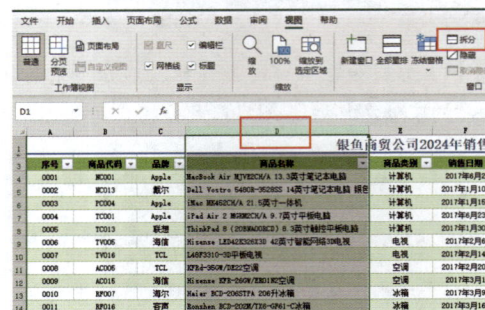

第 11 章 基本操作

本章将详细讲解Excel的基本操作，包括工作簿和工作表的管理、单元格的编辑、内容录入技巧、数据编辑方法以及选择性粘贴的高级应用，助您快速掌握Excel的核心功能。

第1节 工作簿

本节将简单介绍Excel工作簿的创建、管理及应用，助您掌握多表协作技巧，提升数据组织与分析能力，实现高效工作。

技巧4 如何新建工作簿？

技巧难度： 简单

工作簿（Workbook）是一个文件，它包含一个或多个工作表。在Excel中，新建工作簿的步骤如下。

步骤① 在Excel启动后的欢迎界面，选择"新建"选项卡。在"新建"选项卡中，点击"空白工作簿"模版。

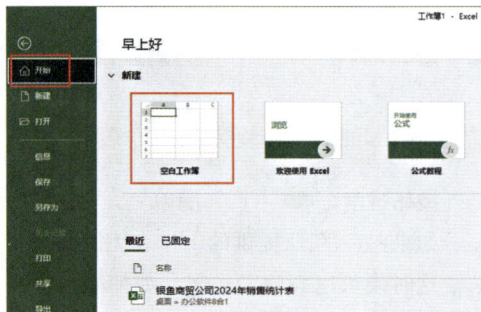

步骤② 点击后，Excel会自动创建并打开一个新的空白工作簿，可以立即开始输入和处理数据。

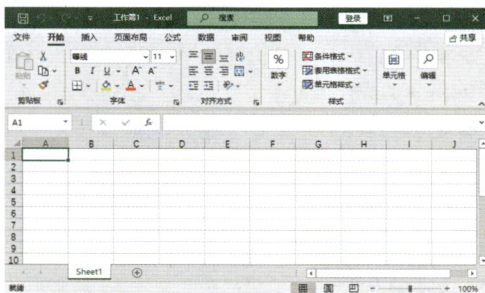

步骤③ 或使用快捷键Ctrl + N快速新建一个空白工作簿。

技巧5 如何保存工作簿？

技巧难度： 简单

新建了工作簿进行编辑之后，需要对文件进行保存，如何保存工作簿呢？

步骤① 在顶部菜单栏中，点击"文件"选项卡。打开"文件"菜单，选择"保存"。

步骤② 在"另存为"对话框中，选择要保存文件的位置，可以选择保存到本地计算机、OneDrive或其他云服务。在"文件名"框中输入希望为工作簿命名的文件名。

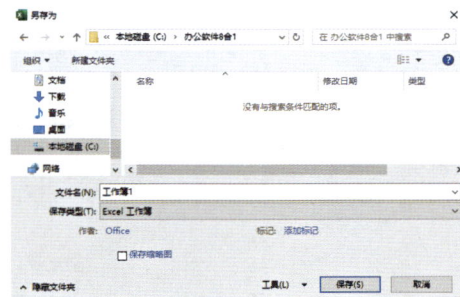

步骤③ 在"保存类型"下拉列表中，选择文件的保存类型，通常为"Excel 工作簿（*.xlsx）"。点击"保存"按钮，Excel 将工作簿保存到指定位置并使用提供的文件名。

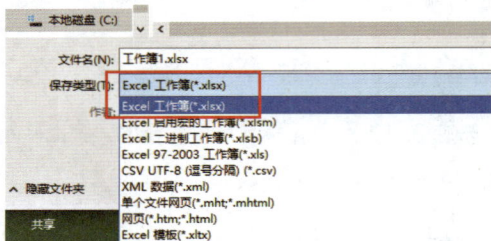

技巧6 如何存储工作簿的副本？

技巧难度： 简单

在对工作簿进行修改后，如果不想覆盖原来的文件，想生成一个新副本，该如何操作呢？

步骤① 在顶部菜单栏中，点击"文件"选项卡。打开"文件"菜单，选择"另存为"选项。

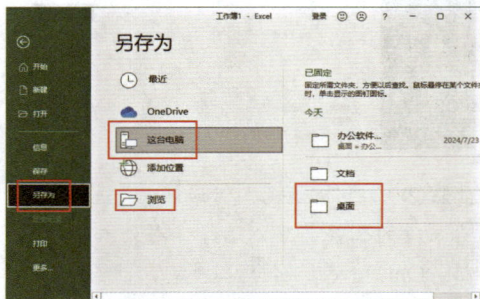

步骤② 在"另存为"对话框中，选择希望保存副本的位置，可以选择保存到本地计算机、OneDrive或其他云服务。在"文件名"框中输入一个新的文件名，以区别于原始文件。其他保持默认，点击"保存"即可。

第2节 工作表

本节将介绍Excel工作表的创建、编辑与管理，助您熟练掌握数据录入与整理技巧，提升工作效率，优化数据处理流程。

技巧7 如何新建工作表？

技巧难度： 简单

工作表（Worksheet）是工作簿内的一个单独的表格页面，由行和列组成的网格，用于输入、编辑和分析数据。每个工作表可以包含文本、数字、公式和图表等元素，是进行数据处理和展示的基本单元。Excel中新建工作表可以通过以下步骤实现。

步骤 在新建一个空白工作簿后，Excel将默认创建"Sheet1"（旧版本Excel将创建"Sheet1""Sheet2""Sheet3"三个）工作表，可以直接进行编辑。在Excel窗口底部，可以看到当前工作簿中所有工作表的标签，点击即可切换到相应的工作表。

技巧8 如何一键插入新工作表？

技巧难度： 简单

如果Excel默认提供的工作表无法满足要求，这时候可以新建工作表。如何插入新的工作表呢？

步骤 在Excel窗口底部，可以看到当前工作表的标签栏。在标签栏的右侧，找到一个加号按钮。点击这个按钮，新工作表将会立即插入。新工作表的名称将顺延，例如当前最大序号的工作表是"Sheet1"，则自动命名为"Sheet2"。

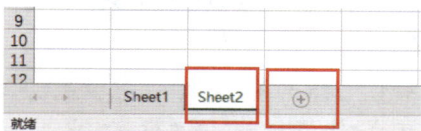

技巧9　如何重命名工作表？

技巧难度： 简单

工作表默认将以"SheetN"的形式命名，但是当工作表较多时，将给快速定位工作表带来困难。这时候就需要给工作表起一个有意义的名称。如何操作呢？

步骤① 在Excel窗口底部左侧，可以看到当前工作簿中所有工作表的标签，例如"Sheet1""Sheet2"等，双击想要重命名的工作表标签。或右键点击想要重命名的工作表标签，在弹出的快捷菜单中，选择"重命名"选项。

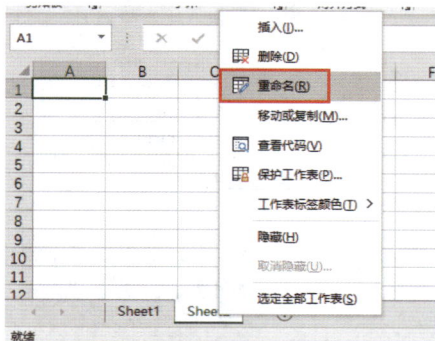

步骤② 标签文本会变为可编辑状态，输入想要的名称，然后按下回车键确认。

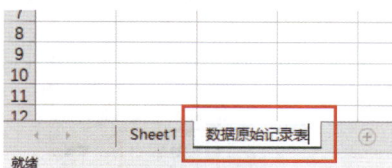

技巧10　如何移动工作表？

技巧难度： 简单

工作表默认按插入的先后顺序排列。在插入几个工作表之后，能否重新排列工作表的顺序呢？

步骤① 在Excel窗口底部找到想要移动的工作表的标签。用鼠标左键点击要移动的工作表标签，不要松开鼠标按钮并水平拖动，鼠标位置将出现一个小黑色箭头指示工作表将被放置的位置。

步骤② 当箭头指示在希望的位置时，松开鼠标按钮，工作表将被移动到新位置。

技巧11　如何删除工作表？

技巧难度： 简单

如果工作表不再需要，可将其删除，以减少工作簿文件的大小。如何操作呢？

步骤① 打开工作簿，右键点击要删除的工作表标签，在弹出的右键菜单中，选择"删除"。

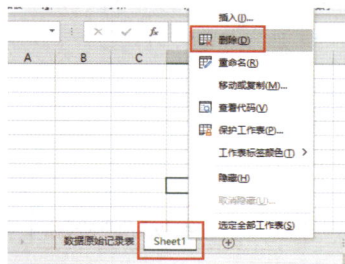

步骤② 如果工作表中包含数据，Excel会提示确认删除，点击"删除"按钮确认删除操作。

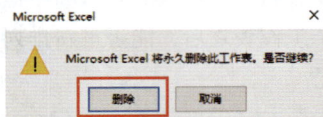

注意，删除工作表为不可撤销操作，即无法通过"撤销"功能来恢复被删除的工作表，除非使用先前备份的文件。所以删除工作表一定要谨慎。

技巧12 如何设置工作表标签的颜色？

技巧难度： 简单

在工作簿中如果有经常使用到的工作表，可以设定一个颜色，方便快速定位。该如何操作呢？

步骤① 右键点击想要设置颜色的工作表标签，在弹出的快捷菜单中，选择"工作表标签颜色"选项。

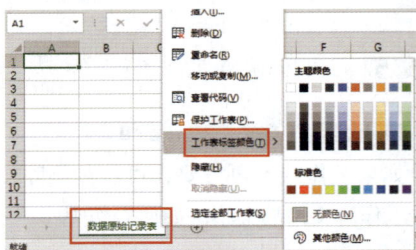

步骤② 在弹出的子菜单颜色选择面板中，点击想要的颜色，例如"红色"，工作表标签的颜色将会立即更改。工作表标签颜色在高亮时和未选中状态时的颜色如下图所示。

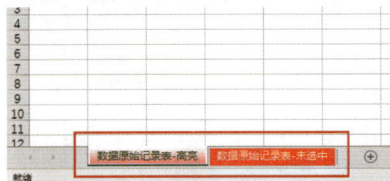

技巧13 如何隐藏工作表？

技巧难度： 简单

有些工作表内容机密，或者不想让其他人轻易修改，可将其隐藏起来。该如何操作呢？

步骤① 在工作表标签栏中，右键点击想要隐藏的工作表标签，在右键菜单中，选择"隐藏"。

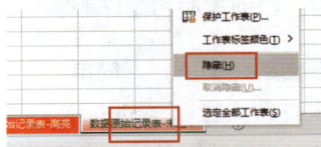

步骤② 这时该"未选中"工作表标签就不会出现在标签栏了。

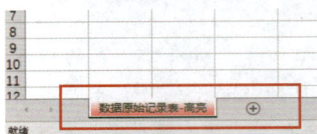

步骤③ 如果想要查看和编辑已经隐藏的工作表的内容，可右击一个可见的工作表标签，在快捷菜单中选择"取消隐藏..."。

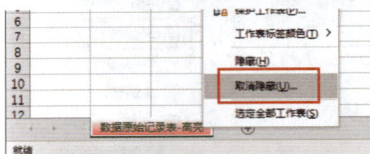

步骤④ 再在弹出的"取消隐藏"对话框中选择需要取消隐藏的工作表，点击"确定"按钮即可。

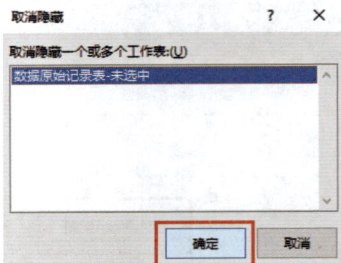

技巧14　如何让标题行在滚动时始终可见？

技巧难度： ▬▬▬▭▭▭▭ 简单

如果表格有很多行，在滚动浏览超过一屏的数据时，往往只能看到数据，没法得知数据代表的含义，因为标题行已经随着滚动消失了。如何能在滚动查看数据时，还能看到标题行呢？

例如在工作表"一二季度销售情况表"中，行数据太多，滚动到下面时，无法快速得知表格中数据的含义。

步骤①　点击数据区域中的任意单元格。点击"视图"选项卡，在"窗口"组中，点击"冻结窗格"按钮，在下拉菜单中，选择"冻结首行"。

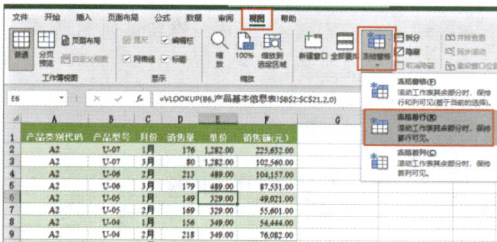

步骤②　标题行将固定在窗口顶部，无论向下滚动多少行，它都将始终可见，这对于查看和处理具有大量数据的工作表非常有帮助。

第3节　单元格

本节将全面讲解Excel单元格的格式设置、数据输入与编辑技巧，助您精准处理数据，提升表格美观度与数据处理效率。

技巧15　如何选择连续单元格？

技巧难度： ▬▬▬▭▭▭▭ 简单

在进行单元格格式、公式等设置前，往往需要先进行单元格的选择。如何快速选择连续的单元格呢？

步骤①　单击想要选择的连续单元格范围的起始单元格，例如如果想选择从A1到F15的单元格，首先点击A1单元格，然后按住鼠标左键，拖动鼠标到想要选择的最后一个单元格F15。拖动时Excel会高亮显示选择的单元格范围。

步骤②　当到达最后一个单元格时，释放鼠标左键。此时，选择的连续单元格范围将被高亮显示。

步骤③ 对于非常大的单元格范围，单击想要选择的连续单元格范围的起始单元格（例如A1单元格），按住键盘上的Shift键，点击最后一个单元格（例如F44）即可。

技巧16　如何选择不连续的数据？

技巧难度： 简单

如果选择的单元格不相邻，则没有办法通过拖动来快速选择，这时应当如何操作呢？

步骤① 使用鼠标点击并拖动来选择第一个数据区域，可以是1个单元格，也可以是多个。

步骤② 按住键盘上的Ctrl键，使用鼠标点击或拖动来选择其他单元格或数据区域。

步骤③ 如果需要选择更多不连续的区域，就继续按住Ctrl键并选择其他区域。

步骤④ 当完成所有不连续区域的选择后，释放Ctrl键，完成选择。

技巧17　如何选择整列或整行？

技巧难度： 简单

如果要选择的是整列或整行，例如要对整列进行单元格数字格式设置，可以如何实现呢？

步骤① 如需选择整列，将鼠标指针移动到想要选择的列的列标（位于工作表顶部的字母）上，当鼠标指针变成一个向下箭头时，点击列标。整列将被选中，并且该列的所有单元格将高亮显示。

步骤② 如需选择整行，将鼠标指针移动到想要选择的行的行号（位于工作表左侧的数字）上，当鼠标指针变成一个向右箭头时，点击行号。整行将被选中，并且该行的所有单元格将高亮显示。

步骤③　如需选择多行或多列，例如多列，将鼠标指针移动到第一个列标上，然后点击并拖动到想要选择的最后一个列标。或者点击第一个列标，按住Shift键并点击最后一个列标即可。

第4节　内容录入

本节将详细介绍Excel中数据录入的多种方法与技巧，助您快速准确地输入数据，提升工作效率，减少错误率。

技巧18　如何批量录入相同数据？

技巧难度：▬▬▭▭　简单

有时需要在一些单元格的区域内填充同样的数据，除了使用填充柄拖动外，还有什么简便的方法呢？

步骤①　选中起始的单元格（例如A1），按住鼠标左键不放，拖动到结束单元格（例如C10），此时A1到C10单元格之间的区域就会被选中。

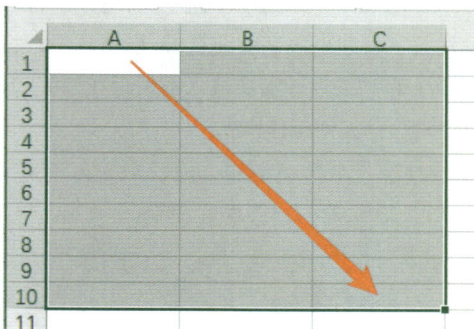

步骤②　直接输入需要的数据，例如"办公技巧"（默认会在第一个单元格输入）。

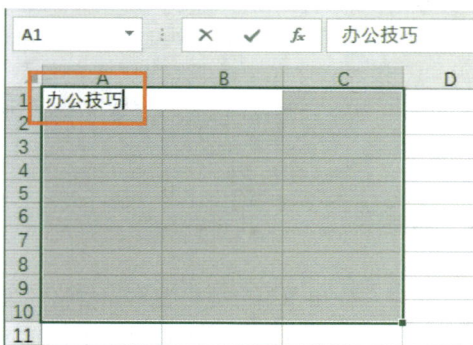

步骤③　按下快捷键Ctrl+Enter，将在A1:C10单元格区域中填充相同的数据。

技巧19　如何输入以"0"开头的数字？

技巧难度：▮▮　简单

在Excel单元格中默认输入的纯数字将被看作数字，如果数字前面有0，根据常识，将被Excel自动去掉。需要输入前面存在"0"的数字时，该如何操作呢？

步骤①　在单元格中输入一个单引号（'），然后输入想要保留"0"的数字。例如，输入"0755"。

	A
1	'0755

步骤②　按下回车键后，Excel会将输入的内容视为文本，并保留前面的"0"，同时单元格左上角有绿色小三角，表示文本格式。

	A	B
1	0755	此单元格中的数字为文本格式，或者其前有撇号。
2		

注意，使用单引号或设置单元格格式为文本后，Excel会将这些数字视为文本，而不是数值，无法再进行数学运算。如果需要对这些数字进行数学运算，可能需要先将其转换为数值格式。

技巧20　如何使输入的手机号、身份证号不变成科学记数法形式？

技巧难度：▮▮　简单

在Excel单元格中输入大于等于11位的数字，将会被自动转化成科学记数法显示。这对我们要输入手机号、身份证号带来不便。如何正确输入手机号呢？

步骤①　在单元格中输入一个单引号（'），然后再进行手机号或身份证号的输入。例如输入"'13800123456"或"'440100199001011234"。

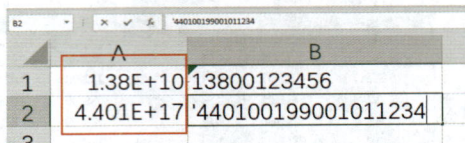

	A	B
1	1.38E+10	13800123456
2	4.401E+17	'440100199001011234
3		

步骤②　按下回车键后，Excel会将输入的内容视为文本，并保留完整的数字，不会转换为科学记数法。

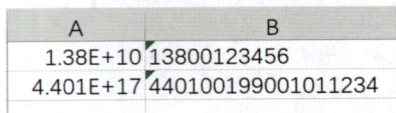

	A	B
	1.38E+10	13800123456
	4.401E+17	440100199001011234

第5节　数据编辑

本节将介绍Excel中数据编辑的技巧与方法，助您高效修改、更新数据，确保数据准确性与表格整洁度，提升工作效率。

技巧21　如何快速填充连续的数字？

技巧难度：▮▮　简单

在表格中的序号列需要填充连续的自然数，应该如何快速填充呢？

步骤①　在单元格中输入想要开始的文本编号。例如在A1单元格中输入"1"，将鼠标移到单元格的右下角，会出现一个小黑十字，即填充柄。

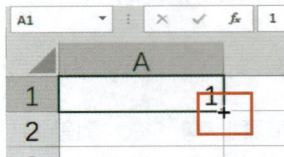

	A
1	1
2	

步骤②　如果直接按住填充柄并向下拖动，得到的是一个全是"1"的序列。

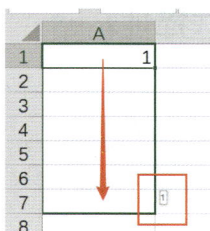

步骤③　按住键盘上的Ctrl键，再按住填充柄并向下拖动，直到达到所需的单元格位置，Excel则会自动检测并填充连续的编号。

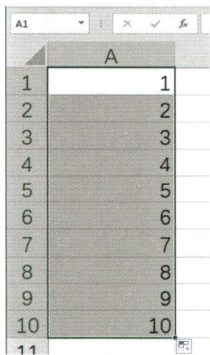

技巧22　如何快速填充连续的文本型编号？

技巧难度：　■■■□□□□　简单

有时我们需要快速输入一些有规律的内容，例如"第1组""第2组"……如何快速填充呢？

步骤①　在单元格中输入想要开始的文本编号。例如在A1单元格中输入"第1组"，将鼠标移到单元格的右下角，会出现一个小黑十字，即填充柄。

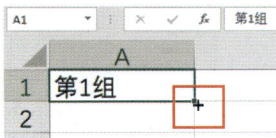

步骤②　按住填充柄并向下拖动，直到达到所需的单元格位置，Excel会自动检测并填

充连续的编号。

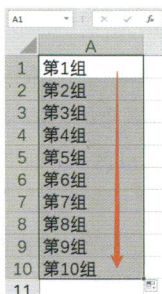

技巧23　如何快速填充指定步长的序列？

技巧难度：　■■■□□□□　简单

如果要填充的不是连续的自然数，而是具有一定间隔的序列，应当如何填充呢？

步骤①　在两个相邻的单元格中依次输入序列的前两个数，例如在A1、A2中输入1、6。

步骤②　选中这两个单元格，将鼠标移到选中单元格区域的右下角，会出现一个小黑十字，即填充柄。

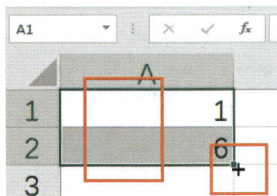

步骤③　按住填充柄并向下拖动，直到达到所需的单元格位置，Excel会自动检测数字的规律，并填充一个等差数列。

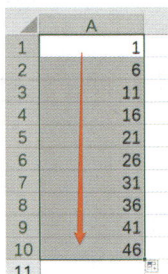

技巧24　如何快速填充1到1000的连续序列？

技巧难度： ▇▇▇ 简单

如果要自动填充的内容很多，例如要填充1到1000的连续自然数，而使用鼠标拖动又不方便，如何快速填充呢？

步骤①　在第一个单元格（如F1）输入"1"，点击"开始"选项卡，在"编辑"组中，点击"填充"按钮，在弹出的下拉菜单中，选择"序列…"。

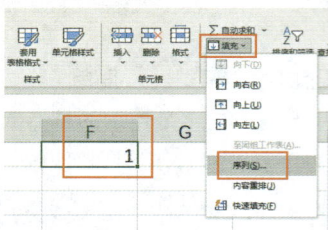

步骤②　在弹出的"序列"对话框中，在"序列产生在"选项中选择"列"，在"类型"选项中选择"等差序列"，在"步长值"中输入"1"，在"终止值"中输入"1000"。

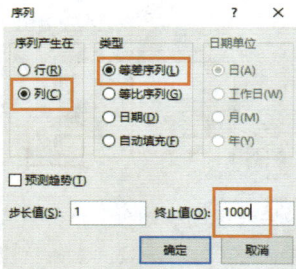

步骤③　点击"确定"按钮，Excel将自动按填充方向填充从1到1000的连续序列。

第6节　选择性粘贴

本节将详细介绍Excel中选择性粘贴的功能与应用，助您灵活处理数据，实现精确复制与粘贴，提升数据处理的灵活性与效率。

技巧25　如何快速调转表格的行列？

技巧难度： ▇▇▇ 简单

有时因表格一开始设计不合理，发生行列倒置的情况，直接手工调整过来工作量大，而且容易出错，可以如何快速将行列调转过来呢？

例如在工作表"产品代号对应表"中一开始设计失误，导致后期再插入记录只能在行末尾追加，需要进行转置。

步骤①　选择需要进行倒置的表格区域，右键点击选中的区域，选择"复制"或使用快捷键Ctrl+C。

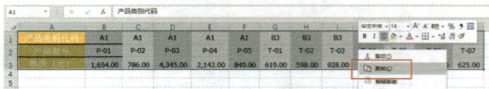

步骤②　选择一个空白位置作为目标区域，确保有足够的空间容纳转置后的表格。右键点击目标区域第一个单元格（例如A5），在右键菜单中选择"选择性粘贴-选择性粘贴…"。

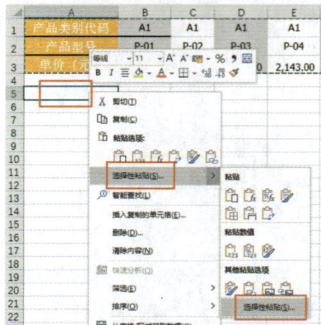

步骤③ 在弹出的对话框中，勾选"转置"选项，点击"确定"按钮。

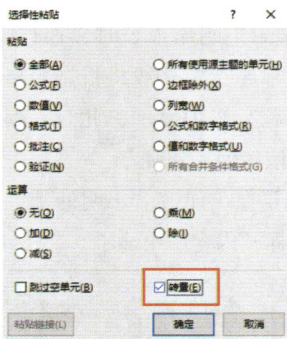

步骤④ Excel会将原始表格的行和列进行转置并粘贴到目标区域。

第 12 章　格式设置

本章将介绍Excel的格式设置，包括单元格格式的调整、表格格式的套用和单元格样式的应用，帮助您美化和规范数据展示。

第1节　单元格的格式

本节将全面介绍Excel中单元格格式的设置与应用，助您优化数据展示，提升表格美观度与可读性，实现专业级数据呈现。

技巧26　如何绘制单斜线表头？

技巧难度： ▇▇▇▇▭▭▭ 简单

在表格存在表头和第一列的情况下，表格的左上角一般会使用斜线将单元格划分成两部分并填写相应的内容，在Excel中如何完成呢？

例如要在工作表"小明的美好生活"中的A2单元格绘制单斜线表头，以便插入"项目"。

步骤① 选择希望绘制单斜线表头的单元格，例如A2单元格。点击"开始"选项卡，点击"对齐方式"组中右下角的小箭头按钮。

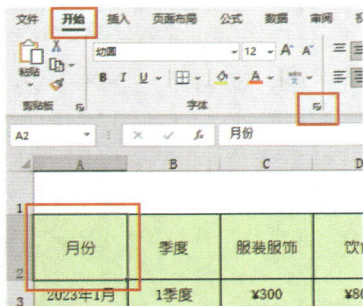

步骤② 在弹出的"设置单元格格式"对话框中，切换到"边框"选项卡，在"预置"下点击"外边框"按钮，在"边框"下点击"右斜线"按钮。

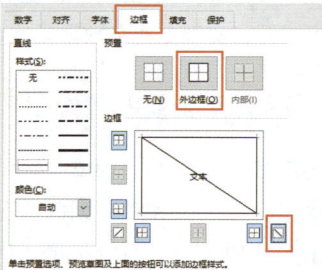

步骤③ 点击"确定"按钮，返回到工作表中，此时在A1单元格中将出现单斜线表头。

步骤④ 在单元格中输入需要的文字，例如输入"项目"，输入完成后，按键盘上的快捷键Alt+Enter进行强制换行。

步骤⑤ 在下一行输入"月份"，然后将光标放在文本"项目"前面，按下空格键，调整第一行文本"项目"到合适的位置即可。本例中还需要将单元格对齐方式设置成左对齐（取消居中对齐）。最终效果如下图。

技巧27 如何合并单元格？

技巧难度： ▮▮▮▯▯▯▯▯ 简单

在Excel中制作报表时，往往将第1行作为表格的标题行，一般将根据表格内容的宽度，使标题行居中显示，此时需要进行单元格合并。该如何操作呢？

例如要在工作表"小明的美好生活"中的第一行标题内容居中显示。

步骤① 使用鼠标点击并拖动选择要合并的多个单元格，例如到表格最后一列N列的A1:N1区域。点击"开始"选项卡，在"对齐方式"组中，点击"合并后居中"按钮右侧的下拉箭头。

步骤② 从下拉菜单中选择合并类型："合并后居中"将选定的单元格合并为一个单元格，并将内容居中显示；"合并单元格"将选定的单元格合并为一个单元格，但不更改内容的对齐方式；"跨越合并"将选定的单元格合并为按行分别合并成一个单元格；"取消合并单元格"，如果已经合并的单元格需要分开，可以选择此选项。

步骤③ 选择"合并后居中"，适当调整内容的字号及颜色，完成标题行的制作。

技巧28　如何为表格添加底色?

技巧难度: ▰▰▱▱▱ 简单

Excel中按单元格为单位进行底色设置。如果要为表格添加底色,使其更为突出或美观,应当如何实现呢?

步骤① 选择需要进行底色设置的单元格区域,点击"开始"选项卡,在"字体"组中,点击"填充颜色"按钮右侧小箭头。

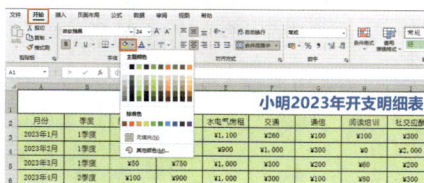

步骤② 将弹出颜色选择面板,在颜色面板中,选择想要的单元格底色,可以选择标准颜色,也可以点击"更多颜色"以选择自定义颜色。

第2节　套用表格格式

本节将展示如何利用Excel的套用表格格式功能,快速美化数据表,提升视觉效果,使数据呈现更加专业与美观。

技巧29　如何一键美化表格?

技巧难度: ▰▰▱▱▱ 简单

制作完成数据表之后,可以使用Excel自带的"美颜"功能,快速设置表格的整体风格。该如何实现呢?

例如要为工作表"一二季度销售情况表"快速套用表格样式。

步骤① 选中表格有内容的所有数据区域,或点击数据区域中的任一单元格,点击"开始"选项卡,在"样式"组中,点击"套用表格格式"按钮。

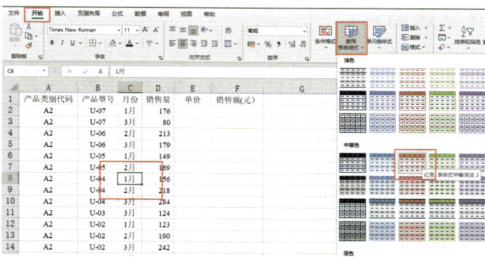

步骤② 弹出的样式选择面板中包含各种预设的表格样式,浏览列表,选择喜欢的样式,例如选择"红色,表样式中等深浅3"。

步骤③ 在弹出的"套用表格式"对话框中,默认会显示当前数据区域的所有单元格,可对其进行确认。勾选"表包含标题",点击"确认"按钮。

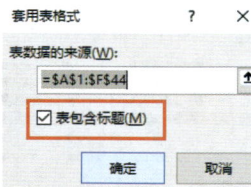

步骤④ 可以继续在"表设计"选项卡(旧版为表格工具的"设计"选项卡)中进行更多的设置,例如通过勾选"标题行"来使表头突出显示,勾选"第一列"使表格第一列具有特殊样式,勾选"镶边行"使错行不同色,勾选"汇总行"来为表格底部添加一行汇总等。

第3节　单元格样式

本节将介绍Excel单元格样式的应用，助您快速美化单元格，提升工作表的专业度和视觉效果。

技巧30　如何套用单元格样式？

技巧难度： 简单

和Word类似，Excel中也可以针对单元格进行样式的应用，Excel也提供了一些预设样式供快速应用。

步骤①　选择想要应用样式的单元格或单元格区域，点击"开始"选项卡，在"样式"组中，点击单元格样式右侧下拉按钮。

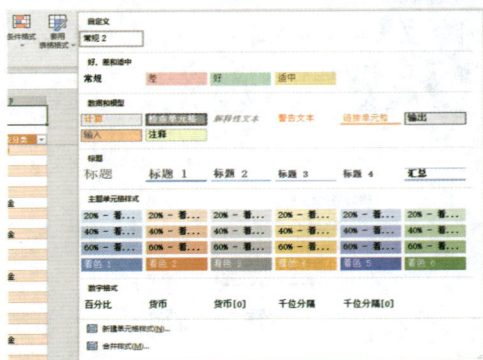

步骤②　弹出的样式选择面板中包含各种预设的单元格样式，浏览列表，选择一个喜欢的样式，点击即可应用设置。

第13章　单元格格式

本章将介绍Excel的单元格数字格式，包括日期、货币、百分比等格式的设置与应用，帮助您精确呈现和管理数据。

第1节　数字格式设置

本节将介绍Excel中数字格式的设置方法，帮助您精确控制数值显示，提升数据的专业性和可读性，确保信息准确传达。

技巧31　如何输入日期型数据？

技巧难度： 简单

在Excel工作表中，经常会涉及对日期的显示与处理。如何输入日期型的数据呢？

步骤①　点击要输入日期的单元格，例如A2单元格。输入今年内的日期，可直接输入"月/日""月-日"，如"2/26""7-15"等，按Enter键确认输入。Excel会自动加上今年的年份，同时单元格中的格式按默认的"×月×日"显示。

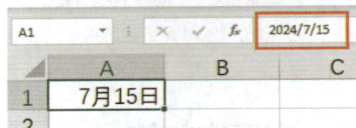

步骤②　输入其他年份的日期则需要指定年，分隔符可使用"/"或"-"。例如"01/3/16"，将自动解析成"2001/3/16"。注意，由于上一步骤在A列中输入，A列的默认数字格式已经是"×月×日"，这里尽量在其他列进行输入，如果输入在A列将显示"3月16日"，不过年份依然是2001年。

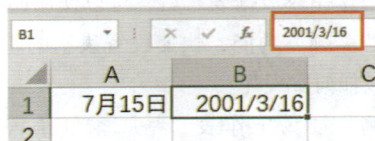

步骤③　如果显示格式不符合阅读习惯，可选中所有需要设置格式的日期单元格，点击"开始"选项卡，在"数字"组中点击右下角的小箭头。

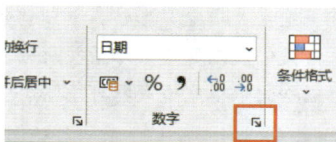

步骤④ 在弹出的"设置单元格格式"对话框中，点击"数字"选项卡，在类别列表中，选择"日期"，在右侧的"类型"列表中，选择想要的日期格式。例如，"2012年3月14日"，点击"确定"按钮即可。

技巧32 如何输入货币型数据？

技巧难度： ▮▮▮▯▯ **简单**

在Excel工作表中经常需要输入各种各样的金额数据，如何进行货币型数据的格式化展示呢？

例如要在工作表"一二季度销售情况表"中为单价、销售额数据格式化成货币型。

步骤① 使用鼠标选中所有需要设置为货币型数据的单元格，例如E、F列。

步骤② 点击"开始"选项卡，在"数字"组中点击右下角的小箭头。

步骤③ 在弹出的"设置单元格格式"对话框中，点击"数字"选项卡，在类别列表中，选择"货币"，在右侧选项中，设置小数位数，选择不同的货币符号，以及选择负数的显示方式。

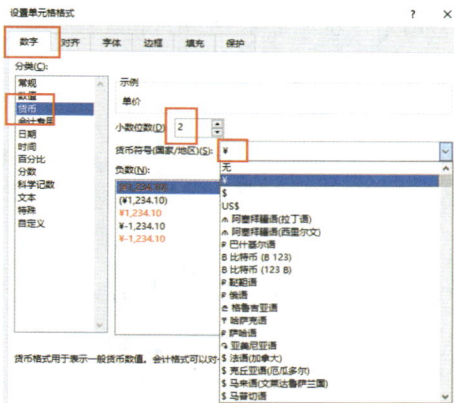

步骤④ 设置完成后，点击"确定"。货币型格式如下图。

技巧33 如何输入分数不变成日期格式？

技巧难度： ▬▬▬ 简单

小数的形式一般为"1/2""5/27"等，而前面讲过，如果直接输入这种形式的数据，Excel将自动转化成日期显示，那么该如何完成分数的输入呢？

例如要在工作表"三季度电器销售情况"中将完成比例显示为分数形式。

步骤① 选择需要显示分数的单元格（例如H列），点击"开始"选项卡，在"数字"组中点击右下角的小箭头。

步骤② 在弹出的"设置单元格格式"对话框中，点击"数字"选项卡，在类别列表中，选择"分数"，在右侧"类型"列表框中选择一种合适的分数类型，例如"百分之几（30/100）"。

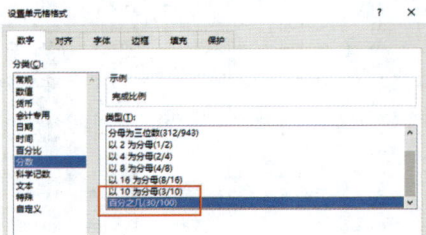

步骤③ 点击"确定"按钮，单元格中的小数将被格式化成以选定分母最接近的数值，拖动填充柄向下填充公式即可。

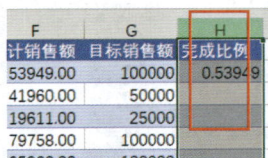

步骤④ 或者在已经设定为分数的单元格中，直接利用"/"输入分数数据即可。Excel将根据选择的分母类型与输入的数值，自动计算满足类型的最接近的数值进行显示。

第2节 自定义格式

本节将介绍如何在Excel中创建自定义格式，以满足特定需求，提升数据展示的灵活性和专业度，使信息呈现更加个性化和高效。

技巧34 如何自定义单元格的数字格式？

技巧难度： ▬▬▬ 中等

除了选择默认的单元格格式，还可以使用Excel预定义的字符，进行数字格式的自定义。

步骤① 使用鼠标点击并拖动以选择想要自定义数字格式的单元格或单元格区域。点击"开始"选项卡，然后在"数字"组中点击右下角的小箭头。

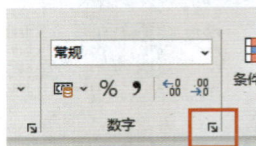

步骤② 在打开的"设置单元格格式"对话

框中，选择"数字"选项卡。在左侧的分类列表中，滚动到底部并选择"自定义"。

步骤③ 在右侧"类型"框中，可以看到许多预设的格式代码。先选择一个接近需要的格式的代码，然后进行修改，或者直接在类型框中输入一个新的格式代码。

步骤④ 例如，"yyyy-mm-dd"将显示"2024-08-03"这样带前导零的日期。

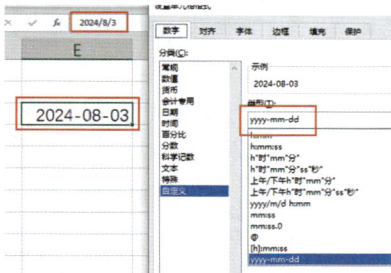

步骤⑤ 又如，如果在单元格中填充"部门1""部门2"……输入的是文本类型。可通过在单元格中填充"1、2、3…"的序列，再对其设置"部门#"的自定义格式，使得显示的是"部门1""部门2"……而又可以当作数字进行运算。

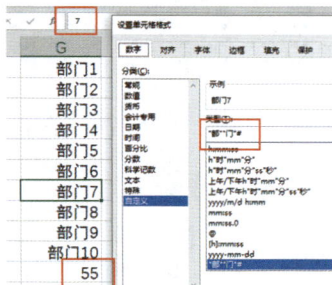

步骤⑥ 再如，对序列"1、2、3…"应用"000"的自定义格式，可以快速格式化成"001、002、003…"的带前导零的序列，又不用转化成文本类型。输入"0000"则可将数字显示为4位数带前导零格式。

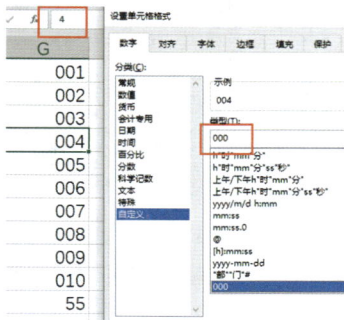

第 14 章　数据处理工具

本章将介绍Excel的数据处理工具，包括数据的排序与筛选、条件格式的应用以及数据有效性的设置，帮助您高效管理和分析数据。

第1节　数据排序

本节将介绍Excel中的数据排序功能，帮助您轻松整理和分析数据，提升工作效率，确保信息呈现有序，便于快速查找和决策。

技巧35 如何对某一列数据快速排序？

技巧难度：　　　　　简单

在使用Excel做数据分析的时候，经常需要将一些数据进行排序展示，如何操作呢？

例如工作表"初三2班第一学期期末成绩表"中默认以学号排序，现在需要对语文成绩进行倒排序。

步骤① 打开工作表，将光标放在排序的列中的任意一个单元格，例如C7单元格。点击"数据"选项卡，在"排序和筛选"组中，如果要按升序排序（从小到大），点击"升序"按钮。如果要按降序排序（从大到小），点击"降序"按钮。

步骤② Excel将自动识别整个数据区域，按点击的列，将整个表格以行为记录单位进行排序。

注意，不可以选中某个列进行排序，这样排序的只有这一列选中的数据，其他列保持不变，这将导致数据的混乱。

技巧难度： 简单

如果数据中要进行排序的依据不止一个，该如何进行排序呢？

例如在工作表"初三2班第一学期期末成绩表"中出现语文同分的情况，现在需要再按英语成绩进行倒排序。

步骤① 使用鼠标点击并拖动，选择需要排序的数据范围。确保包括所有需要排序的列和相应的行数据，包括标题行。或者将光标放在数据区域的任一单元格，Excel也将自动识别数据区域。

步骤② 点击"数据"选项卡，在"排序和筛选"组中，点击"排序"按钮，打开"排序"对话框。

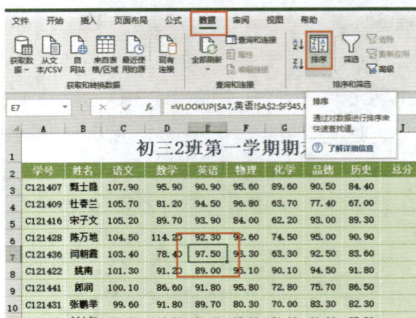

步骤③ 在"排序"对话框中，点击"主要关键字"下拉菜单，选择要作为第一个排序关键字的列。例如选择"语文"列，选择排序顺序（升序或降序）。由于技巧35已设置对语文成绩倒排序，这一步将无需设置。

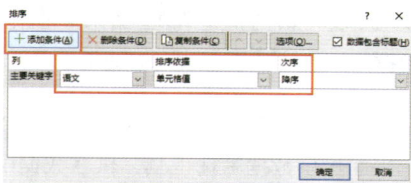

步骤④　点击"添加条件"按钮，添加第二个排序关键字。

步骤⑤　在新增的"次要关键字"行中，选择第二个排序关键字的列，例如选择"英语"列。选择排序顺序（升序或降序），这里选择"降序"。

步骤⑥　如果需要，可以继续点击"添加条件"按钮，添加更多的排序关键字，并为每个关键字设置排序顺序。

步骤⑦　点击"确定"按钮，Excel 将对整个数据区域按设定的排序依据进行排序。

技巧37　如何按姓名的笔画进行排序？

技巧难度：　　　　中等

除了按数值进行升降序排列外，特别地，对中文来说，还可以以笔画多少进行排序。如何操作呢？

例如在工作表"初三2班第一学期期末成

绩表"中，直接对姓名列进行快速排序是按照拼音顺序，现在需要按学生姓名的姓氏笔画进行排序。

步骤①　打开工作表，由于该表存在第1行的表格标题，需手动选中所有数据区域，例如A2:I46，点击"数据"选项卡，在"排序和筛选"功能组中点击"排序"按钮。

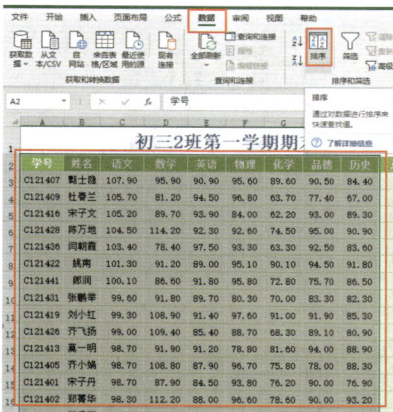

步骤②　在弹出的"排序"对话框中，由于已经存在其他排序条件，分别点击不同的排序依据，点击"删除条件"按钮，将其他排序条件一一删除。

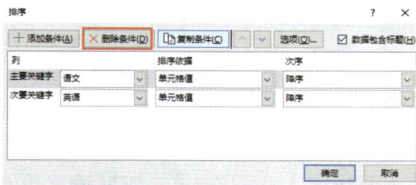

步骤③　点击"添加条件"按钮，"主要关键字"选择"姓名"，"次序"选择"升序"，点击"选项..."按钮。

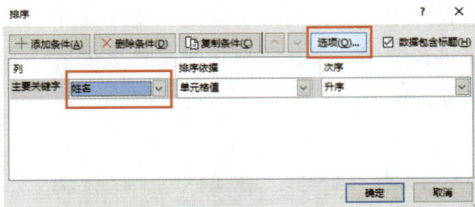

步骤④ 在弹出的"排序选项"对话框中，选择"笔划排序"单选按钮，点击"确定"按钮，返回"排序"对话框。

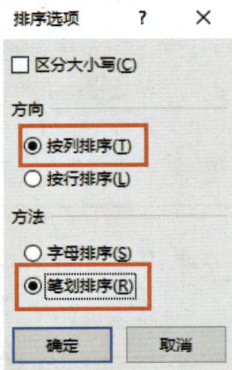

步骤⑤ 点击"确定"按钮后，设置完成后的排序效果如下图。

第2节　数据筛选

本节将深入介绍Excel的数据筛选功能，助您高效提取关键信息，优化数据管理，确保工作流程更加流畅，提升数据处理的精准度和速度。

技巧38　如何快速筛选出某个值的数据？

技巧难度： 简单

Excel提供数据筛选工具，供在数据中搜索出满足特定条件的数据进行展示，而且整个过程操作非常简单。该如何操作呢？

例如要在工作表"主要城市降水量"中筛选出"4月"数据，或者"上海市"的数据。

步骤① 打开工作表，选择包含标题行在内的所有数据区域，或点击数据区域的任一单元格。点击"数据"选项卡，在"排序和筛选"组中，点击"筛选"按钮。这将在每一列的标题行中添加一个下拉箭头。

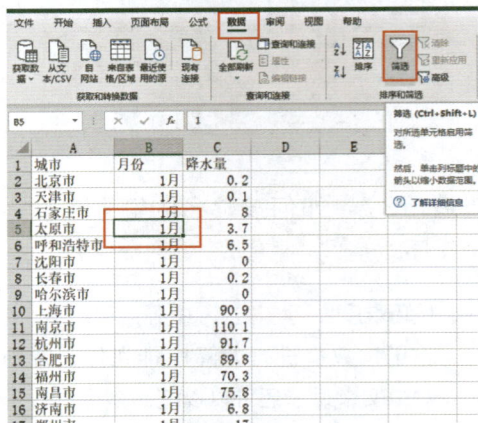

步骤②　点击要进行筛选的列标题中的下拉箭头。例如要筛选的是"月份"列，点击该列标题中的下拉箭头。在下拉菜单中将看到列中所有唯一值的列表。

步骤③　取消"全选"复选框，然后勾选要筛选的特定值，例如勾选"4月"，点击"确定"按钮。Excel将自动筛选出所有包含所选值的行。

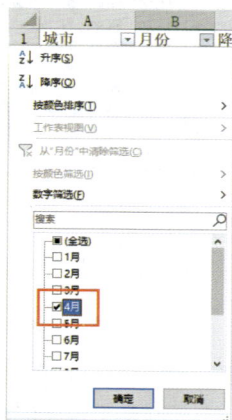

步骤④　如果数据较多，滚动查找不便，还可以直接在文本框中输入数值，快速定位到需要筛选的数据。

步骤⑤　如果想在该筛选基础上继续其他筛选，则直接对其他列进行筛选即可。如果要从所有数据中开始新的筛选，在"月份"列的下拉菜单中选择"从'月份'中清除筛选"。

步骤⑥　点击"城市"列标题中的下拉箭头，搜索"上"并勾选"上海市"。所有"上海市"的记录将被筛选出并呈现出来。

技巧39 如何筛选指定范围内的数据？

技巧难度： ▮▮▮ 简单

除了筛选出指定的值外，还可以利用筛选功能，快速筛选出一个范围内的数据。

例如要在工作表"初三2班第一学期期末成绩表"中筛选出语文成绩介于80和90之间的同学作为重点提分对象。

步骤① 打开工作表，开启"筛选"功能。在需要筛选的列标题上，点击下拉箭头。例如"语文"列标题旁边的下拉箭头。

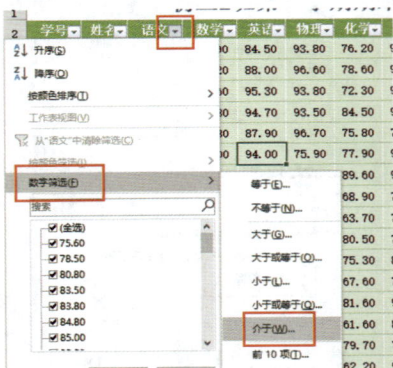

步骤② 在下拉菜单中，可以看到几个筛选选项，例如按数字筛选、按颜色筛选、按文本筛选等。点击"数字筛选"以设置更复杂的条件，如大于、小于、介于之间等。本例选择"数字筛选"中的"介于..."选项。

步骤③ 在打开的"自定义自动筛选方式"对话框中，输入所需的范围值，如80、90。

自定义自动筛选方式

显示行：
语文

大于或等于 ∨ 80
　●与(A) ○或(O)
小于或等于 ∨ 90

可用 ? 代表单个字符
用 * 代表任意多个字符

步骤④ Excel将根据设定的条件筛选数据，只显示符合条件的行，可以在表格中查看筛选后的结果。

技巧40 如何筛选出排名前5名的数据？

技巧难度： ▮▮ 简单

如果只需显示按某个排序依据前5名的数据，该如何操作呢？

例如要在工作表"初三2班第一学期期末成绩表"中筛选出数学成绩前5名的对象。

步骤① 打开工作表，开启"筛选"功能。如果已经存在其他筛选条件，使用"从'××'中清除筛选"，清除其他筛选。再在需要筛选的列标题上，点击下拉箭头。例如"数学"列标题旁边的下拉箭头。

步骤② 在弹出的筛选列表中选择"数字筛选"选项，在弹出的子菜单中选择"前10项..."。

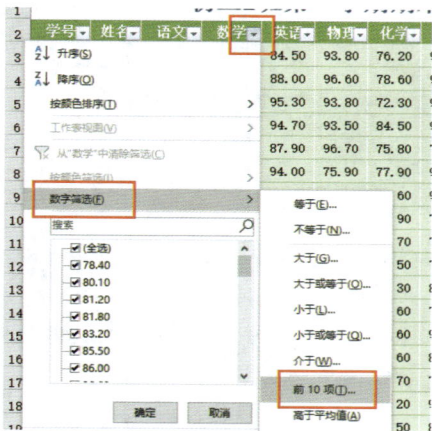

步骤③　弹出"自动筛选前10个"对话框，在"最大"右侧的文本框中输入"5"，最后一个下拉框选择"项"。

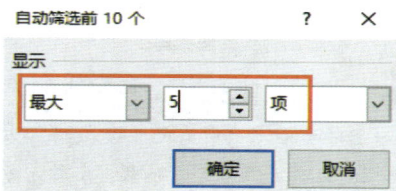

步骤④　点击"确定"按钮，返回工作表中即可看到筛选出的数据。

技巧41　如何筛选所有姓"李"的数据？

技巧难度： 简单

如果需要筛选的是基于文本的，例如以某个字开头的值，应该如何操作呢？

例如要在工作表"初三2班第一学期期末成绩表"中筛选出"李"姓的对象，注意过滤掉不在姓氏的对象。

步骤①　打开工作表，开启"筛选"功能。如果已经存在其他筛选条件，使用"从'××'中清除筛选"，清除其他筛选。再在需要筛选的列标题上，点击下拉箭头。例如点击"姓名"列标题旁边的下拉箭头。

步骤②　在下拉菜单中，选择"文本筛选"，在子菜单中，选择"开头是…"选项。不可选择"包含"选项，否则将筛选出所有姓名中带"李"字的对象。

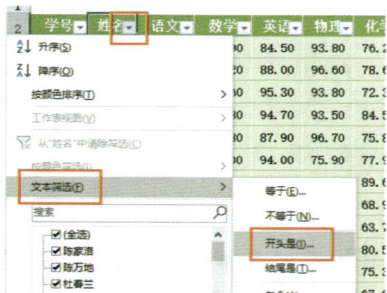

步骤③　在弹出的"自定义自动筛选方式"对话框中，输入"李"作为筛选条件，然后点击"确定"按钮。

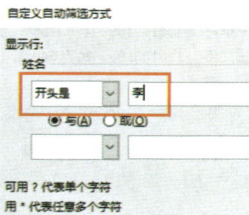

步骤④　Excel会根据设定的条件筛选数据，只显示姓"李"的行，表格中筛选后的

结果如下图。

	学号	姓名	语文	数学	英语	物
36	C121434	李春娜	95.90	105.70	94.30	76
46	C121444	李北冥	78.50	111.40	96.30	78
47						
48						

第3节　条件格式

本节将详细介绍Excel的条件格式功能，助您直观识别数据模式，增强数据可视化效果，提升工作效率，使复杂数据分析变得简单直观。

技巧42　如何标记出重复的数据？

技巧难度： ▉▉▉ 简单

在制作电子表格时，有些数据列要求数据不重复，比如编号列。这时候可以使用条件格式功能，快速标记出重复的项，以便进行数据合并或进一步处理。如何操作呢？

例如要在工作表"初三2班第一学期期末成绩表"中检查"学号"列是否存在重复值。

	A	B	C	D	E
1	学号	姓名	身份证号码	性别	籍贯
2	C121417	马小军	110101200001051054	男	湖北
3	C121301	曾令铨	110102199812191513	男	北京
4	C121201	张国强	110102199903292713	男	北京
5	C121424	孙令煊	110102199904271532	男	北京
6	C121404	江晓勇	110102199905240451	男	山西
7	C121001	吴小飞	110102199905281913	男	北京
8	C121422	姚南	110103199903040920	女	北京
9	C121425	杜学江	110103199903270623	女	北京
10	C121401	宋子丹	110103199904290936	男	北京
11	C121439	吕文伟	110103199908171548	女	湖南

步骤①　使用鼠标点击并拖动选择想要检查重复项的列或区域，例如A列。点击"开始"选项卡，在"样式"组中，点击"条件格式"，在下拉菜单中选择"突出显示单元格规则-重复值..."。

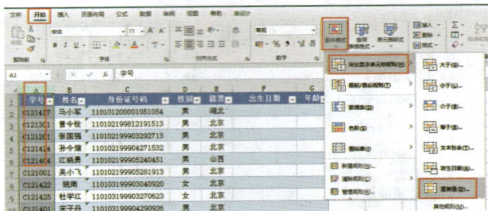

步骤②　在弹出的"重复值"对话框中，可以选择默认的格式或自定义格式。例如选择标记重复项为"浅红填充色深红色文本"等。

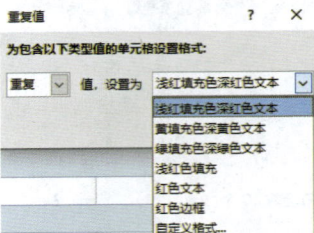

步骤③　完成格式设置后，点击"确定"。Excel会自动标记出所有的重复数据，方便我们进行订正。例如将"张馥郁"的学号修正为"C121444"。

技巧43　如何标记指定区间的数值？

技巧难度： ▉▉▉ 简单

在利用Excel进行数据处理时，有时需要快速标记出指定区间的数值。应当如何操作呢？

例如要在工作表"初三2班第一学期期末

成绩表"中标记出历史成绩不及格（小于60分）的对象。

步骤①　使用鼠标点击并拖动选择想要标记的分数数据的单元格范围，例如I列。点击"开始"选项卡，在"样式"组中，点击"条件格式"按钮，在下拉菜单中，选择"突出显示单元格规则–小于…"。

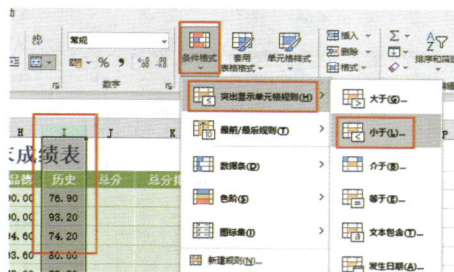

步骤②　在弹出的对话框中，输入表示不及格的分数阈值，例如"60"。选择一个预设的格式或者点击"自定义格式"来设置想要的文字颜色、单元格填充颜色等。

步骤③　设置完成后，点击"确定"。不及格的分数将被标记出来。

技巧44　如何快速标记前3名的成绩？

技巧难度：　简单

如果要标记出一个序列数据中的前三名的数值，可以如何操作呢？

例如要在工作表"初三2班第一学期期末成绩表"中标记出语文成绩前3名，而不是通过筛选的方式显示。

步骤①　使用鼠标点击并拖拽选择要标记的成绩区域，例如C列。

步骤②　点击"开始"选项卡，在"样式"组中，点击"条件格式"。在下拉菜单中选择"新建规则…"。

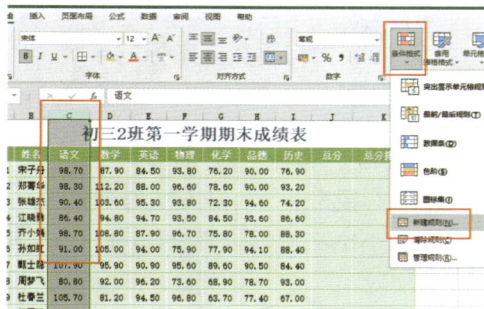

步骤③　在弹出的对话框中，选择"仅对排名靠前或靠后的数值设置格式"。在下拉选项中选择"最高"（旧版本为"前"）。在右侧输入框中填写"3"，表示前3名。

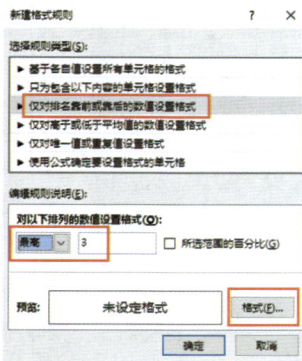

步骤④　点击"格式…"按钮，设置喜欢的

格式（如填充颜色、字体颜色等）。

步骤⑤ 完成格式设置后，点击"确定"，再次点击"确定"以应用该规则。

技巧45 如何用数据条标记不同大小的数据？

技巧难度： ▉▉ 简单

在一列数据中，如何快速直观看出每个数据的大小比较呢？这时候可以使用数据条功能来实现。

例如在工作表"主要城市降水量"中，"合计降水量"显示不够直观，需要对其使用数据条进行数据呈现。

步骤① 使用鼠标点击并拖动，选择想要应用数据条的单元格范围。例如选择N列。点击"开始"选项卡，在"样式"组中点击"条件格式"按钮，在下拉菜单中，选择"数据条"。在"数据条"子菜单中，选择喜欢的颜色和样式。例如，选择"渐变填充"中的"浅蓝色数据条"。

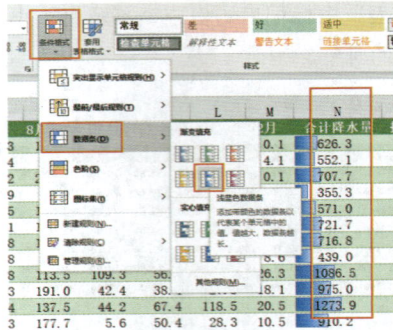

步骤② 选定的单元格中的数据通过数据条进行可视化展示。数据条的长度与单元格中的数据值对应，较大的值会有较长的数据条，较小的值会有较短的数据条，对数据的呈现比较直观。

第4节 数据有效性

本节将讲解Excel的数据有效性功能，确保输入数据准确无误，防止错误数据录入，提升数据质量，保障工作流程的顺畅与高效。

技巧46 如何限定性别列只允许填入男、女？

技巧难度： ▉▉ 简单

工作表使用制作好的表头，提供给他人录入时，有时候会对某些列的输入数据进行一定的规范，例如分数列只允许输入0~100，性别列只允许填入"男""女"等。如何做到呢?

例如要在工作表"2023客户消费记录"中限制性别的输入。

步骤① 使用鼠标点击并拖动选择想要应用数据验证的性别列,例如B列。点击"数据"选项卡,在"数据工具"组中,点击"数据验证"按钮。

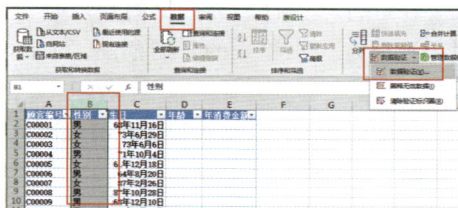

步骤② 在弹出的"数据验证"对话框中,选择"设置"选项卡,选择"允许"列表中的"序列",在"来源"框中,输入"男,女"(注意:逗号需为英文逗号)。

步骤③ 也可以切换到"输入信息"选项卡,输入提示信息,例如"请选择性别:男或女"。

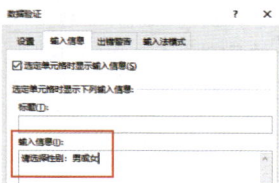

步骤④ 还可以切换到"错误警告"选项卡,选择一个样式(如"停止""警告"或"信息"),输入标题和错误信息,例如"输入错误"和"请输入有效的性别:男或女"。

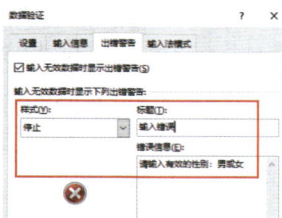

步骤⑤ 点击"确定"按钮。当在选定单元格中输入其他内容时,将有默认的气泡提示及下拉允许值选择。

步骤⑥ 如果设置了相应的错误警告,则会弹出更人性化的出错提示。

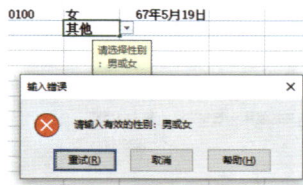

技巧47 如何限定输入的手机号必须为11位?

技巧难度: ▉▉▉ 简单

在进行手机号一栏的输入时,由于手机号比较长,可能会出现录入错漏的情况,例如多1位或者少1位等。如何避免这种情况呢?

例如要在工作表"2023客户消费记录"中限制手机号的输入。

步骤① 选择要限定手机号输入的区域，例如D列。点击"数据"选项卡，在"数据工具"组中，点击"数据验证"。

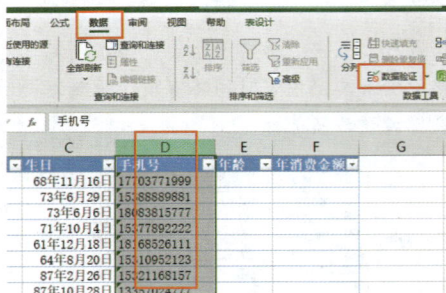

步骤② 在弹出的"数据验证"对话框中，默认选择"设置"选项卡，在"允许"下拉菜单中选择"文本长度"，在"数据"下拉菜单中选择"等于"，在"长度"文本框中输入"11"。

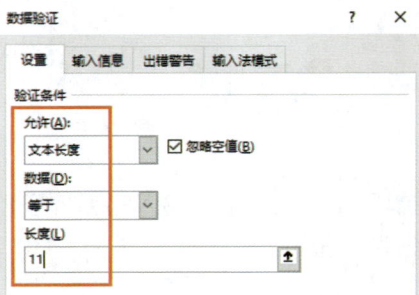

步骤③ 还可以继续在"输入信息"选项卡中设置"输入信息"、在"出错警告"选项卡中设置输错提示。

步骤④ 点击"确定"应用设置。这样如果输入的手机号不等于11位将弹出默认错误提醒。

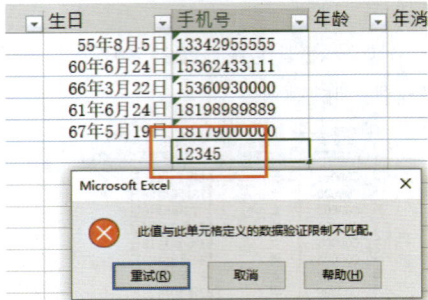

技巧48 如何限定只能录入指定范围的日期？

技巧难度： ▬▬▬▬ 简单

在进行一些日期类数据的输入时，有时需要限定用户输入的日期范围。如何实现呢？

例如要在工作表"2023客户消费记录"中限制生日的输入。

步骤① 使用鼠标点击并拖动选择想要应用数据验证的日期列，例如C列。点击"数据"选项卡，在"数据工具"组中，点击"数据验证"按钮。

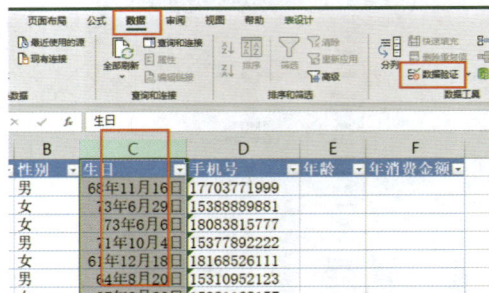

步骤② 在数据验证对话框中，选择"设置"选项卡，选择"允许"列表中的"日期"，在"数据"下拉列表中选择"介于"，在"开始日期"和"结束日期"框中输入允许的日期范围。例如希望出生日期在1940年1月1日至2006年1月1日之间，可以输入"1940-1-1"和"2006-1-1"。

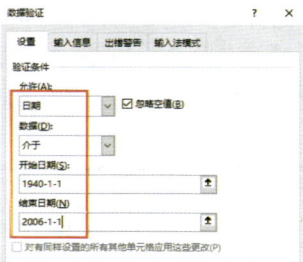

步骤③ 点击"确定"应用设置。这样如果输入的日期在设定范围之外，Excel将弹框报错。

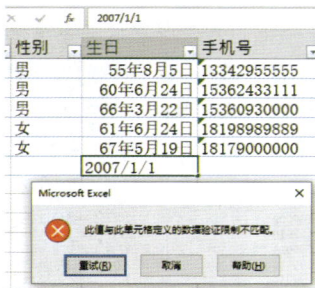

技巧49　如何避免录入重复的数据？

技巧难度：　　中等

如前面标记重复值所述，对类似编号列这种数据，往往要求整列数据是唯一的，也可以在输入时就直接不允许输入重复值。如何做到呢？

例如要在工作表"2023客户消费记录"中不允许顾客编号重复。

步骤① 使用鼠标点击并拖动选择想要禁止重复值的单元格，例如A2:A120，表示对第

2~120行进行限制，可根据需要选择更多的单元格范围。其中A1是标题行，不选中。

步骤② 点击"数据"选项卡，在"数据工具"组中，点击"数据验证"。

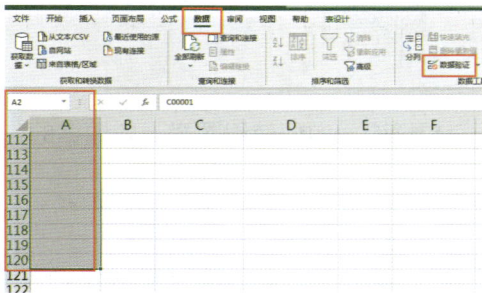

步骤③ 在弹出的"数据验证"对话框中，默认选择"设置"选项卡，在"允许"下拉菜单中，选择"自定义"，在"公式"输入框中，输入公式"=COUNTIF（$A:$A，A2）=1"。

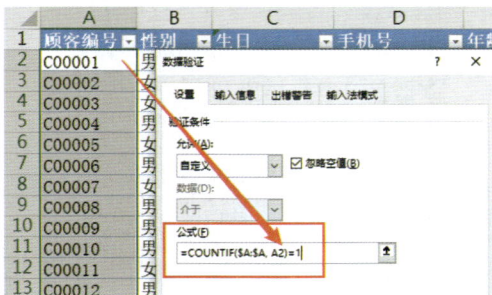

这个公式的含义是，使用COUNTIF函数计算选定区域内当前单元格值在A列整列数据中出现的次数。如果次数等于1，则此值是唯一的，否则说明有重复。而"A2"为选定的单元格区域的第1个单元格，由于选定的是整个区域，对A3单元格的限定将自动变更为"=COUNTIF（$A:$A，A3）=1"。

步骤④ 点击"确定"应用设置。这样如果输入的值在前面的数据已经出现过，Excel将弹框报错。

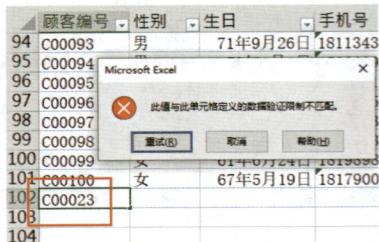

技巧50 如何使用圈释无效数据的功能?

技巧难度: ▮▮▮▯▯ 简单

设置数据有效性只是针对未来输入的数据进行有效性判断,而对于这一列已经存在的数据则不作检查,也不报错。如何在已经设置了数据有效性的列中快速标记出非法数据呢?

例如要在工作表"2023客户消费记录"中验证已经存在的手机号是否存在非法数据。

步骤① 首先为指定的单元格设置好数据有效性验证规则,例如前面讲解的"手机号文本长度等于11"。

步骤② 选择已经应用规则的单元格,点击"数据"选项卡,在"数据工具"组中,点击"数据验证"下拉按钮,选择"圈释无效数据"。

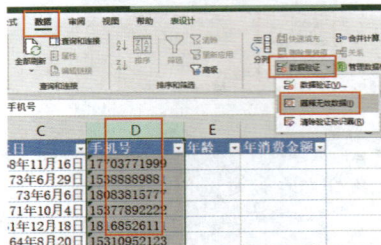

步骤③ Excel会在所有不符合数据验证规则的单元格周围画一个红色的圆圈,这些就是无效数据。找到被圈释的单元格,然后根据数据验证规则修正其内容。

第15章 数据图表

本章将介绍Excel中的数据图表功能,包括各种类型的图表及其设置方法,还将深入探讨迷你图的使用。您将学会如何以直观和可视化的方式展示数据,提升数据分析和报告的效果。

第1节　创建图表

本节将介绍如何在Excel中创建图表，通过直观的数据可视化，增强数据解读能力，提升报告的专业性和吸引力，使数据分析更加生动。

技巧51　如何通过图表展示数据？

技巧难度： ▬▬▬　简单

Excel除了强大的表格数据功能以外，还可以基于数据进行可视化图表呈现。如何实现呢？

例如要在工作表"三季度电器销售情况"中对型号代码和销售额数据进行图表展示。

步骤①　选中相关的的数据区域，包括数据部分和对应的标题。例如，使用鼠标拖动选择B1:B21单元格区域，按住键盘上的Ctrl键，再拖动选择F1:F21区域，表示使用这2列的数据来生成图表。

步骤②　打开"插入"选项卡，在"插入"选项卡中，可以看到多种图表类型，例如柱形图、折线图、饼图等。根据要展示的数据类型和目的，选择一个合适的图表类型。

步骤③　点击相应的图表类型，例如"折线图"，然后选择一个具体的图表样式，例如"折线图"。

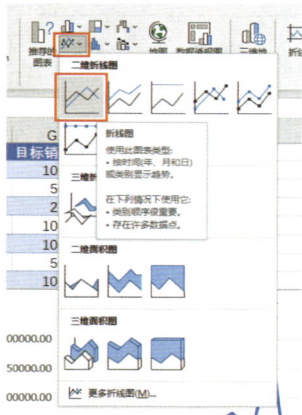

步骤④　当图表出现在工作表上时，可以通过拖动边框来调整其位置和大小。使用图表工具，可以添加或修改图表的标题、图例、数据标签等。这些工具在选择图表时会出现在菜单栏上，通常包括"图表设计"（旧版本为"设计"）和"格式"选项卡。可以在选项卡中针对图表进行更多详细的设置。

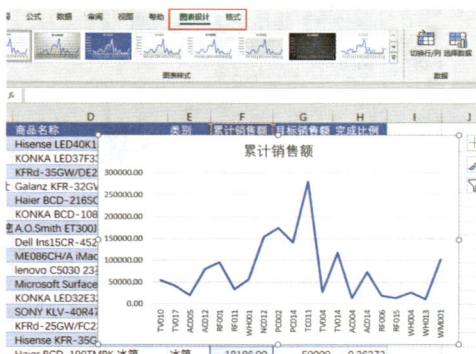

技巧52　如何更改图表的类型？

技巧难度： 简单

在插入图表之后，如果对图表的类型不满意，又不想删除掉重新插入，有什么更改的方法呢？

例如技巧51的销售额图表，使用柱形图呈现会更好。

步骤①　点击图表以选中，点击"图表设计"选项卡，在"类型"组中点击"更改图表类型"按钮。

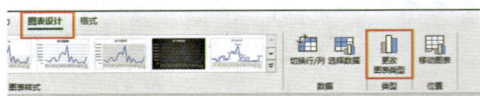

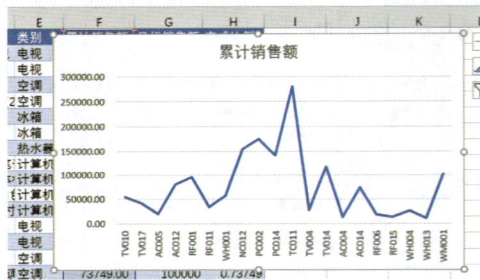

步骤②　在弹出的"更改图表类型"对话框中，可以看到各种图表类型的选项，如柱形图、折线图、饼图等。点击想要更换的图表类型，然后选择具体的图表样式。例如将折线图更改为柱形图，点击"柱形图"，然后选择一个柱形图样式，如"簇状柱形图"。

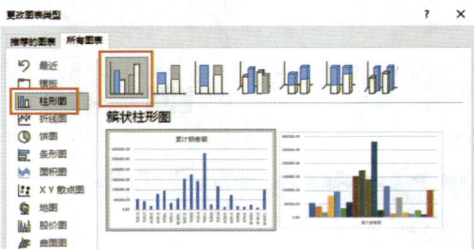

步骤③　选择完新的图表类型和样式后，点击"确定"按钮，图表将更新为新的图表类型。

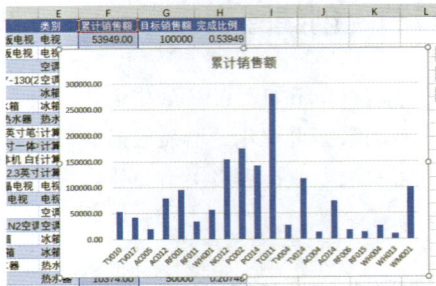

技巧53　如何将图表移动到其他工作表中？

技巧难度： 简单

插入图表后，Excel默认会将图表插入到当前工作表中。如果想将图表移动到其他的工作表中，不遮挡当前工作表的数据，应当如何操作呢？

步骤①　打开工作表，选中整个图表，点击"图表设计"选项卡，在"位置"组中点击"移动图表"按钮。

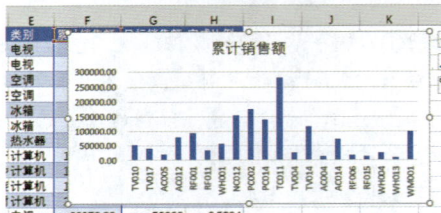

步骤②　在弹出的"移动图表"对话框中，选中"新工作表"单选按钮，在右侧的文本框中输入需要放置图表的工作表名称，这里输入"图表展示"。

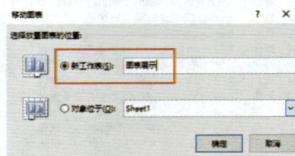

步骤③　点击"确定"按钮，Excel将自动新建一个名为"图表展示"的工作表，并将图表移动到该工作表中，最大化展示。

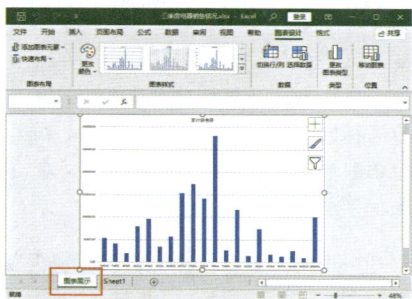

第2节　图表高级设置

本节介绍Excel图表的高级设置，助您定制个性化图表，提升数据展示的专业度，使图表更加精准传达信息，增强沟通效果。

技巧54　如何为图表添加数据标签？

技巧难度： ▇▇▇▇　简单

图表上默认不会显示任何数据。如果想要更直观地观察图表的值，需要为图表上的点添加值的显示，称为数据标签。如何让图表显示数据标签呢？

步骤①　点击图表以选中，点击"图表工具"选项卡，在"图表设计"选项卡中，点击"添加图表元素"按钮（旧版本为"图表元素"或"图表布局"）。

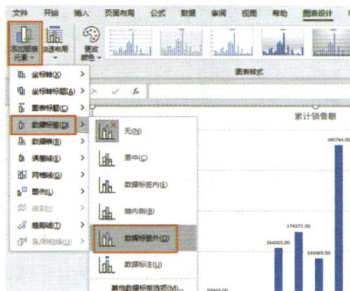

步骤②　在下拉菜单中，选择"数据标签"，可以看到几个选项，如"居中""数据标签内""数据标签外"等。根据需要选择一个合适的位置。例如选择"数据标签外"将标签放置在数据点的外部。

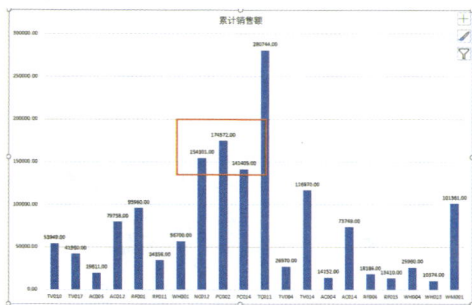

技巧55　如何设置数据标签的显示内容？

技巧难度： ▇▇▇　简单

默认情况下，添加的数据标签，显示的是图表上该点的值。如果需要显示其他内容，例如类别名称等，需要如何设置呢？

步骤①　点击数据标签以选中，右键点击选中的数据标签，选择"设置数据标签格式…"。

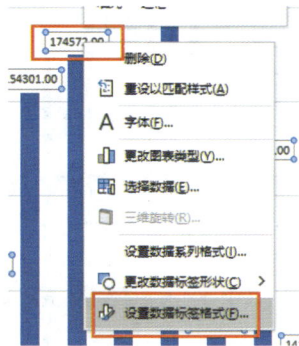

步骤②　在右侧的"设置数据标签格式"窗格中，展开"标签选项"部分，勾选想要显示的内容，其中"值"将显示数据点的数值。"类别名称"将显示数据点的类别名称。"系列名称"将显示数据点的系列名称。"百分比"将显示数据点在整体中的百分比（适用于饼图等）。"显示引导线"将显示连接数据标签和数据点的引导线。

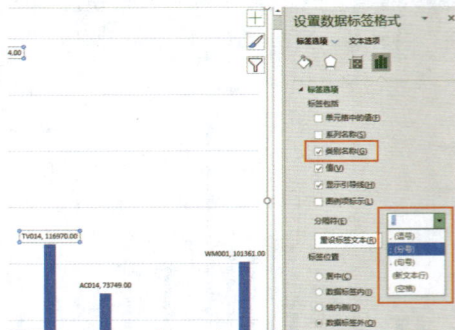

步骤③ 在"分隔符"中可设置不同标签之间的分隔符，例如选择"；（分号）"。

步骤④ 在"标签位置"下拉菜单中，选择数据标签的显示位置，如"数据标签内""数据标签外""居中"等。

步骤⑤ 点击"确定"按钮，即可完成数据标签的设置，显示出类别名及对应的值。

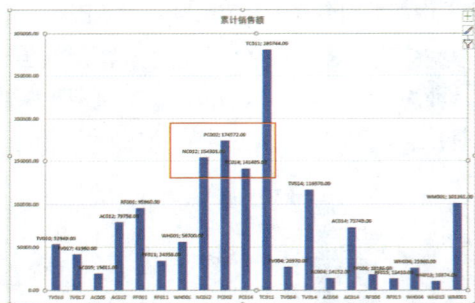

步骤⑥ 还可以对数据标签进行字体、字号、颜色的设置，使其更为美观。

技巧56 如何利用组合图表？

技巧难度： ▮▮▮ **中等**

图表默认情况下根据两组数据进行绘制。如果一组数据关联的是两组数据，如何将两组数据有机呈现在同一个图表中呢？

例如要在工作表"三季度电器销售情况"中使用组合图表展示型号代码对应的销售额数据和完成比例数据。

步骤① 选中所有数据区域，包括数据部分和对应的标题。使用鼠标拖动选择B1:B21单元格区域，按住键盘上的Ctrl键，再拖动选择F1:F21区域，再按住键盘上的Ctrl键，再拖动选择H1:H21区域（先使用填充柄填充整列比例数据），表示使用这3列的数据来生成组合图表。

步骤② 打开"插入"选项卡，在"插入"选项卡中，点击"推荐的图表"按钮。

步骤③ 在弹出的"插入图表"对话框中，选择"所有图表"选项卡，在"所有图表"选项卡中，选择"组合图"。在右侧选项中，选择默认的组合图表类型，再进行设置。

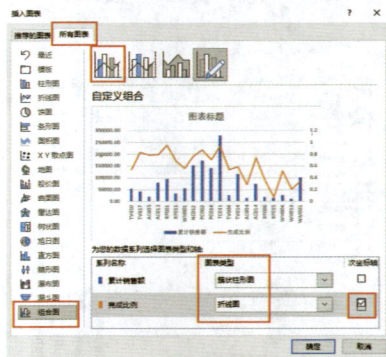

步骤④　在下方将累计销售额设置为"簇状柱形图"，将完成比例设置为"折线图"。并勾选完成比例右侧的"次坐标轴"来更好地展示不同量级的数据。

步骤⑤　完成设置后，点击"确定"按钮。图表中展示2个系列的数据，在原来柱状图基础上，叠加一个完成比例的折线图，由于2个系列的刻度相差较大，所以将完成比例的纵坐标轴设置在右侧，即"次坐标轴"。

技巧57　如何设置纵坐标轴的刻度值?

技巧难度：　中等

Excel默认生成的图表，纵坐标轴的刻度会智能进行设定。如果需要更精确的刻度，或更大的展示范围，需要如何设置呢?

例如技巧57中，完成比例最大值为1，而Excel自动生成的坐标轴最大刻度为1.2。

步骤①　点击要修改的图表，在图表中使用右键点击选中的右侧的纵坐标轴，在弹出的右键菜单中，选择"设置坐标轴格式…"选项。

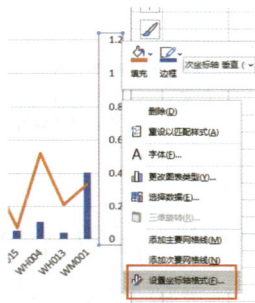

步骤②　在"设置坐标轴格式"面板中，找到"坐标轴选项"部分，可以看到"最小值""最大值""主要单位"和"次要单位"等设置项。

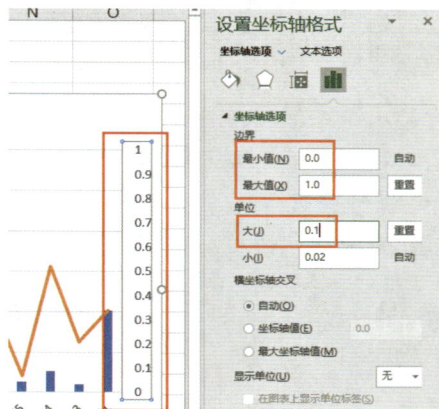

步骤③　"最小值"用于设置纵坐标轴的起始值。"最大值"用于设置纵坐标轴的终止值。输入所需的数值来控制坐标轴的显示，例如将"最大值"设为1，单位中的"大"设为0.1，表示刻度按0.1递增。

第3节　迷你图

本节介绍Excel迷你图的使用，通过简洁的微型图表，快速捕捉数据趋势，提升工作表的可读性和美观度，使数据分析更加高效直观。

技巧58　如何为数据创建迷你图?

技巧难度：　简单

在Excel中，迷你图（也称为迷你图表）是一种嵌入单元格的小型图表，用于快速查看数据趋势。如何为一组数据添加一个迷你图呢?

例如要在工作表"主要城市降水量"中利用每月的降水量数据，在"季节分布"列相应单元格中显示迷你图。

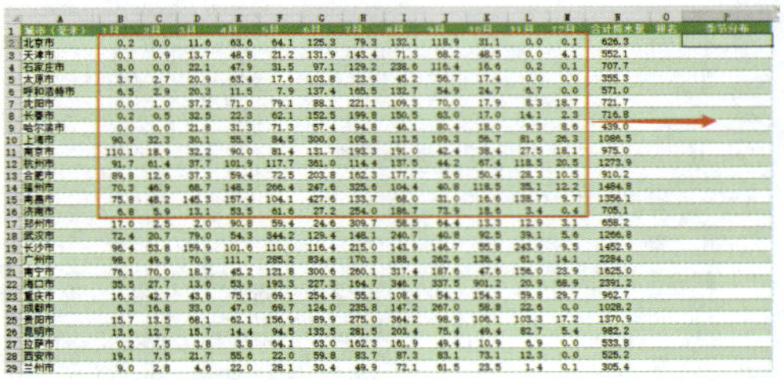

步骤① 选择希望放置迷你图的第一个目标单元格。通常选择在数据区域的右侧或下方，如P2单元格。

步骤② 点击"插入"选项卡，在"迷你图"组中选择一种迷你图类型，例如"折线""柱形"或"盈亏"。点击需要的迷你图类型，例如"柱形"。

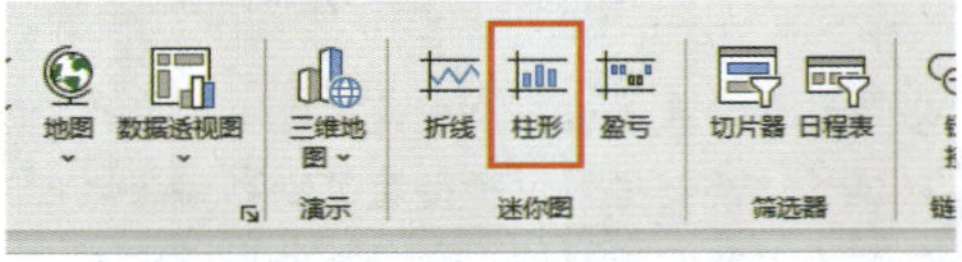

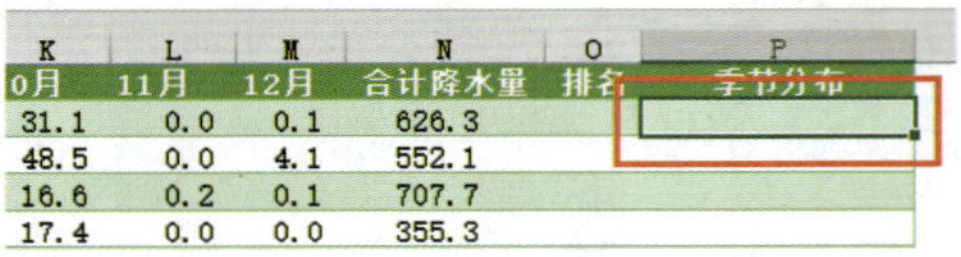

步骤③ 在弹出的"创建迷你图"对话框中，使用鼠标拖动选择数据区域，为迷你图选择数据来源，例如1—12月数据的B2:M2单元格区域。

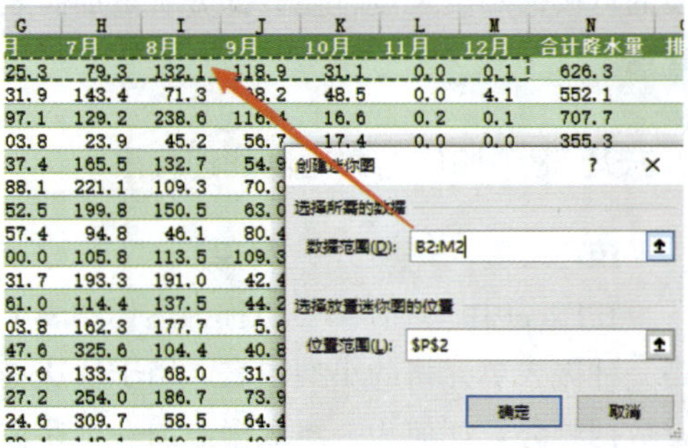

步骤④ 再确认放置迷你图的位置区域为选中的P2单元格。点击"确定"按钮，完成迷你图的插入。

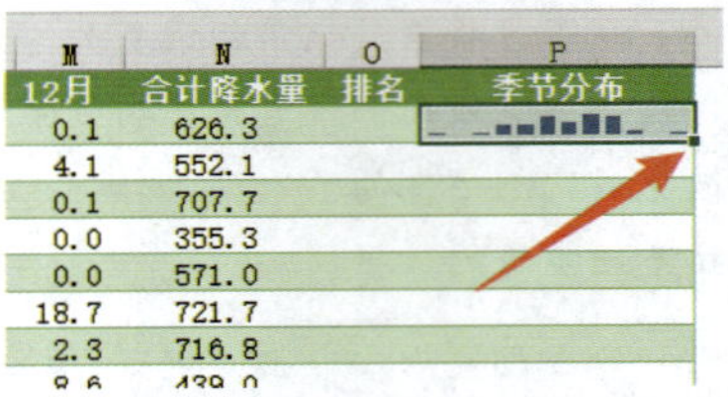

步骤⑤ 点击P2单元格右下角的填充柄往下填充，即可得到一整列的迷你图。

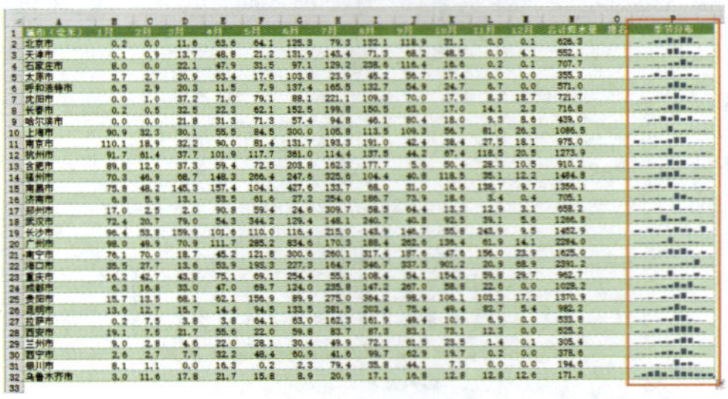

技巧59 如何突出显示迷你图的高点和低点？

技巧难度： ▮▮▮▯▯ 简单

迷你图除了简单的数据展示外，还可以在图中标记出一系列数据的最大值、最小值等。应该如何操作呢？

步骤① 点击包含迷你图的单元格，Excel将自动扩展选择整个迷你图区域，在"迷你图"选项卡（旧版本为"迷你图工具"的"设计"选项卡）中，在"显示"组中，勾选"高点"和"低点"选项。此时，迷你图中的最高点和最低点会自动突出显示，用不同颜色的标记来显示，方便快速识别数据中的最高点和最低点。

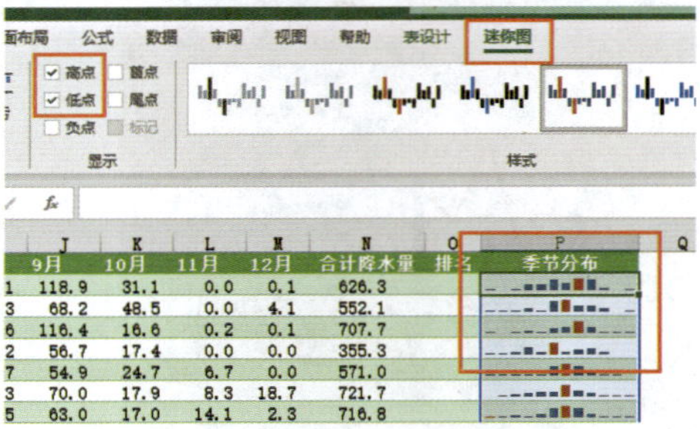

步骤②　如果希望自定义高点和低点的标记颜色，可以在"迷你图"选项卡中，点击"标记颜色"，在下拉菜单中，选择"高点"或"低点"并指定所需的颜色，例如绿色和红色。

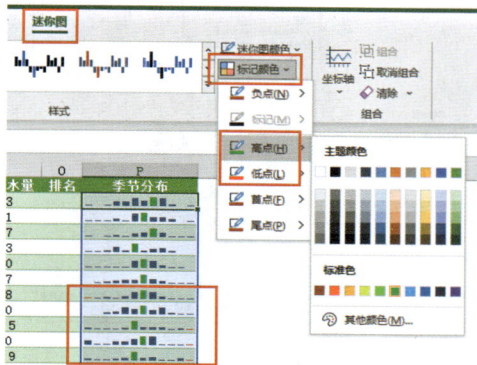

技巧60　如何统一更改迷你图的类型？

技巧难度： 简单

在插入迷你图之后，如果对迷你图的样式不满意，还可以在后期更换迷你图的类型。如何操作呢？

步骤①　选中迷你图的单元格，在"迷你图"选项卡中，在"类型"组中，选择想要更换的迷你图类型，例如"折线"。

步骤②　选择新的迷你图类型后，Excel会自动将选中的所有迷你图统一更改为所选类型。

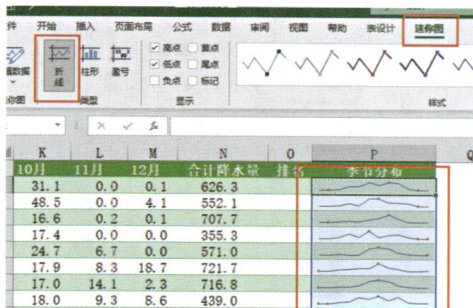

技巧61　如何更改单个迷你图的类型？

技巧难度： 中等

在Excel中，如果已经插入了迷你图，但希望更改单个迷你图的类型，例如从折线图更改为柱状图，怎么操作呢？

步骤①　选中需要更改类型的迷你图所在的单元格，例如P6，点击"迷你图"选项卡，在"组合"组中点击"取消组合"按钮，将当前迷你图从迷你图组合中拆分出来。

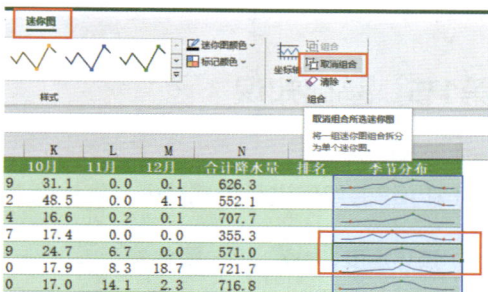

步骤②　选中需要更换类型的单个迷你图，例如P6，在"迷你图"选项卡中，在"类型"组中，选择想要更换的迷你图类型，例如"柱形"。

步骤③　选择新的迷你图类型后，Excel会自动将选中的单个迷你图更改为所选类型。

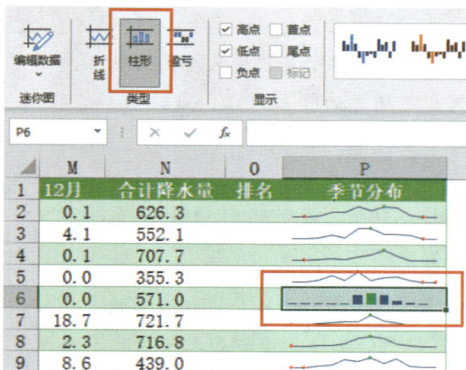

第 16 章　公式与函数

本章将重点介绍Excel中的公式与函数，涵盖日期函数、数学函数、文本处理函数、逻辑函数及其他常用函数。通过学习这些内容，您将掌握在不同场景下高效处理和分析数据的方法，提高工作效率和数据管理能力。

第1节　基础知识

技巧62　如何进行公式输入？

技巧难度： 简单

Excel中的单元格编号都是一个变量名，可以代指该单元格的数据，所以单元格、单元格区域的编号都是可以直接参与公式运算的。在Excel单元格中输入公式的步骤如下。

步骤① 点击想要输入公式的单元格，在选中的单元格中输入等号（＝），告诉Excel将要输入一个公式。

步骤② 在等号后面输入公式的具体内容，可以是简单的算术运算，如"＝A1+A2"表示该单元格的结果是A1、A2单元格中的数据之和，也可以是复杂的函数，如"＝SUM（A1:A10）"表示A1到A10的单元格范围中的数据之总和。

步骤③ 也可以点击公式栏左侧的"插入函数"按钮（fx），在弹出的对话框中选择需要的函数，然后按照提示输入参数。

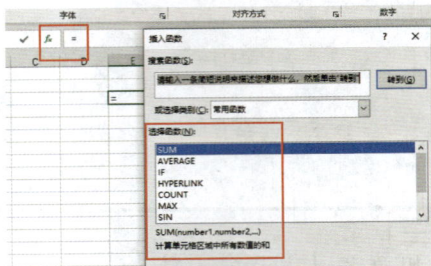

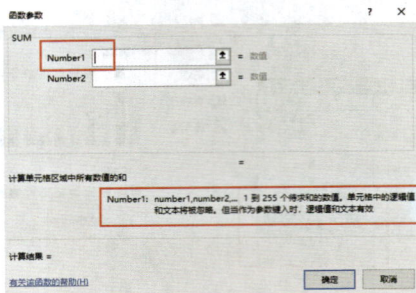

步骤④ 输入完公式后，按下回车键确认，Excel会自动计算并显示结果。

技巧63　公式输入有哪些技巧？

技巧难度： 简单

在Excel中输入公式时，有一些实用的技巧可以帮助用户更快、更准确地完成任务。

步骤① 当输入公式的前几个字母时，Excel会自动显示包含这些字母的函数列表。例如，输入"＝SU"时，Excel会提示"SU"开头的函数，使用上下箭头键选择函数，按下Tab键自动完成。

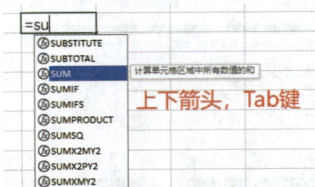

上下箭头，Tab键

步骤② 在Excel功能区中，选择"公式"选项卡，然后点击"插入函数"按钮（fx图标），选择需要的函数，Excel会弹出一个对话框，帮助填写各项参数。

步骤③　在输入公式时，通过单击鼠标来选择单元格或区域。例如输入"=A1+B1"时，可以直接点击单元格A1和B1来引用它们。

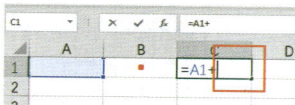

步骤④　当输入"=SUM（A1:E3）"时，可通过鼠标拖动选择A1到E3的单元格范围来完成公式的快速输入。

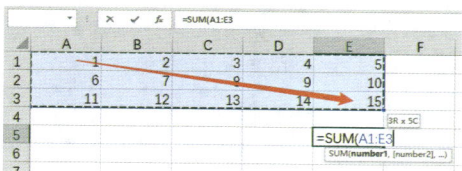

步骤⑤　使用"公式"选项卡中的"公式求值"和"错误检查"工具来检查和调试公式。

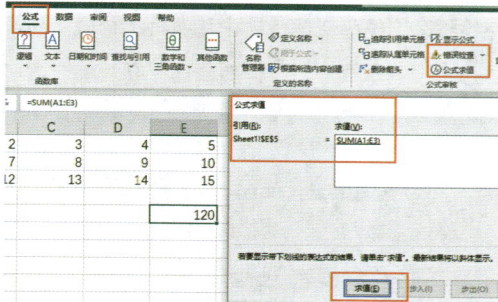

第2节　日期函数

本节详细讲解Excel中的日期函数，助您精确处理日期数据，简化复杂的时间计算，提升工作效率，使时间管理更加科学有序。

技巧64　如何使用TODAY函数获取当前日期？

技巧难度： 简单

如果需要在工作表中获取当前日期，并在每次打开工作表时始终保持当前为最新日期时，可使用TODAY函数来完成。

步骤①　使用鼠标点击希望显示当前日期的单元格，例如A1单元格。

步骤②　在选中的单元格中，输入"=TODAY（）"，按下回车键，Excel会自动计算并显示当前日期。

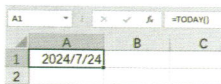

技巧65　如何使用NOW函数获取当前日期和时间？

技巧难度： 简单

如果需要在工作表上显示当前日期和时间，或者需要根据当前日期和时间计算一个值，如年龄等，并在每次打开工作表时始终保持当前为最新的日期和时间时，可使用NOW函数来完成。

步骤①　使用鼠标点击希望显示当前日期和时间的单元格。例如B1单元格。

步骤②　在选定的单元格中，输入公式"=NOW（）"，按下Enter键后，选定的单元格将显示当前的日期和时间。

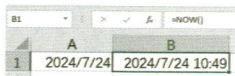

技巧66　如何使用YEAR、MONTH和DAY函数分别获取日期对应的年份、月份和天？

技巧难度： 简单

在Excel中，YEAR、MONTH和DAY函数可分别用于从一个日期中提取年份、月份和天。

步骤　假设A1单元格中有一个日期，例如

"2024-7-24"。选择希望显示年份的单元格，例如C1，在单元格中输入"=YEAR（A1）"。按下回车键，C1单元格将显示对应的年份"2024"。

MONTH、DAY函数的使用方法相同，可将一个日期的数值分成三部分。

技巧67　如何使用DATE函数将年、月、日组合成日期格式?

技巧难度：■■■　简单

DATE函数与技巧66所述三个函数的作用相反，用来通过指定年、月、日，返回一个日期类型的数据。

步骤① 点击想要显示组合后日期的单元格，例如A1单元格。

步骤② 在选定的单元格中输入公式"=DATE（2024，8，29）"，按下回车键。选定的单元格将显示组合后的日期。

第3节　数学函数

本节重点介绍Excel数学函数，助您高效完成复杂计算，提升数据处理能力，使数学运算更加精准快捷，增强工作效率。

技巧68　如何使用INT函数取整?

技巧难度：■■■　简单

在使用随机数等场合下，或者在一些需要使用整数的场合，比如年龄的计算等，需要使用INT函数来进行取整。如何操作呢?

例如在工作表"2023客户消费记录"中根据客户的生日计算年龄。

步骤① 点击希望显示取整结果的单元格，例如E2。在单元格中输入"=INT（（TODAY（）-C2）/365）"，按下回车键，Excel会自动计算并显示取整后的结果。

步骤② 根据实际情况，拖动填充柄向下填充，如果表格已经转换成表，则将自动向下填充，完成整列数据的计算。

INT函数是一个向下取整的函数，返回的是不大于给定的数的最大整数。例如INT（12.5）=12，而INT（-12.5）=-13。

技巧69　如何使用ROUND、ROUNDUP、ROUNDDOWN函数进行数字舍入?

技巧难度：■■■　中等

在Excel的数学函数中，有一组专门用于舍入的函数，这一技巧将进行重点介绍。

ROUND函数用于将数字四舍五入到指定

的小数位数。例如要将工作表"2022级法律专业学生期末成绩分析表"中的6科平均成绩通过四舍五入的方法保留1位小数。

步骤① 选择K3单元格，在单元格中输入公式"=ROUND（AVERAGE（D3:I3），1）"（"1"表示保留1位小数）。按下回车键后，单元格将显示四舍五入后的数字。

步骤② 拖动K3单元格右下角的填充柄往下填充至表格数据末尾，即可得到整列的计算结果。

ROUND函数是我们传统意义中的四舍五入，即4及4以下直接舍弃，5和5以上直接进位。例如ROUND（1.4，0）=1，ROUND（1.5，0）=2，而不是"四舍六入五成双"。

ROUNDUP函数用于将数字向上舍入到指定的小数位数。例如要将工作表"停车场收费"中的停车费用按不足1小时按1小时计的原则进行计算并填入"收费金额"列。

步骤③ 选择L2单元格，在单元格中输入公式"=E2*ROUNDUP（K2，0）"（"0"表示不保留小数部分）。按下回车键后，单元格将显示向上舍入后的数字乘以单价。

步骤④ 拖动L2单元格右下角的填充柄往下填充至表格数据末尾，即可得到整列的计算结果。

ROUNDDOWN函数用于将数字向下舍入到指定的小数位数。例如要将工作表"停车场收费"中的停车费用按不足1小时部分不计费的原则进行计算并填入"拟收费金额"列。

步骤⑤ 选择M2单元格，在单元格中输入公式"=E2*ROUNDDOWN（K2，0）"（"0"表示不保留小数部分）。按下回车键后，单元格将显示向上舍入后的数字。

步骤⑥ 拖动M2单元格右下角的填充柄往下填充至表格数据末尾，即可得到整列的计算结果。

D	E	J	K	L	M
车颜色	收费标准	停放时间	时长	收费金额	拟收费金额
深蓝色	6.00	14时21分	14.35	90	84
银灰色	10.00	05时14分	5.23	60	50
白色	8.00	00时34分	0.57	8	0
黑色	10.00	04时09分	4.15	50	40
深蓝色	10.00	11时58分	11.97	120	110
白色	10.00	01时42分	1.70	20	10
黑色	8.00	05时16分	5.27	48	40
深蓝色	8.00	09时39分	9.65	80	72
黑色	10.00	08时33分	8.55	90	80
深蓝色	6.00	14时18分	14.30	90	84

可以从上图对比两列数据的不同，体现为对停车时长列小数的向上、向下的舍入。

技巧70 如何使用RAND函数生成随机数?

技巧难度： 简单

在需要使用随机数的场合，可以使用RAND函数来生成随机数。RAND函数生成的是0至1之间的随机数。如果需要生成指定范围的随机数，可将其放大N倍（N为数字范围），再向下取整，再加上起始数。例如要生成0~9的数，可使用“INT（RAND（）*10）+0”（总共有10个数）来完成。

例如要在新建的工作表中生成供个位数加法练习的题目。

步骤① 新建一个工作表，分别在A1、A3中输入“=INT（RAND（）*9）+1”，按回车键确认。

SUM　=INT(RAND()*9)+1

	A	B	C	D
1	7		=INT(RAND()*9)+1	
2				
3				

步骤② 分别拖动A1、A3右下角的填充柄，向下填充到需要的题目数量，例如20行。

C1　=INT(RAND()*9)+1

	A	B	C
1	2		7
2	5		5
3	8		2
4	5		3
5	6		4
6	2		9
7	6		2
8	3		6
9	3		1
10	7		8
11	7		9
12	8		3
13	1		8
14	5		4
15	8		6
16	2		6
17	1		5
18	8		2
19	7		6
20	5		3
21			

步骤③ 在A2中填入“+”、在A4中填入“=”，并分别向下填充。

	A	B	C	D
1	4	+	3	=
2	9	+	1	=
3	4	+	9	=
4	8	+	9	=
5	4	+	6	=
6	6	+	1	=
7	5	+	9	=
8	9	+	6	=
9	2	+	2	=
10	7	+	9	=
11	9	+	4	=
12	1	+	9	=
13	9	+	9	=
14	9	+	6	=
15	7	+	4	=
16	2	+	1	=
17	7	+	7	=
18	2	+	2	=
19	8	+	1	=
20	2	+	5	=

步骤④ 适当调整单元格宽度，使其排版更整齐。直接复制A~D列并粘贴多3份。完成效果如下图。

	A	B	C	D	E	F	G	H	I	J	K	L	M	N	O	P	Q	R	S
1	3	+	6	=		4	+	6	=		6	+	6	=		4	+	5	=
2	4	+	1	=		1	+	5	=		1	+	1	=		5	+	7	=
3	5	+	1	=		8	+	7	=		3	+	4	=		4	+	4	=
4	9	+	4	=		8	+	6	=		7	+	7	=		7	+	1	=
5	4	+	9	=		8	+	1	=		9	+	2	=		5	+	1	=
6	7	+	2	=		7	+	6	=		2	+	8	=		7	+	5	=
7	1	+	3	=		4	+	9	=		9	+	2	=		6	+	9	=
8	3	+	1	=		1	+	7	=		3	+	2	=		8	+	8	=
9	2	+	6	=		7	+	7	=		5	+	3	=		6	+	1	=
10	8	+	1	=		5	+	5	=		8	+	9	=		3	+	2	=
11	5	+	3	=		3	+	5	=		4	+	9	=		9	+	2	=
12	3	+	4	=		1	+	8	=		3	+	2	=		1	+	1	=
13	4	+	9	=		3	+	6	=		1	+	7	=		1	+	4	=
14	6	+	7	=		3	+	2	=		1	+	1	=		7	+	8	=
15	9	+	7	=		9	+	8	=		5	+	7	=		6	+	4	=
16	8	+	3	=		9	+	2	=		6	+	4	=		1	+	8	=
17	7	+	9	=		3	+	5	=		7	+	7	=		3	+	7	=
18	7	+	7	=		9	+	1	=		9	+	4	=		4	+	2	=
19	9	+	7	=		4	+	4	=		5	+	8	=		8	+	8	=
20	2	+	8	=		7	+	7	=		7	+	1	=		1	+	5	=
21																			

技巧71　SUMPRODUCT函数有什么功能?

技巧难度: ■■■■■ 困难

SUMPRODUCT函数是一个比较高级的函数,有多种用途。

第一个用途是将多个数组中的对应元素相乘,然后返回这些乘积的总和。其基本语法如下:

SUMPRODUCT(array1, [array2], [array3], ...),其中array1、array2、array3等是需要相乘并求和的数组。

例如要在工作表"农副产品订单"中根据每个订单单价和数量计算订单总金额。

步骤① 在任意空白单元格中输入公式"=SUMPRODUCT(E2:E26, F2:F26)",按下回车键确认结果。

步骤② 订单总金额即显示在H6单元格,即每个订单的单价×数量,再累计总和。

第二个用途是进行多条件的计数。

例如要在工作表"农副产品订单"中,计算产品名称为"猪肉干"且单价在60以下的订单数量。

步骤① 在任意空白单元格中输入公式"=SUMPRODUCT((C2:C26="猪肉干")*(E2:E26<60))",按下回车键确认结果。

步骤② 满足条件的订单数量即显示在H9单元格。

第三个用途是进行多条件的求和。

例如要在工作表"农副产品订单"中,统计产品类别为"谷类/麦片"并且单价大于15的销售数量总和。

步骤① 在任意空白单元格中输入公式"=SUMPRODUCT((D2:D26="谷类/麦片")*(E2:E26>18),F2:F26)",按下回车键确认结果。

步骤② 满足条件的总销量即显示在H12单元格。

第4节 文本处理函数

本节介绍Excel文本处理函数，助您轻松操控字符数据，提升文本分析效率，使信息整理更加精准，增强工作表的实用性。

技巧72 如何使用LEN函数计算文本中的字符个数？

技巧难度： 简单

LEN函数用于计算文本的长度。可以结合一些Excel的其他功能来实现判断。

例如要在工作表"2023客户消费记录"中标记出手机号长度不符合的单元格。

步骤① 点击D列列标选中整个D列。点击"开始"选项卡，在"样式"组中点击"条件格式"，在下拉菜单中点击"新建规则…"。

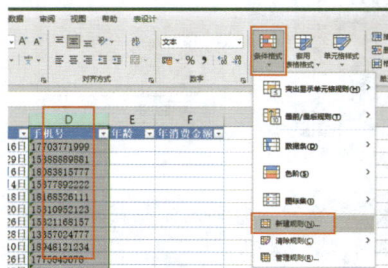

步骤② 在弹出的"新建格式规则"对话框中，在"选择规则类型"中选择"使用公式确定要设置格式的单元格"。在下面公式栏中输入"=LEN（D1）<>11"，点击"格式…"按钮，为其设置一种格式。例如将填充设为"橙色"，点击"确定"按钮，退出所有对话框。

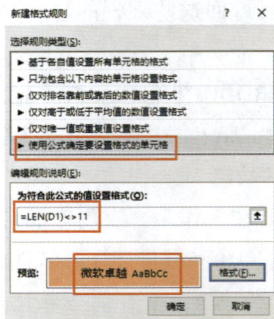

步骤③ 这时所有不合规则的手机号单元格将以橙色背景显示。可方便对其进行再次核对修改。

技巧73 如何使用LEFT、RIGHT、MID函数提取文本中的字符？

技巧难度： 中等

LEFT函数用于从文本字符串的第一个字符开始提取指定个数的字符。

例如要在工作表""中从B列的电话号码中提取出对应的区号。

步骤① 点击C2单元格，输入公式"=LEFT（B2，4）"，按下回车键确认结果。区号即显示在C2单元格。

步骤②　拖动C2单元格右下角的填充柄往下填充至表格数据末尾，即可得到整列的计算结果。

RIGHT函数用于从文本字符串的最右边开始提取指定数量的字符。

例如要在工作表""中从C列提取出对应的部门。

步骤③　点击D2单元格，输入公式"=RIGHT（C2,3）"，按下回车键确认结果。部门即显示在D2单元格。

步骤④　拖动D2单元格右下角的填充柄往下填充至表格数据末尾，即可得到整列的计算结果。

MID函数用于从文本字符串的指定位置开始提取指定数量的字符。

例如在工作表"初三2班学生信息表"中从C列的身份证号中提取出出生年月日信息。

步骤⑤　点击F2单元格，输入公式"=DATE（MID（C2，7，4），MID（C2，11，2），MID（C2，13，2））"，按下回车键确认结果。出生年月日即显示在F2单元格。

步骤⑥　拖动F2单元格右下角的填充柄往下填充至表格数据末尾，即可得到整列的计算结果。可以从生日信息进而计算出学生的年龄。

技巧74　如何使用REPLACE函数进行字符串替换？

技巧难度： ▮▮▮　中等

REPLACE函数用于替换文本中的字符，即使用其他文本字符串并根据所指定的字符数替换另一个文本字符串中的部分文本。它的格式为：

=REPLACE（old_text, start_num, num_chars, new_text）。"old_text"是要替换部分内容的原始文本字符串或包含该文本的单元格。"start_num"是要开始替换的位置（从1开始计数）。"num_chars"是要替换的字符数。"new_text"是要替换进去的新文本。

例如要在工作表"2023客户消费记录"中新增的E列将D列的手机号的后4位屏蔽。

步骤①　点击E2单元格，输入公式"=REPLACE（D2，8，4，"****"）"，按下回车键确认结果。已经屏蔽号码的手机号即显示在E2单元格。

步骤②　拖动E2单元格右下角的填充柄往

下填充至表格数据末尾，即可得到整列的计算结果。

在H2单元格。

步骤② 拖动H2单元格右下角的填充柄往下填充至表格数据末尾，即可得到整列的计算结果。

第5节 逻辑函数

本节重点介绍Excel逻辑函数，助您精准控制数据流程，提升决策支持能力，使逻辑判断更加智能，增强工作表的逻辑性。

技巧75 如何使用IF函数来根据不同的条件返回不同的值？

技巧难度： 简单

IF函数用于根据特定条件返回不同的值。它的格式为：

=IF（条件，值_if_true，值_if_false）。其中"条件"是希望测试的条件。"值_if_true"是当条件为真时返回的值。"值_if_false"是当条件为假时返回的值。

例如在工作表"初三2班第一学期期末成绩表"中，历史科成绩根据F列的学期成绩来判定是否合格。

步骤① 点击H2单元格，输入公式"=IF（F2>=60，"合格"，"不合格"）"，按下回车键确认结果。合格或不合格的信息即显示

技巧76 如何使用AND、OR函数进行逻辑组合判断？

技巧难度： 中等

在Excel中，AND和OR函数用于进行逻辑组合判断，可以与IF函数结合使用来实现更复杂的条件判断。

AND函数用于判断多个条件是否全部为真。如果所有条件都为真，返回TRUE，否则返回FALSE。

例如要在工作表"初三2班第一学期期末成绩表"期末总成绩中判断语数英三科的成绩是否都大于84分，只有三科同时大于84分，总评成绩才为"优异"，否则为"良好"。

步骤① 在"英语"右侧插入一列F列"总评"，点击F3单元格，输入公式"=IF（AND（C3>=84，D3>=84，E3>=84），"优异"，

"良好"）"，按下回车键确认结果。总评及格或不及格的信息即显示在F3单元格。

步骤②　拖动F3单元格右下角的填充柄往下填充至表格数据末尾，即可得到整列的计算结果。

OR函数用于判断多个条件是否至少有一个为真。如果至少一个条件为真，返回TRUE，否则返回FALSE。

例如要在工作表"主要城市降水量"中判断6至9月的降水量是否有一个月超过300毫米，如果存在则给予"洪涝预警"。

步骤①　在"12月"右侧插入一列N列"洪涝预警"，点击N2单元格，输入公式"=IF（OR（G2>300，H2>300，I2>300，J2>300），"洪涝预警"，""）"，按下回车键确认结果。是否存在"洪涝预警"即显示在N2单元格。

步骤②　拖动N2单元格右下角的填充柄往下填充至表格数据末尾，即可得到整列的计算结果。

第6节　其他常用函数

本节涵盖Excel其他常用函数，助您全面掌握多领域功能，提升数据处理广度，使工作表功能更加丰富，增强综合应用能力。

技巧77　如何使用SUM函数进行快速求和？

技巧难度：　■■□□□□　简单

在Excel中，使用SUM函数可以快速对一系列数值进行求和，其格式为：

=SUM（number1，[number2]，…）

其中"number1"是要进行求和的第一个数值或单元格区域。"[number2]"是可选的，表示要进行求和的其他数值或单元格区域。

例如要在工作表"2022级法律专业学生期末成绩分析表"中计算各科总分。

步骤①　点击J3单元格，输入公式"=SUM（D3:I3）"，按下回车键确认结果。J3单元格将显示求和结果。

=SUM(D3:I3)

C	D	E	F	G	H	I	J
2022级法律专业学生期末成绩分析表							
姓名	英语	体育	计算机	近代史	刑法		
潘志阳	76.1	82.8	76.5	75.8	76.8	=SUM(D3:I3)	
蒋文奇	68.5	88.7	78.6	69.6	87.3		
苗超鹏	72.9	89.9	83.5	73.1	77.4	82.5	

步骤② 拖动J3单元格右下角的填充柄往下填充至表格数据末尾，即可得到整列的计算结果。

D	E	F	G	H	I	J
2022级法律专业学生期末成绩分析表						
英语	体育	计算机	近代史	刑法	民法	总分
76.1	82.8	76.5	75.8	76.8	79.7	467.7
68.5	88.7	78.6	69.6	87.3	82.5	475.2
72.9	89.9	83.5	73.1	77.4	82.5	479.3
81.0	89.3	73.0	71.0	79.6	87.4	481.3
78.5	95.6	66.5	67.4	77.1	81.1	466.2
76.8	89.6	78.6	80.1	81.8	79.7	486.6
82.7	88.2	80.0	80.8	84.5	82.5	498.7
80.0	80.1	77.2	74.4	70.1	82.5	464.3
76.6	88.7	72.3	71.6	71.8	80.4	461.4
82.0	80.0	68.0	80.0	78.8	75.5	464.3
67.5	70.0	83.5	77.2	68.4	80.4	447.0
86.3	84.2	90.5	80.8	82.8	87.4	512.0
75.4	86.2	89.1	71.7	77.1	77.6	477.1

技巧78　如何使用AVERAGE函数快速求平均值？

技巧难度： 简单

AVERAGE函数用于计算一组数值的平均值。

例如要在工作表“2022级法律专业学生期末成绩分析表”中计算各科的平均分。

C	D	E	F	G	H	I	J	K
2022级法律专业学生期末成绩分析表								
姓名	英语	体育	计算机	近代史	刑法	民法	总分	平均分
潘志阳	76.1	82.8	76.5	75.8	76.8	79.7	467.7	
蒋文奇	68.5	88.7	78.6	69.6	87.3	82.5	475.2	
苗超鹏	72.9	89.9	83.5	73.1	77.4	82.5	479.3	
阮军胜	81.0	89.3	73.0	71.0	79.6	87.4	481.3	
邢尧磊	78.5	95.6	66.5	67.4	77.1	81.1	466.2	
王圣斌	76.8	89.6	78.6	80.1	81.8	79.7	486.6	
焦宝亮	82.7	88.2	80.0	80.8	84.5	82.5	498.7	
翁建民	80.0	80.1	77.2	74.4	70.1	82.5	464.3	
张志权	76.6	88.7	72.3	71.6	71.8	80.4	461.4	
李帅帅	82.0	80.0	68.0	80.0	78.8	75.5	464.3	
王帅	67.5	70.0	83.5	77.2	68.4	80.4	447.0	
乔泽宇	86.3	84.2	90.5	80.8	82.8	87.4	512.0	
钱超群	75.4	86.2	89.1	71.7	77.1	77.6	477.1	
陈称意	75.7	53.4	77.2	74.4	75.1	82.5	438.3	
盛雅	87.6	90.6	82.1	87.2	84.1	83.2	514.8	
王佳君	79.4	91.9	87.0	77.3	75.1	81.8	492.5	

步骤① 点击K3单元格，输入公式“=AVERAGE（D3:I3）”，按下回车键确认结果。各科的平均分即显示在K3单元格。

=AVERAGE(D3:I3)

C	D	E	F	G	H	I	J	K
2022级法律专业学生期末成绩分析表								
姓名	英语	体育	计算机	近代史	刑法	民法		
潘志阳	76.1	82.8	76.5	75.8	76.8	79.7	=AVERAGE(D3:I3)	
蒋文奇	68.5	88.7	78.6	69.6	87.3	82.5		
苗超鹏	72.9	89.9	83.5	73.1	77.4	82.5	479.3	
阮军胜	81.0	89.3	73.0	71.0	79.6	87.4	481.3	

步骤② 拖动K3单元格右下角的填充柄往下填充至表格数据末尾，即可得到整列的计算结果。

F	G	H	I	J	K
律专业学生期末成绩分析表					
计算机	近代史	刑法	民法	总分	平均分
76.5	75.8	76.8	79.7	467.7	78.0
78.6	69.6	87.3	82.5	475.2	79.2
83.5	73.1	77.4	82.5	479.3	79.9
73.0	71.0	79.6	87.4	481.3	80.2
66.5	67.4	77.1	81.1	466.2	77.7
78.6	80.1	81.8	79.7	486.6	81.1
80.0	80.8	84.5	82.5	498.7	83.1
77.2	74.4	70.1	82.5	464.3	77.4
72.3	71.6	71.8	80.4	461.4	76.9
68.0	80.0	78.8	75.5	464.3	77.4
83.5	77.2	68.4	80.4	447.0	74.5

技巧79　如何使用RANK.EQ函数计算排名？

技巧难度： 简单

RANK.EQ函数用于计算一个数值在一组数值中的排名，使用该函数对于处理并列排名非常有用。

例如要在工作表“2022级法律专业学生期末成绩分析表”中根据总分一列计算年级排名。

H	I	J	K	L
分析表				
刑法	民法	总分	平均分	年级排名
6.8	79.7	467.7	78.0	
7.3	82.5	475.2	79.2	
7.4	82.5	479.3	79.9	
9.6	87.4	481.3	80.2	
7.1	81.1	466.2	77.7	
1.8	79.7	486.6	81.1	
4.5	82.5	498.7	83.1	
0.1	82.5	464.3	77.4	
1.8	80.4	461.4	76.9	
8.8	75.5	464.3	77.4	
8.4	80.4	447.0	74.5	

步骤① 选中L3单元格，在单元格中输入“=RANK.EQ（J3，$J$3:$J$102）”，按下回车键，L3单元格将显示J3在序列中的排名。其中“$J$3:$J$102”为所有总分所在的单元格，由于公式需要向下填充，所以对区域的引用必须使用绝对引用，即加上美元符。

H	I	J	K	L	M
成绩分析表					
刑法	民法	总分			
76.8	79.7	467.7	=RANK.EQ(J3,$J$3:$J$102)		
87.3	82.5	475.2			
77.4	82.5	479.3	79.9		
79.6	87.4	481.3	80.2		
77.1	81.1	466.2	77.7		
81.8	79.7	486.6	81.1		
84.5	82.5	498.7	83.1		
70.1	82.5	464.3	77.4		
71.8	80.4	461.4	76.9		

步骤②　RANK.EQ默认为降序排列，如果需要进行升序排名，需指定函数的第3个参数为"1"。

步骤③　拖动L3单元格右下角的填充柄往下填充，即可得到所有的排名情况。

技巧80　如何使用MAX、MIN函数计算最大、最小值？

技巧难度：　■■■□□□　简单

在Excel中，MAX和MIN函数分别用于计算一组数值的最大值和最小值。

例如要在工作表"2022级法律专业学生期末成绩分析表"中分别统计各科的最高分和最低分。

步骤①　点击D103单元格，输入公式"=MAX（D3:D102）"，按下回车键确认结果，得到该列英语科最高分。

步骤②　点击D104单元格，输入公式"=MIN（D3:D102）"，按下回车键确认

结果，得到该列英语科最低分。

步骤③　分别拖动D103、D104单元格右下角的填充柄往右填充，即可得到各科的最高分及最低分。

技巧81　如何使用COUNT函数计算包含数字的单元格个数？

技巧难度：　■■■□□□　简单

使用COUNT函数可以计算包含数字的单元格个数。

例如要在工作表"初三2班第一学期期末成绩表"中统计实际参加化学期末考试的人数。

步骤①　点击E46单元格，输入公式"=COUNT（E2:E45）"，按下回车键确认结果。

步骤② E46单元格将显示计数结果。总人数44名，3位缺考，所以实际参加考试人数为41。

28	C121427	苏解玉	51.00	82.00		39.90	第43名
29	C121428	陈万地	93.00	54.00	76.00	74.50	第24名
30	C121429	张国强	92.00	67.00	51.00	68.10	第32名
31	C121430	刘小锋	71.00	99.00	72.00	79.80	第14名
32	C121431	张鹏羊	54.00	54.00	94.00	70.00	第29名
33	C121432	孙玉敏	53.00	92.00	74.00	73.10	第25名
34	C121433	王清华	65.00	56.00	51.00	56.70	第41名
35	C121434	李春娜	52.00	92.00	80.00	75.20	第23名
36	C121435	倪今声	97.00	65.00	96.00	87.00	第4名
37	C121436	闫朝霞	79.00	52.00	60.00	63.30	第37名
38	C121437	康秋林	52.00	90.00	100.00	82.60	第10名
39	C121438	钱飞虎	95.00	58.00		45.90	第42名
40	C121439	吕文伟	74.00	75.00	84.00	78.30	第17名
41	C121440	方天宇	55.00	98.00	99.00	85.50	第6名
42	C121441	郭炯	61.00	59.00		36.00	第44名
43	C121442	习志敏	54.00	80.00	82.00	73.00	第26名
44	C121443	郑/A	69.00	62.00	60.00	63.30	第37名
45	C121444	李北冥	77.00	99.00	72.00	81.60	第11名
46				参考人数	41		

技巧82　如何使用COUNTIF函数计算满足条件单元格的个数？

技巧难度： ▢▢▢ 中等

Excel中的COUNTIF函数用于计算满足特定条件的单元格数量，可用于判断等于、大于、小于等，比COUNT函数更为灵活。

例如要在工作表"2022级法律专业学生期末成绩分析表"中快速统计出"刑法"高于80分的人数。

步骤① 在O2单元格中输入"=COUNTIF（H3:H102,">80"）"，按下回车键，即在单元格区域"H3:H102"数出值大于80的单元格数量。

	N	O	P	Q
	刑法高于80人数	=COUNTIF(H3:H102,">80")		
	刑法、民法高于80人数			
	法律一班刑法总分			
	法律一班王姓刑法总分			

步骤② O2单元格将显示满足条件的单元格数量。

	N	O
	刑法高于80人数	62
	刑法、民法高于80人数	
	法律一班刑法总分	
	法律一班王姓刑法总分	

技巧83　如何使用COUNTIFS函数进行多条件计数？

技巧难度： ▢▢▢ 中等

COUNTIFS函数可以根据多条件对单元格进行计数，相比COUNTIF，该函数可以支持更多条件的判断。其格式为：

=COUNTIFS（criteria_range1，criteria1，[criteria_range2，criteria2]，…），其中"criteria_range1"是第一个条件的区域，"criteria1"是第一个条件。"[criteria_range2，criteria2]"是可选项，表示其他条件和它们对应的区域。

例如要在工作表"2022级法律专业学生期末成绩分析表"中统计"刑法""民法"均高于80分的人数。

步骤① 在O3单元格中输入"=COUNTIFS（H3:H102,">80"，I3:I102,">80"）"，按下回车键，即分别在单元格区域"H3:H102""I3:I102"数出值同时大于80的单元格数量。

	N	O	P	Q	R	S
	刑法高于80人数	62				
	刑法、民法高于80人数	=COUNTIFS(H3:H102,">80",I3:I102,">80")				
	法律一班刑法总分					
	法律一班王姓刑法总分					

步骤② O3单元格将显示满足条件的单元格数量。

	N	O
	刑法高于80人数	62
	刑法、民法高于80人数	47
	法律一班刑法总分	
	法律一班王姓刑法总分	

技巧84　如何使用SUMIF函数进行单条件求和？

技巧难度： ▢▢▢ 中等

SUMIF函数用于对满足特定条件的单元

格进行求和。相比SUM函数，它可用于对满足一定条件的单元格进行求和，而不是简单的对一个数据区域进行求和。

例如要在工作表“2022级法律专业学生期末成绩分析表”中统计“法律一班”的“刑法”总分。

步骤① 在O5单元格中输入“=SUMIF（A3:A102，"法律一班"，H3:H102）”，按下回车键，其中，“A3:A102”为要进行条件判断的单元格区域，“法律一班”为在该区域中要进行数据判断的条件。而“H3:H102”为要进行实际条件求和的数据区域。

N	O	P	Q	R
刑法高于80人数	62			
刑法、民法高于80人数	47			
法律一班刑法总分	=SUMIF(A3:A102,"法律一班",H3:H102)			
法律一班王姓刑法总分				

步骤② O5单元格将显示满足条件的数值的和。

N	O
刑法高于80人数	62
刑法、民法高于80人数	47
法律一班刑法总分	1986.7
法律一班王姓刑法总分	

技巧85 如何使用SUMIFS函数进行多条件求和？

技巧难度： 中等

使用SUMIFS函数可以根据多个条件对一组数据进行求和。相比SUMIF，该函数可以支持更多条件的判断。其格式为：

SUMIFS（sum_range, criteria_range1, criteria1, [criteria_range2, criteria2], ...），其中，“sum_range”是希望求和的单元格范围，“criteria_range1”是第一个条件的区域，“criteria1”是第一个条件。“[criteria_range2, criteria2]”是可选项，表示其他条件和它们对应的区域。

注意，该函数的参数顺序与SUMIF不一致，求和的单元格区域是写在第一个参数，后面跟着其他条件判断。

例如要在工作表“2022级法律专业学生期末成绩分析表”中统计“法律一班”中“王”姓同学的“刑法”总分。

步骤① 在O6单元格中输入“=SUMIFS（H3:H102，A3:A102，"法律一班"，C3:C102，"王*"）”，按下回车键。其中，“H3:H102”为要进行实际条件求和的数据区域，“A3:A102”为要进行第一个条件判断的单元格区域，“法律一班”为在该区域中要进行数据判断的条件；“C3:C102”为要进行第二个条件判断的单元格区域，“王*”表示以“王”开头，为在该区域中要进行数据判断的条件。

N	O	P	Q	R	S	T
刑法高于80人数	62					
刑法、民法高于80人数	47					
法律一班刑法总分	1986.7					
法律一班王姓刑法总分	=SUMIFS(H3:H102,A3:A102,"法律一班",C3:C102,"王*")					

步骤② O6单元格将显示满足条件的数值的和。

N	O
刑法高于80人数	62
刑法、民法高于80人数	47
法律一班刑法总分	1986.7
法律一班王姓刑法总分	310.3

步骤③ 查看原始表格可以看到，法律一班总共有4位“王”姓学生，“刑法”成绩总和为310.3分。

	A	B	C	D	E	F	G	H
2	班级	学号	姓名	英语	体育	计算机	近代史	刑法
3	法律一班	1201001	潘志阳	76.1	82.8	76.5	75.8	76.8
4	法律一班	1201002	蒋文奇	68.5	88.7	78.6	69.6	87.3
5	法律一班	1201003	苗超鹏	72.9	89.9	83.5	73.1	77.4
6	法律一班	1201004	阮军胜	81.0	89.3	73.0	71.0	79.6
7	法律一班	1201005	邢尧磊	78.5	95.6	66.5	67.4	77.1
8	法律一班	1201006	王圣斌	76.8	89.6	78.6	80.1	81.8
9	法律一班	1201007	焦宝亮	82.7	88.2	80.0	80.8	84.5
10	法律一班	1201008	翁建民	80.0	80.1	77.2	74.4	70.1
11	法律一班	1201009	张志权	76.6	88.7	72.3	71.6	71.8
12	法律一班	1201010	李帅帅	82.0	80.0	68.0	80.0	78.8
13	法律一班	1201011	王帅	67.5	70.0	83.5	77.2	68.4
14	法律一班	1201012	乔泽宇	86.3	84.2	90.5	80.8	82.8
15	法律一班	1201013	钱超群	75.4	86.2	89.1	71.7	77.1
16	法律一班	1201014	陈称意	75.7	53.4	77.2	74.4	75.1
17	法律一班	1201015	盛雅	87.6	90.6	82.1	87.2	84.1
18	法律一班	1201016	王佳君	79.4	91.9	87.0	77.3	75.1
19	法律一班	1201017	史二映	85.2	86.8	93.5	76.6	83.8
20	法律一班	1201018	王晓亚	83.1	88.1	86.3	87.2	85.0
21	法律一班	1201019	魏利娟	93.0	87.9	76.5	80.8	82.3
22	法律一班	1201020	[illegible]	82.8	90.0	80.7	80.8	83.6

技巧86 如何使用VLOOKUP函数进行数据查找？

技巧难度： 中等

VLOOKUP函数用于垂直查找数据，即在表格的第一列中搜索一个值，并返回该值所在行的指定列中的值。一般是用于在一个基础数据表中来查找对应值，是一个非常实用的函数，其格式为：

VLOOKUP（lookup_value, table_array, col_index_num, [range_lookup]）

其中，"lookup_value"表示要进行查找的值；"table_array"是包含数据的表格区域，要查找值应该位于该区域的第一列，通常是一个矩形数据区域；"col_index_num"为要返回的值所在的列在表格数组中的列号，列号从表格数组的最左列开始计数，最左列为1；"range_lookup"指定是否进行近似匹配。TRUE或省略为进行近似匹配。FALSE表示进行精确匹配，查找值必须与lookup_value完全一致，一般指定为FALSE。

例如要在工作表"图书销售订单明细表"中查找出编号对应的图书名称及单价。

其中，图书编号与图书名称、单价的对照表在"编号对照"中的A2:C19单元格区域中。

步骤① 在D3单元格中输入"=VLOOKUP（C3，编号对照!$A$3:$C$19，2，FALSE）"，按下回车键，D3单元格将显示满足条件的单元格数量。其中C3为图书编号，"$A$3:$C$19"为要查找的数据区域，"编号对照!"表示引用的单元格区域在"编号对照"表中，"2"表示要得到的列在数据区域的第2列（即图书名称列），FALSE表示精确匹配。

步骤② 在E3单元格中输入"=VLOOKUP（C3，编号对照!$A$3:$C$19，3，FALSE）"，按下回车键，E3单元格将显示满足条件的单元格数量。其中，其他参数与"图书名称"一致，"3"表示要得到的列在数据区域的第3列（即价格列），FALSE表示精确匹配。

步骤③ 分别拖动D3、E3单元格右下角的填充柄往下填充，即可得到所有的图书名称及价格。

技巧87　如何使用INDEX和MATCH函数返回指定位置中的内容？

技巧难度：　中等

在Excel中，使用INDEX和MATCH函数组合可以高效地返回指定位置中的内容，实现对数据进行快速、精确查找。INDEX函数用于返回表或区域中的值或值的引用，其格式为：=INDEX（array, row_num, [column_num]）。其中，"array"是希望从中返回值的单元格区域，"row_num"是希望返回的行号，"[column_num]"是可选参数，用于指定列号。

而MATCH函数用于在单元格区域中搜索指定项，然后返回该项在单元格区域中的相对位置。其格式为：=MATCH（lookup_value, lookup_array, [match_type]），其中，"lookup_value"是要查找的值；"lookup_array"是包含要查找值的单元格区域；"[match_type]"是可选参数，指定匹配类型，1为小于，0为精确匹配，–1为大于，通常使用0进行精确匹配。

例如要在工作表"主要城市降水量"中根据R3单元格中的城市和S2单元格中的月份，快速查询出对应的降水量，显示在S3单元格中。

步骤①　点击S3单元格，在单元格中输入公式"=INDEX（B2:M32，MATCH（R3，A2:A32，0），MATCH（S2，B1:M1，0））"，按下回车键。S3单元格将显示对应的降水量数据。

步骤②　在公式中，"MATCH（R3，A2:A32，0）"得到R3单元格中的数值"南宁市"在A2:A32中的序号，即第"20"。而"MATCH（S2，B1:M1，0）"则得到S2单元格中的数值"6月"在B1:M1中的序号，即第"6"。再用得到的坐标"（20，6）"传给INDEX函数，在B2:M32单元格区域中，找到2个坐标交叉的数据，进而得到对应的降水量数据。

第 17 章　高级数据处理

本章将深入介绍Excel的高级数据处理技术，包括分类汇总、数据透视表的创建与应用、合并计算方法以及文本数据的导入与处理。通过这些高级功能，您将能够更加高效地整合和分析复杂数据，实现专业水平的数据管理。

第1节　分类汇总

本节介绍Excel分类汇总功能，助您高效整理数据，提升信息归纳能力，使数据分析更加系统，增强决策支持的准确性。

技巧88　如何按部门对总销量求和汇总？

技巧难度： ▓▓▓▓　简单

在Excel中，分类汇总是对数据进行分组和汇总的高效工具。通过分类汇总，用户可以根据某一列的数据对整个数据表进行分组，并在每个组内进行求和、计数、平均值等汇总操作，使得数据分析更加直观和高效，特别适用于销售数据、财务报表等需要按类别汇总信息的场景。

例如要在工作表"Office公司二季度销售统计表"中按销售团队，对销售额进行求和汇总。

步骤①　点击"销售团队"列中的任一单元格（切记不可以选中整个销售团队列的数据）。点击"数据"选项卡，点击"升序"按钮。

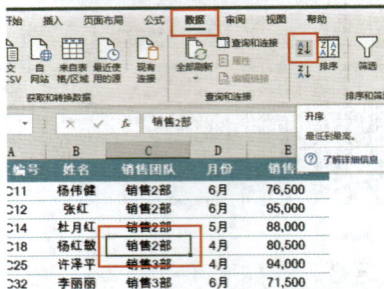

步骤②　销售团队列中的数据将按顺序排列。点击"数据"选项卡，在"分级显示"组中点击"分类汇总"按钮。

步骤③　在弹出的"分类汇总"对话框中，在"分类字段"下拉列表中，选择"销售团队"。在"汇总方式"下拉列表中选择"求和"。在"选定汇总项"列表中勾选"销售额"。

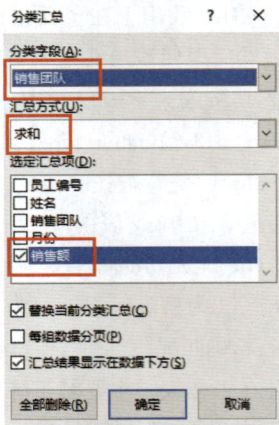

步骤④　点击"确定"按钮。Excel会自动插入小计行，并显示每个团队的销售额。

步骤⑤ 数据表左上角出现一个分级显示的按钮（1、2、3），可以点击这些按钮展开或折叠详细数据和汇总结果。例如点击"2"，即可得到按销售团队分类、销售额的求和汇总数据。

技巧89 如何按日期对总销量的平均值进行汇总？

技巧难度： ▰▰▱ 中等

在分类汇总中，除了对数据进行分类求和汇总外，还有计数、平均值、最大值、最小值、乘积、计数、标准偏差、总体标准偏差、方差、总体方差等汇总方式。

例如要在工作表"Office公司二季度销售统计表"中按月份对销售额进行平均值汇总。

步骤① 在技巧89的基础上，点击"数据"选项卡，在"分级显示"组中点击"分类汇总"按钮。在弹出的"分类汇总"对话框中，点击左下角的"全部删除"按钮，将已经存在的分类汇总删除。

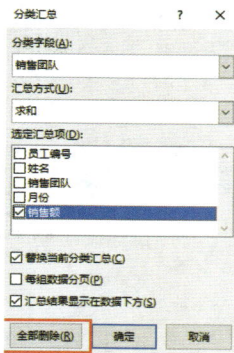

步骤② 点击"月份"列中的任一单元格（切记不可以选中整个部门列的数据）。点击"数据"选项卡，点击"升序"按钮。

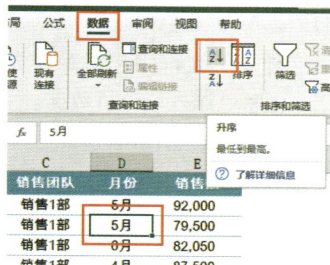

步骤③ 月份列中的数据将按顺序排列。点击"数据"选项卡，点击"分级显示"组中的"分类汇总"按钮。

步骤④ 在弹出的"分类汇总"对话框中，在"分类字段"下拉列表中选择"月份"。在"汇总方式"下拉列表中选择"平均值"。在"选定汇总项"列表中，勾选"销售额"。

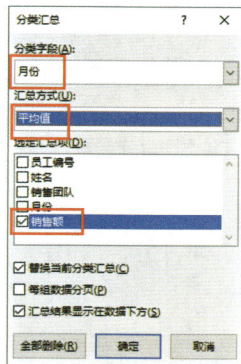

步骤⑤ 点击"确定"按钮。Excel会自动插入小计行，并显示每个月份的销售额平均值。

	A	B	C	D	E
	员工编号	姓名	销售团队	月份	销售额
18				4月 平均值	79,750
33				5月 平均值	78,821
48				6月 平均值	80,900
49				总计平均值	79,820

技巧90 如何按部门和日期进行嵌套分类汇总？

技巧难度： ▮▮▮ 中等

嵌套分类汇总是指在一个已经进行过分类汇总的数据基础上，再进行更细粒度的分类汇总。这种技术允许用户对数据进行多层次的汇总，从而更深入地分析数据。

例如要在工作表"Office公司二季度销售统计表"中先按销售团队对销售额进行分类求和汇总，然后在该分类汇总的基础上，再根据月份进行分类汇总。

步骤① 先删除全部分类汇总的结果。

步骤② 点击并拖动鼠标选择整个数据范围，包括列标题，或点击数据区域中的任何一个单元格。点击"数据"选项卡，点击"排序和筛选"组中的"排序"按钮。

C	D	E
销售团队	月份	销售
销售1部	4月	87,500
销售1部	4月	66,500
销售1部	4月	84,500
销售1部	4月	69,000

步骤③ 在"排序"对话框中，"主要关键字"选择"销售团队"，"排序依据"选择"单元格值"，"次序"选择"升序"。

步骤④ 点击"添加条件"按钮，"次要关

键字"选择"月份"，"排序依据"选择"单元格值"，"次序"选择"升序"。点击"确定"按钮。

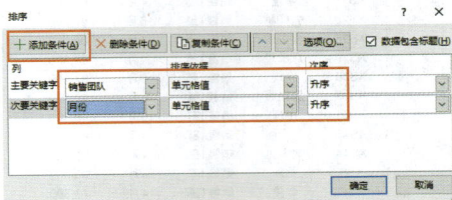

步骤⑤ 确保选择整个数据范围，或点击数据区域中的任何一个单元格。点击"数据"选项卡，点击"分级显示"组中的"分类汇总"按钮。

步骤⑥ 在"分类汇总"对话框中，在"分类字段"下拉列表中选择"销售团队"，在"汇总方式"下拉列表中选择"求和"，在"选定汇总项"下的列表中勾选"销售额"，并勾选"替换当前分类汇总"和"汇总结果显示于数据下方"选项，点击"确定"按钮。

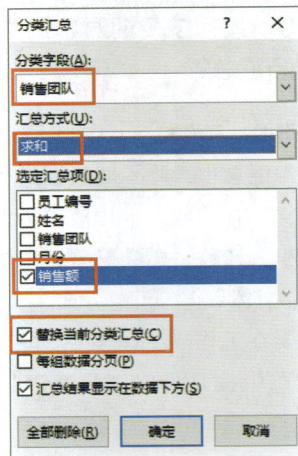

步骤⑦ 再次点击"分类汇总"按钮。在"分类汇总"对话框中，在"分类字段"下拉列表中选择"月份"，在"汇总方式"下拉列表中选择"求和"，在"选定汇总项"下的列表中勾选"销售额"，取消勾选"替换当前分类汇总"，点击"确定"按钮。

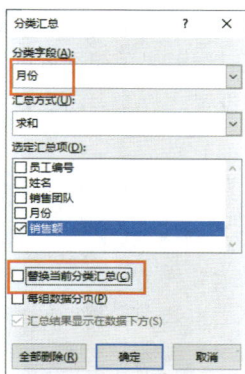

步骤⑧ Excel会自动插入多个小计行，并分级显示每个销售团队的总销量。

步骤⑨ 数据表左上角会出现一个分级显示的按钮（1、2、3、4），可以点击这些按钮展开或折叠详细数据和汇总结果。

注意，在进行分类汇总操作时，务必先对要进行分类的字段排序，Excel方能将连续的值的行汇总到一起。

第2节　数据透视表

本节详解Excel数据透视表，助您深入挖掘数据潜力，提升分析效率，使复杂数据一目了然，增强决策洞察力。

技巧91　如何创建数据透视表？

技巧难度： ▱▱▱ 中等

Excel的数据透视表是一种强大的数据分析工具，它允许用户通过简单的拖放操作对大量数据进行多维度的汇总、分析和展示。数据透视表能够自动分类、汇总和筛选数据，帮助用户快速发现数据中的模式和趋势。

一般来说，数据透视表为报表展示，即基于一定的数据原始表上的数据展示。

例如要根据工作表"Office公司二季度销售统计表"中的数据来分析各团队的销售额情况。

步骤① 点击数据表格中的任意单元格，或者选择整个数据区域，包括表头，或点击数据区域的任一单元格。点击"插入"选项卡，点击"表格"组中的"数据透视表"按钮。

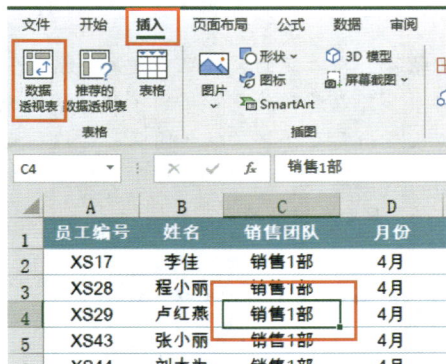

步骤② 在弹出的"创建数据透视表"对话框中，确认选中的数据区域是否正确。选择放置数据透视表的位置，"新工作表"表示将数据透视表放置在一个新的工作表中，"现有工作表"表示将数据透视表放置在当前工作表的指定位置，这里选择"新工作表"。

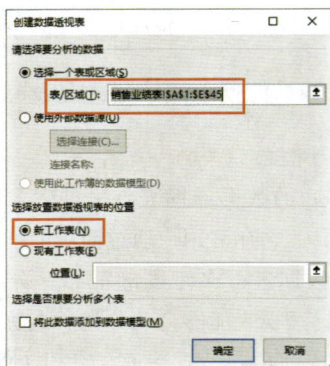

步骤③ 点击"确定"按钮，此时Excel会自动在新的工作表中创建一个数据透视表的基本框架，并弹出"数据透视表字段"窗格。

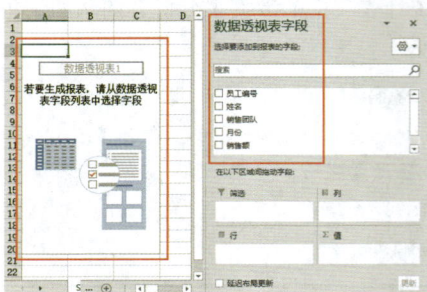

步骤④ 在右侧的"数据透视表字段"窗格中，可以看到所有可用的字段。根据透视表展示需要，将"销售团队"字段拖动到"行"区域。将"销售额"字段拖动到"值"区域，默认情况下会进行求和汇总。

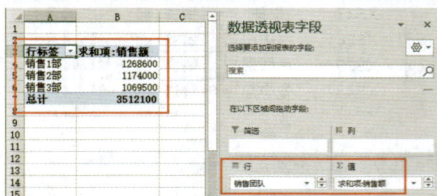

技巧92 如何更新数据透视表中的数据？

技巧难度： ▓▓▓ 简单

如果原始数据表中的数据发生变化，默

认情况下对应的数据透视表中的数据不会自动更新，这时候需要手动进行更新，或者为数据透视表设置"数据自动更新"，如何操作呢？

例如要为技巧91中的透视表设置为在打开文件时自动更新。

步骤① 将光标放在数据透视表的任一单元格，单击鼠标右键，在弹出的快捷菜单中选择"数据透视表选项"。

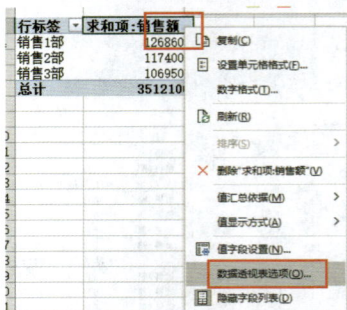

步骤② 在弹出的"数据透视表选项"对话框中，点击"数据"选项卡，勾选"打开文件时刷新数据"复选框，点击"确定"按钮，即可完成设置。

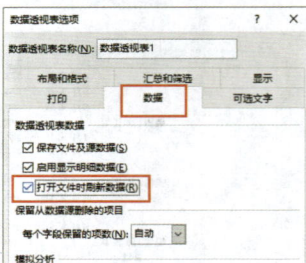

步骤③ 如果想要手动刷新数据透视表，则可使用右键点击数据透视表中的任意单元格，然后选择"刷新"，透视表中引用的数据将马上刷新。

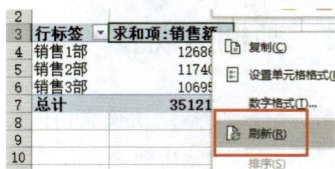

技巧93　如何对数据透视表进行美化？

技巧难度： ▮▮▮□□□□□　简单

默认生成的透视表样式比较单调，能否快速进行美化呢？

例如要对技巧92中的透视表进行美化。

步骤①　点击数据透视表中的任意位置，点击数据透视表的"设计"选项卡，在"数据透视表样式"组中，点击下拉按钮。

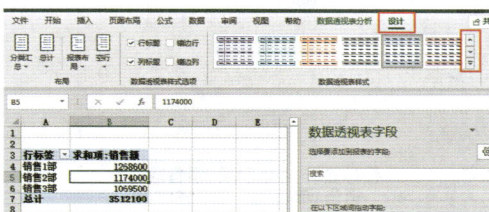

步骤②　在下拉样式列表中浏览不同的样式并选择一个适合的样式，可以将鼠标悬停在样式上看到实时预览效果，然后点击选定的样式应用，例如选择"浅橙色，数据透视表样式浅色14"样式。

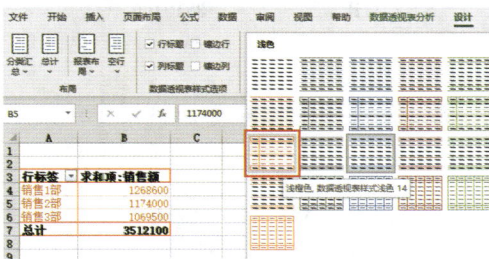

技巧94　如何在数据透视表中筛选数据？

技巧难度： ▮▮▮□□□□□　简单

透视表中默认将显示满足条件的所有数据。如果想要筛选出部分数据进行展示，可以如何操作呢？

例如要在技巧93中的透视表中筛选出4月份的数据。

步骤①　在右侧的"数据透视表字段"窗格中，将"月份"字段拖动到"行"区域、"销售团队"下面。

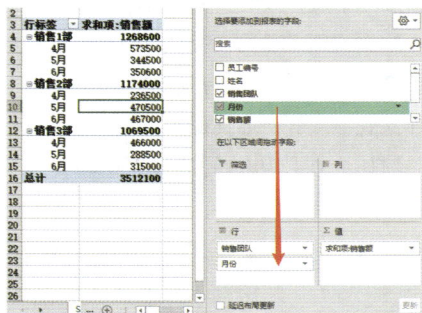

步骤②　将光标定位到任何一个月份的单元格，点击数据透视表中的左上角"行标签"的下拉箭头。

步骤③　在弹出的下拉项中，取消其他月份，只保留"4月"，点击"确定"按钮，即可在透视表中筛选出满足条件的数据。

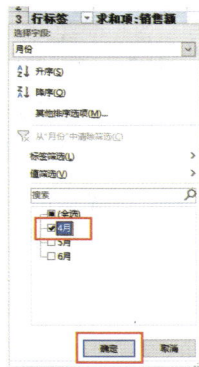

技巧95 如何更改数据透视表的汇总方式？

技巧难度： ▰▰▱▱▱ 简单

数据透视表默认的汇总方式是求和，还可以将汇总方式更改为其他，如平均值、最大值、最小值等，如何操作呢？

例如要在技巧94的透视表中将汇总方式从求和更改为平均值。

步骤 选中标签字段，例如B3单元格，点击鼠标右键，在弹出的菜单中选择"值汇总依据–平均值"，即可快速修改数据汇总方式。

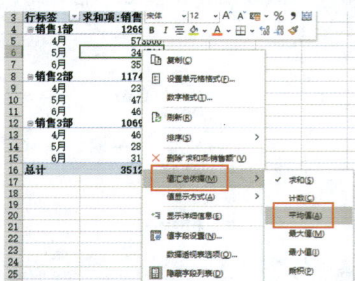

技巧96 如何对数据透视表中的数据进行排序？

技巧难度： ▰▰▱▱▱ 简单

默认生成的透视表中，数据按照原始表格中的数据进行排序，如果想要再按某个字段进行排序，应该如何操作呢？

例如要在技巧95的透视表中按"销售额"列进行升序排序。

步骤① 点击"求和项:销售额"列中任一

单元格，点击"数据"选项卡，在"排序和筛选"组中，点击"升序"按钮。

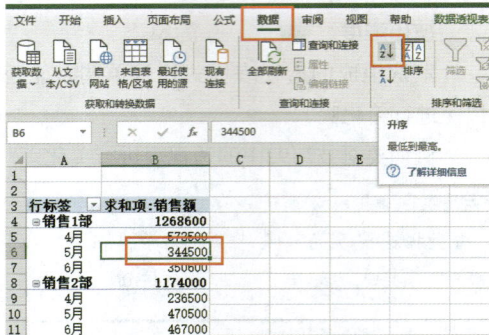

步骤② 透视表中的销售额数据将按升序排列。

技巧97 如何在数据透视表中按百分比显示数据？

技巧难度： ▰▰▱▱▱ 简单

透视表默认显示的是原始表格中的数值，可通过设置值显示的方式，让数据透视表更直观地展示出指定字段中数据占该列总和的百分比。

例如要在技巧96的透视表中将"求和项:销售额"列的值显示方式更改为该列总计的百分比。

步骤 选中目标列中的任一单元格，点击鼠标右键，在弹出的菜单中选择"值显示方式–总计的百分比"，即可将该列的数据显示方式更改为按百分比显示。

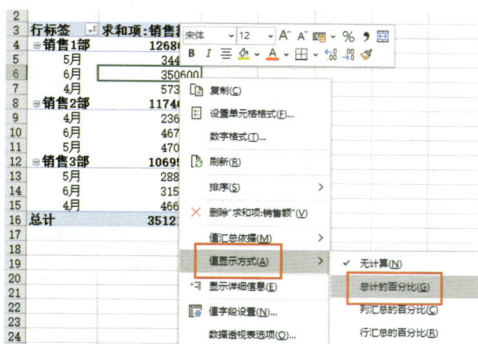

行标签	求和项:销售额
销售1部	36.12%
5月	9.81%
6月	9.98%
4月	16.33%
销售2部	33.43%
4月	6.73%
5月	13.30%
6月	13.40%
销售3部	30.45%
5月	8.21%
6月	8.97%
4月	13.27%
总计	100.00%

第3节　合并计算

本节介绍Excel合并计算功能，助您快速整合多源数据，提升工作效率，使数据处理更加精准，增强分析的全面性。

技巧98　如何对同一工作表的数据进行合并计算？

技巧难度： ▮▮▮　中等

在Excel中，使用合并计算功能能够将多个区域的数据进行合并和叠加，适用于将多个数据区域的值合并到一个表格中，并可以进行求和、平均、计数等操作。

例如要将工作表"Office公司二季度销售统计表"中按月份对销售额进行汇总计算。

步骤①　点击要开始存放数据的单元格，例如G1单元格。点击"数据"选项卡，在"数据工具"组中，点击"合并计算"按钮。

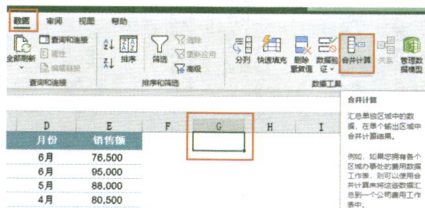

步骤②　在弹出的"合并计算"对话框中，选择想要的计算类型，如"求和"。在"引用位置"框中，在工作表中拖动鼠标选择需要参与合并计算的数据区域，这里选择"月份""销售额"所在的D1:E45单元格区域。

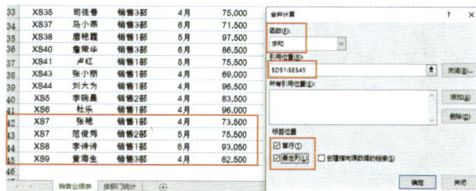

步骤③　点击"添加"按钮。然后在"标签位置"栏中勾选"首行"和"最左列"复选框。

步骤④　点击"确定"按钮。在G1单元格开始即可以看到按月份合并计算的结果。

G	H
	销售额
6月	1,132,600
5月	1,103,500
4月	1,276,000

技巧99 如何对字段顺序不同的多个表格进行汇总？

技巧难度： ■■■■■ 困难

当工作表中存在着字段顺序不同的多个表格时，可以使用合并计算功能将两个表的数据按类别进行叠加合并，如何操作呢？

例如要在工作表"语数英成绩表"中对三个姓名排列顺序不同的表格进行汇总。

步骤① 点击要开始存放数据的单元格，例如J1单元格。点击"数据"选项卡，在"数据工具"组中，点击"合并计算"按钮。

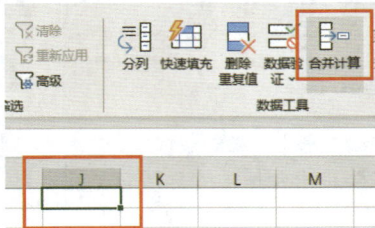

步骤② 在弹出的"合并计算"对话框中，选择想要的计算类型，如"求和"。在"引用位置"框中，在工作表中拖动鼠标选择需要参与合并计算的数据区域，这里选择A1:B26单元格区域，点击"添加"按钮。

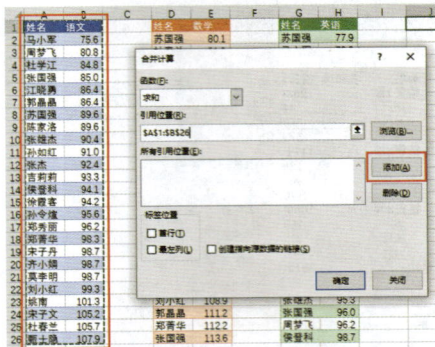

步骤③ 再点击"引用位置"文本框，在工作表中拖动鼠标选择需要参与合并计算的第二个数据区域，这里选择D1:E26单元格区域，点击"添加"按钮。

步骤④ 重复步骤③，选择G1:H26单元格，点击"添加"按钮。

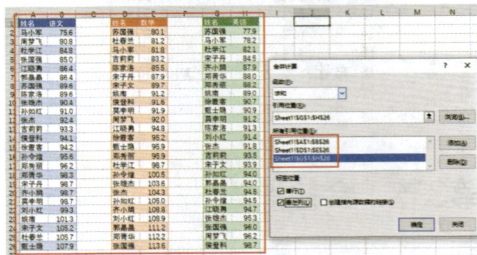

步骤⑤ 然后在"标签位置"栏中勾选"首行""最左列"复选框，点击"确定"按钮。在J1单元格即可看到合并计算完成后的结果。

技巧100　如何将多张工作表的数据合并到一张表中？

技巧难度： ■■■■■ 困难

除了可以将多个表格的内容合并叠加到一起，还可以使用合并计算工具将不同工作表中的数据进行合并。该如何实现呢？

例如要将工作表"7月份各周蔬菜销量"中4个工作表的4个部门数据，汇总求和，合并到一张新工作表中。

	名称	单价 (元/斤)	一部销量	二部销量	三部销量	四部销量	本月
1							
2	菜花	1.4500	0	40	0	0	
3	菜心	3.7500	0	46	22	30	
4	茶树菇	8.6250	30	0	0	0	
5	大白菜	0.5000	0	50	0	0	
6	大葱	2.3000	10	30	0	0	
7	大蒜	6.8000	0	2	0	0	
8	冬笋	5.1000	0	64	0	8	
9	杭椒	2.6000	0	13	4	0	
10	黄瓜	1.2750	0	160	16	0	
11	尖椒	1.2750	0	20	1	0	
12	金瓜	1.9500	0	32	0	0	
13	土豆	1.1750	0	80	40	0	

第1周　第2周　第3周　第4周

步骤① 打开工作表文件，新建一个工作表，命名为"7月汇总"。点击要开始存放数据的单元格，例如A1，点击"数据"选项卡，在"数据工具"组中，点击"合并计算"按钮。

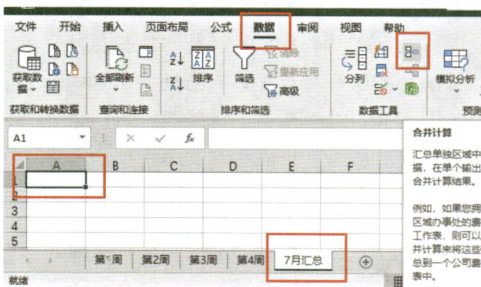

步骤② 在弹出的"合并计算"对话框中，选择想要的计算类型，如"求和"。在"引用位置"框中，使用鼠标点击"第1周"工作表，在表中使用鼠标拖动选择需要进行数据合并的单元格，如A1:F106，点击"添加"按钮。

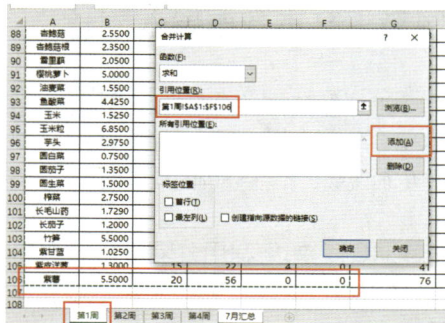

步骤③ 再点击"引用位置"文本框，以同样的方法分别添加"第2周""第3周""第4周"工作表中需要参与数据合并的单元格，都点击"添加"按钮，添加到引用位置中。注意，各个表中数据部分的行数不同，需按实际进行框选，以免漏选。

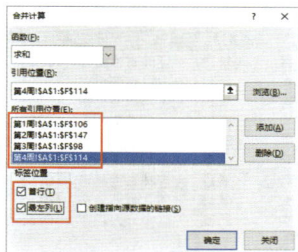

步骤④ 在"标签位置"栏中勾选"最左列"复选框，取消勾选"首行"复选框，点击"确定"按钮。

步骤⑤ 在新建工作表的A1单元格即可看到合并计算完成后的结果。删除"单价"列，该表格中的数据为4周相应部门的数据累加得出。

	A	B	C	D	E
1		一部销量	二部销量	三部销量	四部销量
2	菜花	0	60	0	0
3	菜心	0	63	75	44
4	茶树菇	90	0	6	0
5	大白菜	80	50	330	0
6	大葱	54	184	80	10
7	大蒜	0	2	0	0
8	冬瓜	60	113	182	99
9	冬笋	0	64	8	24
10	韩国辣白菜	10	0	0	0
11	杭椒	0	19	4	0
12	黄瓜	310	1234	124	175
13	尖椒	0	194	1	0
14	芥兰笋	0	0	0	0
15	金瓜	0	109	29	0
16	土豆	60	118	46	0
17	娃娃菜	410	789	234	139
18	豌豆尖	0	0	0	0
19	小白菜	0	555	11	260
20	油菜	260	2959	108	320
21	鸭鹑蛋	0	0	0	21

第4节　文本数据导入

本节详解Excel文本数据导入技巧，助您高效整合外部数据，提升工作效率，使数据处理更加流畅，增强分析的准确性。

技巧101　如何利用分隔符号对某列数据进行拆分？

技巧难度： 简单

在进行数据处理的时候，有时需要将一列数据拆分为两列，以便分开进行处理，该如何操作呢？

例如要将工作表"员工信息表"中的固定电话分成区号、电话号码2列。

步骤①　使用鼠标需要进行分列的单元格区域，如F列，点击"数据"选项卡，在"数据工具"组中点击"分列"按钮。

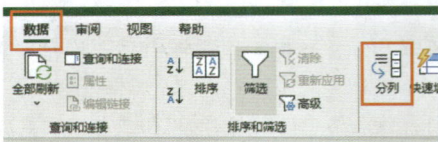

步骤②　弹出"文本分列向导-第1步，共3步"对话框，选择"分隔符号"，点击"下一步"按钮。

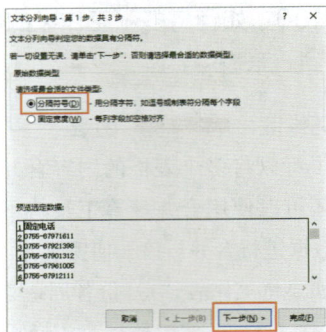

步骤③　在打开的"文本分列向导-第2步，共3步"对话框中，分隔符号勾选"其他"，在右侧文本框中输入"–"，在下方的"数据预览"列表中可以看到数据已自动进行分隔，点击"下一步"按钮。

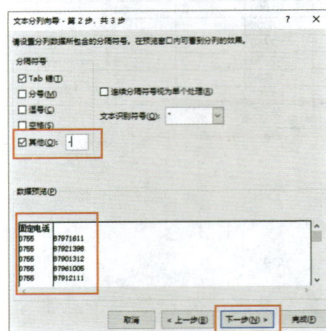

步骤④　在打开的"文本分列向导-第3步，共3步"对话框中，在"目标区域"文本框中选择需要放置分列后的内容的单元格区域，例如F1单元格。选中第一列，在上方"列数据格式"中点击"文本"，以保留前面区号的"0"。

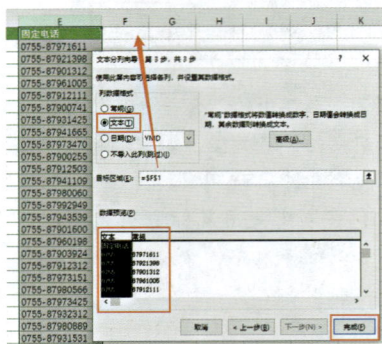

步骤⑤　点击"完成"按钮，Excel 将根据设置的分隔符号将数据拆分到相邻的列中。

技巧102　如何利用关键字对某列数据进行拆分？

技巧难度：　简单

在 Excel 中，利用某个关键字也可以对数据进行分列操作。该如何操作呢？

例如要在工作表"员工信息表"中将籍贯的省市分成 2 列以便识别不同的省。

步骤①　点击并选择包含要拆分的列的单元格区域。点击"数据"选项卡，在"数据工具"组中，点击"分列"按钮。

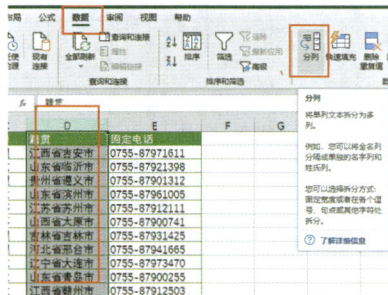

步骤②　在打开的"文本分列向导 – 第 1

步，共 3 步"对话框中，勾选"分隔符号"选项，点击"下一步"。

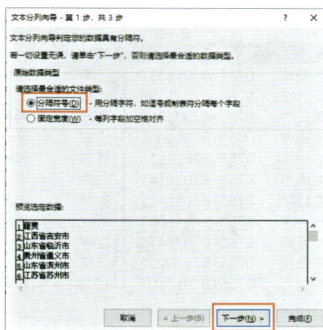

步骤③　在打开的"文本分列向导 – 第 2 步，共 3 步"对话框中，选择"其他"选项，在右侧文本框中，输入要用作分隔符的关键字"省"。在下面预览拆分效果，如果拆分效果正确，点击"下一步"。

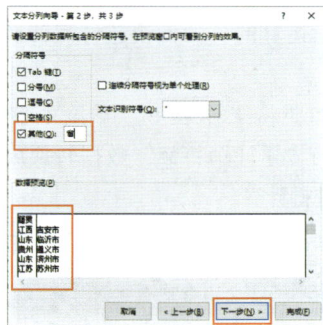

步骤④　在打开的"文本分列向导 – 第 3 步，共 3 步"对话框中，选择拆分后数据的目标位置，选择一个空白的列，例如 F1 单元格。

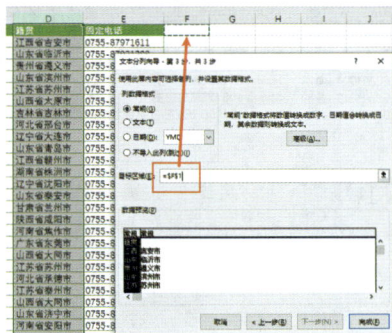

步骤⑤ 点击"完成"按钮，Excel将根据指定的关键字对数据进行拆分。

D	E	F	G
籍贯	固定电话	籍贯	
江西省吉安市	0755-87971611	江西	吉安市
山东省临沂市	0755-87921398	山东	临沂市
贵州省遵义市	0755-87901312	贵州	遵义市
山东省滨州市	0755-87961005	山东	滨州市
江苏省苏州市	0755-87912111	江苏	苏州市
山西省太原市	0755-87900741	山西	太原市
吉林省吉林市	0755-87931425	吉林	吉林市
河北省邢台市	0755-87941665	河北	邢台市
辽宁省大连市	0755-87973470	辽宁	大连市
山东省青岛市	0755-87900255	山东	青岛市
江西省赣州市	0755-87912503	江西	赣州市

技巧103 如何将文本型数据转换为数值？

技巧难度： ▭▭▭ 中等

如果数据在输入的时候使用了单引号将其转换成文本格式，这样的数据是无法直接进行数学运算的。如何快速将其转换成数值类型呢？

例如要将工作表"三季度电器销售情况"中的"累计销售额"数据转换成数值类型以便进行计算。

	A	B	C	D	E	F
F22				=SUM(F2:F21)		
	序号	代码	品牌	商品名称	类别	累计销售额
1	0101	TV010	海信	Hisense LED40K170JD平板电视	电视	53949
2	0102	TV017	康佳	KONKA LED37F3300E平板电视	电视	41960
3	0103	AC005	TCL	KFRd-35GW/DE22空调	空调	19611
4	0104	AC012	格兰仕	Galanz KFR-32GW/dLP57-130(2	空调	79758
5	0105	RF001	海尔	Haier BCD-216SCM 冰箱	冰箱	95960
6	0106	RF011	康佳	KONKA BCD-108S-GY 冰箱	冰箱	34358
7	0107	WH001	AO史密斯	A.O.Smith ET300J-60 电热水器	热水器	56700
8	0108	NC012	戴尔	Dell Ins15CR-4528B 15.6英寸笔	计算机	154301
9	0109	PC002	Apple	ME086CH/A iMac 21.5英寸一体	计算机	174572
10	0110	PC014	联想	lenovo C5030 23英寸一体机 白	计算机	141405
11	0111	TC011	微软	Microsoft Surface Pro 4 12.3英寸	计算机	280744
12	0112	TV014	康佳	KONKA LED32E320N 液晶电视	电视	26970
13	0113	TV014	索尼	SONY KLV-40R476A平板电视	电视	116970
14	0114	AC004	TCL	KFRd-25GW/FC23	空调	14152
15	0115	AC014	海信	Hisense KFR-35GW/ER01N2空调	空调	73749
16	0116	RF006	海尔	Haier BCD-190TMPK 冰箱	冰箱	18186
17	0117	RF015	美菱	MeLing BCD-206L3CT冰箱	冰箱	13410
18	0118	WH004	海尔	Haier A1 10升天然气热水器	热水器	25960
19	0119	WH013	美的	Midea F05-15A(S)小厨宝	热水器	10374
20	0120	WM001	LG	WD-N12430D 6公斤滚筒洗衣机	洗衣机	101361
21						0.00

步骤① 选择包含文本型数据的单元格或单元格区域，例如F2:F21，点击"数据"选项卡，在"数据工具"组中，点击"分列"按钮。

D	E	F	G
品名名称	类别	累计销售额	
Hisense LED40K170JD平板电视	电视	53949	
KONKA LED37F3300E平板电视	电视	41960	
KFRd-35GW/DE22空调	空调	19611	
Galanz KFR-32GW/dLP57-130(2空调	空调	79758	
Haier BCD-216SCM 冰箱	冰箱	95960	
KONKA BCD-108S-GY 冰箱	冰箱	34358	
A.O.Smith ET300J-60 电热水器	热水器	56700	
Dell Ins15CR-4528B 15.6英寸笔 计算机		154301	
ME086CH/A iMac 21.5英寸一体 计算机		174572	
lenovo C5030 23英寸一体机 白 计算机		141405	
Microsoft Surface Pro 4 12.3英寸 计算机		280744	
KONKA LED32E320N 液晶电视	电视	26970	
SONY KLV-40R476A平板电视	电视	116970	
KFRd-25GW/FC23	空调	14152	
Hisense KFR-35GW/ER01N2空调	空调	73749	
Haier BCD-190TMPK 冰箱	冰箱	18186	
BLing BCD-206L3CT冰箱	冰箱	13410	
Haier A1 10升天然气热水器	热水器	25960	
dea F05-15A(S)小厨宝		10374	
-N12430D 6公斤滚筒洗衣机 洗衣机		101361	
		0.00	

步骤② 在打开的"文本分列向导 – 第1步，共3步"中，直接点击"完成"按钮。

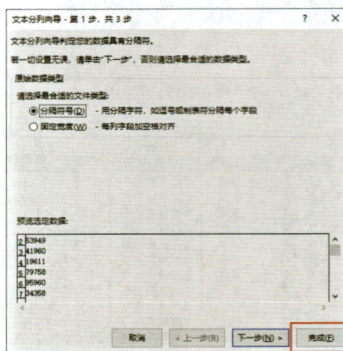

文本分列向导 - 第1步，共3步

文本分列向导判断您的数据具有分隔符。

若一切设置正确，请单击"下一步"，否则请选择最合适的数据类型。

原始数据类型
请选择最合适的文件类型：
○ 分隔符号(D) - 用分隔字符，如逗号或制表符分隔每个字段
○ 固定宽度(W) - 每列字段加空格对齐

预览选中数据：

取消 < 上一步(B) 下一步(N) > **完成(F)**

步骤③ 此时原来的文本类型的数据，将直接转换成数值类型的数据，并进行原位替换，可继续参与数学及相应的公式运算。

D	E	F
商品名称	类别	累计销售额
Hisense LED40K170JD平板电视	电视	53949
KONKA LED37F3300E平板电视	电视	41960
KFRd-35GW/DE22空调	空调	19611
Galanz KFR-32GW/dLP57-130(2空调	空调	79758
Haier BCD-216SCM 冰箱	冰箱	95960
KONKA BCD-108S-GY 冰箱	冰箱	34358
A.O.Smith ET300J-60 电热水器	热水器	56700
Dell Ins15CR-4528B 15.6英寸计算机	计算机	154301
ME086CH/A iMac 21.5英寸一体 计算机	计算机	174572
lenovo C5030 23英寸一体机 白计算机	计算机	141405
Microsoft Surface Pro 4 12.3英寸计算机	计算机	280744
KONKA LED32E320N 液晶电视	电视	26970
SONY KLV-40R476A平板电视	电视	116970
KFRd-25GW/FC23	空调	14152
Hisense KFR-35GW/ER01N2空调	空调	73749
Haier BCD-190TMPK 冰箱	冰箱	18186
MeLing BCD-206L3CT冰箱	冰箱	13410
Haier A1 10升天然气热水器	热水器	25960
Midea F05-15A(S)小厨宝	热水器	10374
WD-N12430D 6公斤滚筒洗衣机 洗衣机	洗衣机	101361
		1534450.00

技巧104　如何快速规范日期的格式？

技巧难度： 中等

在表格中输入日期类型的数据时，可能会输入一些不规范、不统一的日期格式，导致Excel无法有效识别成日期类型。这时可以利用分列功能将这些不规范的日期格式进行更正处理。

例如要将以下日期规范成有效日期数值。

步骤①　选中目标单元格区域，例如A2:A10，点击"数据"选项卡，在"数据工具"功能组中点击"分列"按钮。

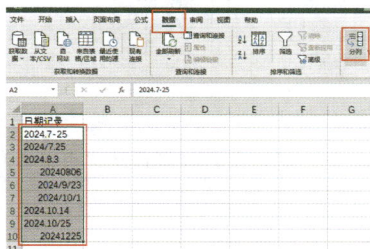

步骤②　在弹出的"文本分列向导-第1步，共3步"对话框中，选择"分隔符号"，点击"下一步"按钮。

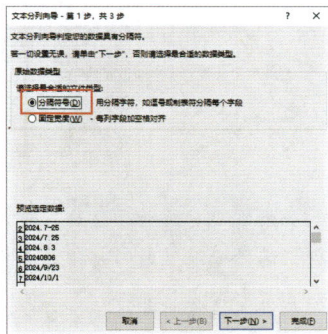

步骤③　在打开的"文本分列向导-第2步，共3步"对话框中，取消"分隔符号"中所有复选框，点击"下一步"按钮。

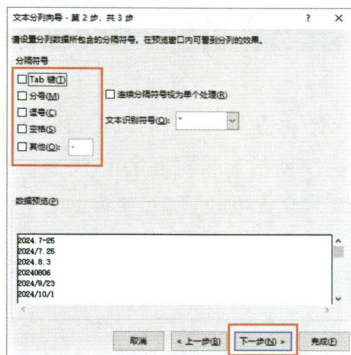

步骤④　在打开的"文本分列向导-第3步，共3步"对话框中，在"列数据格式"中选择"日期"单选按钮。在"目标区域"文本框中选择用来放置规范后的日期的单元格区域，例如B2。

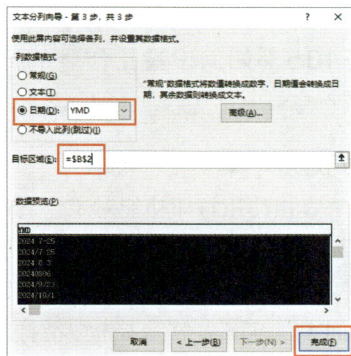

步骤⑤　点击"完成"按钮，规范后的日期数据将填充至B2开始的单元格中。

第 18 章　页面设置与打印

本章将介绍Excel中的页面设置与打印功能，包括如何进行打印设置、调整页眉页脚以及优化页面布局。您将学会如何确保打印输出效果专业且美观，提升文档的呈现质量。

第1节　打印设置

本节详解Excel打印设置，助您优化打印效果，确保文档清晰、专业，提升工作效率，使打印输出更加符合需求。

技巧105　如何设置工作表的打印区域？

技巧难度：▭▭▭　简单

如果直接使用打印功能对工作表进行打印，默认将打印当前活动工作表中的所有区域。如果工作表中有些是原始数据区域，有些是中间表、临时表等，不希望被打印，应当如何设置呢？

例如在工作表"2022级法律专业学生期末成绩分析表"中，右侧统计信息、底部汇总信息不想被打印出来。

步骤①　使用鼠标选择希望设置为打印区

域的单元格范围，例如A1:L102，这些选定的单元格即将被打印。点击"页面布局"选项卡，在"页面设置"组中，点击"打印区域"按钮，从下拉菜单中选择"设置打印区域"。

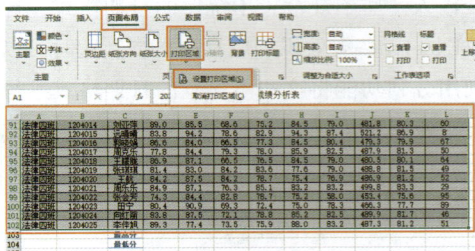

步骤②　所选择的单元格范围将有一个灰色边框，表示这是设置的打印区域。而虚线代表分页框，根据当前的纸张设置，将在虚线处分页。

步骤③　可以在"文件"选项卡中，选择"打印"，在打开的打印预览中查看打印区域是否设置正确。

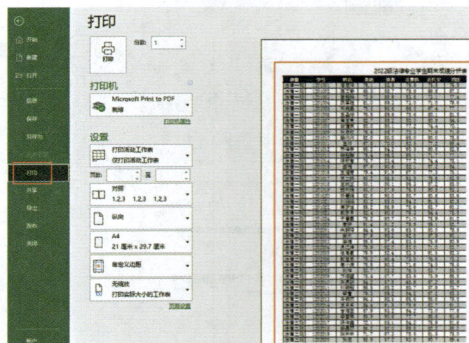

步骤④　如果需要更改打印区域，可以重复上述步骤，选择并设置新的打印区域。

步骤⑤　如果想清除打印区域，可以在"页面布局"选项卡中点击"打印区域"按钮，然后选择"取消打印区域"。

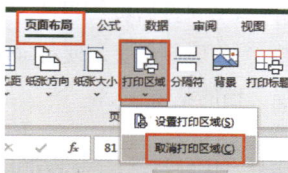

技巧106　如何在每一页都打印标题行？

技巧难度： ■■■ 简单

如果表格的行数过多，一页纸打印不下，Excel将自动跨页打印。而从第2页开始，默认情况下只有数据，没有标题行信息，这将给表格内容的阅读带来不便。如何在每一页的顶端都打印标题行呢？

例如在工作表"2022级法律专业学生期末成绩分析表"打印预览中，第2页以后的表格没有标题行。

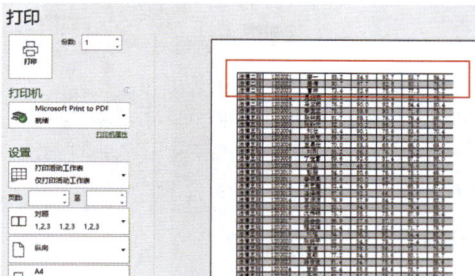

步骤①　点击"页面布局"选项卡，在"页面设置"组中，点击"打印标题"按钮。

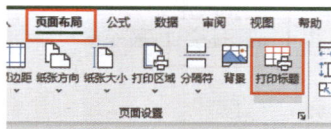

步骤②　在弹出的"页面设置"对话框中，点击"工作表"选项卡，将光标放在"顶端标题行"右侧的文本框中，然后使用鼠标移到工作表中的标题行区域，光标将变成向右

黑色箭头，例如标题在第2行，则点击行号"2"。

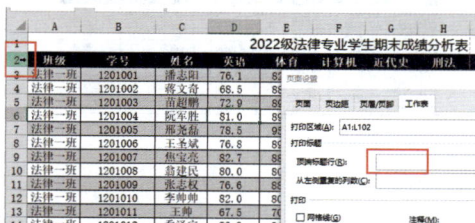

步骤③　将自动填入"$2:$2"，表示第2行将作为每页的标题行。

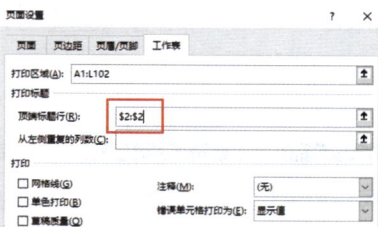

步骤④　点击"确定"按钮，确认并应用设置。可以在"文件"选项卡中，选择"打印"，在打开的打印预览中查看打印区域是否设置正确。

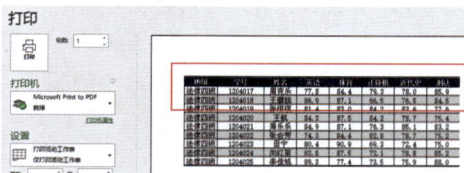

技巧107　如何将工作表调整为一页打印？

技巧难度： ■■■ 简单

如果工作表中的行或者列比较多，默认情况下将跨页打印。如果想压缩到一页纸中进行打印，则需要调整所有的行高和列宽，以便在一页纸中可以容纳所有行和列。但是这样的操作比较麻烦。有没有简便的方法呢？

例如将工作表"2022级法律专业学生期

末成绩分析表"的所有列调整在同一页。

步骤① 点击"页面布局"选项卡，在"调整为合适大小"组中将"高度"和"宽度"设置为"1页"。

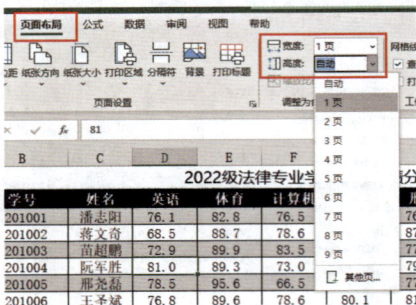

步骤② 可以在"文件"选项卡中，选择"打印"，在打开的打印预览中查看页面设置是否设置正确。

步骤③ 如果只想将所有列放在同一页中，则只设置"宽度"为"1页"；如果只想将所有行放在同一页中，则只设置"高度"为"1页"。Excel将进行自动缩放，需要注意的是，需确保缩放后打印出来，内容仍能够进行清晰阅读。

步骤④ 根据页面需要，可将页边距设置为"窄页边距"，使得所有列显示效果更好。

第2节　页眉页脚设置

本节介绍Excel页眉页脚设置，助您个性化文档外观，提升专业度，使打印输出更加规范，增强文档的整体美感。

技巧108 如何为工作表添加自定义页眉？

技巧难度： ▮▮▮▯▯▯ 简单

在Excel中进行工作表的打印时，也可以为打印出的工作表添加页眉，使其更能说明内容。如何添加页眉呢？

例如要在工作表"2022级法律专业学生期末成绩分析表"中设置页眉。

步骤① 点击"页面布局"选项卡，点击"页面设置"组右下角的小箭头按钮。

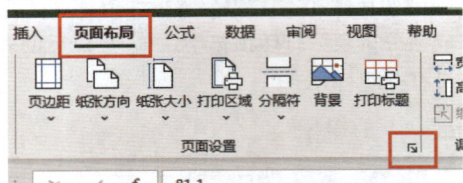

步骤② 在弹出的"页面设置"对话框中，切换到"页眉/页脚"选项卡，点击"自定义页眉..."按钮。

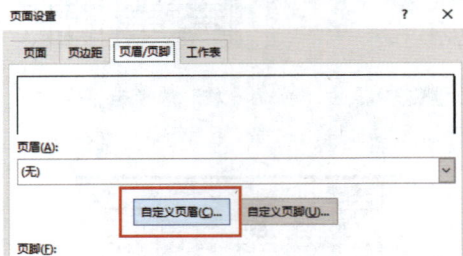

步骤③ 在弹出的"页眉"对话框中，在编辑框中输入需要自定义的内容，例如在中间的编辑框中输入"办公技巧"，点击"确定"按钮。

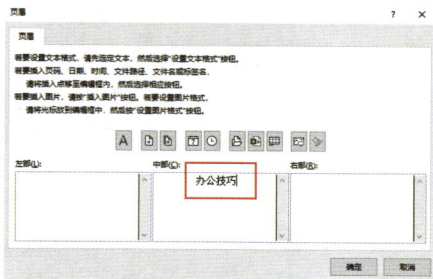

步骤④ 可以在"页面设置"对话框下部点击"打印预览"按钮。

步骤⑤ 在打印预览中查看页眉设置是否正确。

技巧109 如何为工作表添加页码？

技巧难度： ▨▨▨ 简单

页码一般在页面底部，在Excel中也可以为打印的工作表设置页码。如何进行添加呢？

例如要在工作表"2022级法律专业学生期末成绩分析表"中设置页码。

步骤① 点击"页面布局"选项卡，在"页面设置"组中点击右下角的小箭头按钮。

步骤② 在打开的"页面设置"对话框中，选择"页眉/页脚"选项卡，在"页脚"下拉框中选择一个合适的页脚样式，例如选择"第1页，共？页"的样式，点击"确定"按钮以保存页脚设置。

步骤③ 可以在"文件"选项卡中，选择"打印"，在打开的打印预览中查看页码设置是否设置正确。

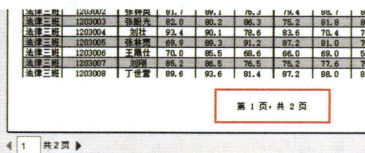

第三篇章 ◀◀◀◀◀◀◀

PowerPoint
使用技巧

PowerPoint 是一款流行的演示软件，其界面友好、功能强大、操作简单，可通过排版、动画、图表等功能展示专业、生动的演示内容，适用于制作演示文稿、幻灯片等各类演示内容，如企业报告、学术演讲、培训课件等，帮助用户有效传达信息和展示想法。

第19章　界面介绍

本章将带您了解Microsoft PowerPoint（以下简称PowerPoint）的界面功能区，包括功能区的各项工具、新建与保存演示文稿的方法、不同的视图模式及其应用，以及如何使用缩放功能进行精准编辑。

第1节　界面功能区

本节讲解PowerPoint界面功能区，助您快速掌握工具布局，提升操作效率，使演示文稿的制作更加流畅。

技巧1　PowerPoint主界面有哪些功能区？

技巧难度： 简单

在PowerPoint的主界面中，主要包含以下几个区域：

1 标题栏位于窗口顶部，显示当前打开的文件名以及应用程序名称。

2 快速访问工具栏位于标题栏的左上角，提供常用命令的快捷方式，如保存、撤销、重做等。

3 功能区（Ribbon）位于标题栏下方，包含多个选项卡，如"文件""开始""插入""设计""切换""动画""幻灯片放映""审阅""视图"等，每个选项卡包含相关的工具和命令。

4 选项卡和命令组位于功能区的不同选项卡内，每个选项卡下的命令进一步分组，便于用户找到所需的工具。例如，"开始"选项卡下有"剪贴板""幻灯片""字体""段落""绘图""编辑"等命令组。

5 幻灯片导航窗格位于主界面的左侧，显示所有幻灯片的缩略图，允许用户快速导航和管理幻灯片。

6 幻灯片编辑区域位于主界面的中央部分，显示当前选中的幻灯片，用户可以在此区域编辑幻灯片的内容和布局。

7 备注窗格位于幻灯片编辑区域的下方，允许用户为当前幻灯片添加备注，这些备注在演示时对观众不可见，但可以作为演讲者的提示。

8 状态栏位于窗口底部，显示当前幻灯片的状态信息，如当前幻灯片号、总幻灯片数、切换视图按钮、缩放滑块等。

9 视图切换按钮位于底部状态栏的右侧，用于切换不同的幻灯片视图模式，例如普通视图、幻灯片浏览视图、阅读视图、幻灯片放映视图。

10 缩放滑块位于底部状态栏的右侧，用于调整幻灯片的显示比例，放大或缩小幻灯片视图。

第2节　新建与保存

本节介绍PowerPoint新建与保存功能，助您高效管理演示文稿，提升工作效率，使创作过程更加顺畅。

技巧2 如何新建、保存演示文稿？

技巧难度： 简单

在PowerPoint中，新建演示文稿的操作如下。

步骤① 打开PowerPoint后，可以看到欢迎界面，在欢迎界面中，点击"空白演示文稿"以创建一个没有任何预设样式的新文件。

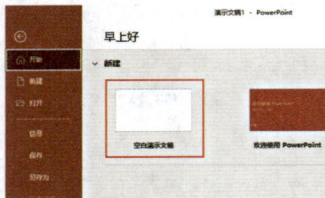

步骤② 进入新建的演示文稿后，默认会有一张空白的幻灯片，要添加更多幻灯片，可以在"开始"选项卡中的"幻灯片"组里，点击"新建幻灯片"按钮，从下拉菜单中选择适合的幻灯片布局，如"标题幻灯片""标题和内容"等。

步骤③ 如果需要保存演示文稿，在菜单栏中，点击"文件"选项卡，选择"保存"或"另存为"，指定文件保存的位置和名称，选择好位置和名称后，点击"保存"按钮完成保存操作。

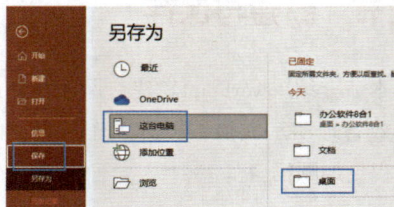

第3节 视图模式与缩放

本节介绍PowerPoint视图模式与缩放功能，助您灵活调整演示布局，提升编辑效率，使展示效果更加精准。

技巧3 PowerPoint有哪些视图模式？

技巧难度： 简单

PowerPoint提供多种视图模式，每种模式都有其特定的用途，帮助用户在不同阶段更好地创建、编辑和演示幻灯片。主要视图模式及其功能如下。

1 普通视图是默认的视图模式，适合幻灯片创建和编辑。该视图包含缩略图窗格、幻灯片窗格和备注窗格三个窗格。

2 幻灯片浏览视图适合对幻灯片的顺序进行重新排列和管理，该视图可以显示所有幻灯片的缩略图，便于快速拖动调整顺序。

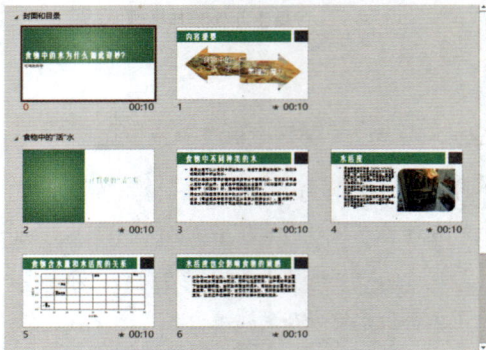

③　阅读视图适合查看幻灯片的最终演示效果，类似于幻灯片放映视图，但不像幻灯片放映那样占用全屏，可以保持菜单和工具栏可见。

④　幻灯片放映视图适合进行实际的演示，幻灯片全屏显示，在该视图下，幻灯片将按顺序自动播放或通过用户控制播放。

⑤　大纲视图用来显示幻灯片文本内容的大纲视图，便于快速编辑文本和组织内容，适合编辑演讲的结构和逻辑顺序。

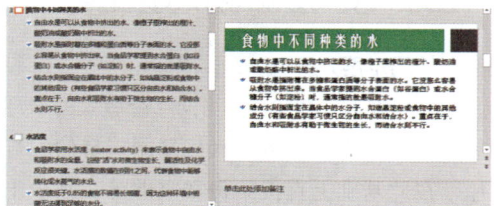

⑥　备注页视图适合为每张幻灯片添加详细备注，便于演讲时使用，该视图将显示每张幻灯片和对应的备注区域。

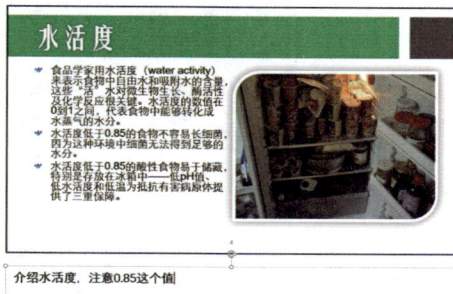

介绍水活度，注意0.85这个值

技巧4　如何选择合适的缩放比例？

技巧难度： 简单

在PowerPoint中，和Word一样可通过调整缩放比例来达到最好的显示效果。

步骤①　在PowerPoint窗口的右下角，可以看到一个缩放滑块和缩放比例显示。拖动滑块可以快速调整缩放比例，滑动到左边缩小，滑动到右边放大。

步骤②　缩放滑块旁边有两个按钮，"−"用于缩小，"+"用于放大。

步骤③　点击右侧的百分比按钮，将打开"缩放"对话框，可以在对话框中输入具体的百分比，如100%、75%或200%，然后点击"确定"。

步骤④　最右侧的按钮为"使幻灯片适应当前窗口"，点击该按钮可以快速使幻灯片充满整个幻灯片编辑区域。一般情况下，动态

改变 PowerPoint 工作区的大小时，当前幻灯片也将实时改变大小，以适应当前的屏幕。当放大或缩小幻灯片时，可利用该按钮来快速将幻灯片调整至最合适的大小。

第 20 章 基本操作

本章将介绍 PowerPoint 的基本操作，包括如何新增幻灯片、进行幻灯片编辑以及排版技巧。您将学会创建和调整演示文稿，提升幻灯片的视觉效果与信息传达效果，为精彩的演示做好准备。

第1节 新增幻灯片

本节详解 PowerPoint 新增幻灯片功能，助您轻松扩展演示内容，提升制作效率，使演讲更加丰富，增强信息的传递效果。

技巧5 如何通过版式新增幻灯片？

技巧难度： ▮▮▮ 简单

在 PowerPoint 中，版式是指预定义的幻灯片结构，它决定一张幻灯片上的文本、图像、图表和其他元素的排列方式。版式可以用来快速创建具有一致外观的演示文稿，同时确保内容的组织和呈现符合专业标准。所以一般通过版式来创建幻灯片，以使外观一致。

步骤① 点击"开始"选项卡，在"幻灯片"组中，点击"新建幻灯片"按钮右侧的小箭头，展开版式选择菜单。

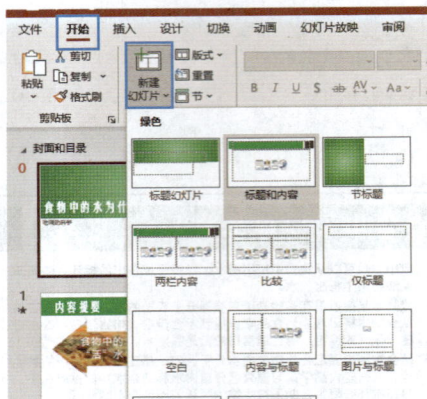

步骤② 在展开的版式菜单中，可以看到多种不同的幻灯片版式，如标题幻灯片、标题和内容、两栏内容等。点击需要的版式，例如"标题和内容"，新的幻灯片将插入到演示文稿中。

步骤③ 新的幻灯片插入后，可以根据需要在相应的占位符中添加文本、图片、图表等内容。

技巧6 如何复制现有幻灯片？

技巧难度： ▮▮▮ 简单

一般在制作 PPT 时，当同一个版式的幻灯片制作出来之后，可以直接复制现有的幻灯片，在此基础上直接编辑文字即可，减少工作量。如何快速复制现有幻灯片呢？

步骤 在左侧的幻灯片缩略图面板中，找到并点击想要复制的幻灯片，使其被选中。右键点击选中的幻灯片，在弹出的菜单中选择"复制幻灯片"。

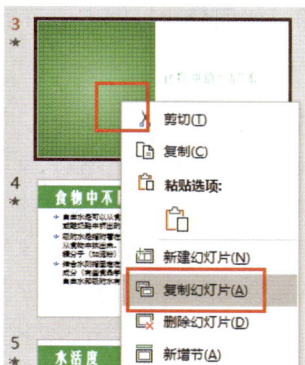

第2节　幻灯片编辑

本节详解PowerPoint幻灯片编辑技巧，助您精准调整内容布局，提升演示质量，使信息传达更加清晰，增强观众的参与感。

技巧7　如何快速选中层叠的目标对象？

技巧难度：▮▮▮▯▯▯▯　简单

在制作幻灯片过程中，当在一张幻灯片中添加过多对象时，对象往往呈交错重叠状态，这时候容易选错对象或者不易选中对象。如何快速选中对象呢？

例如要在演示文稿"日月潭风情"中选中底部的小船，直接点击小船位置，由于上面是文本框，将使光标定位到文本框中，无法选中小船。

步骤①　点击"开始"选项卡，在"编辑"组中点击"选择"按钮，从下拉菜单中选择"选择窗格…"。

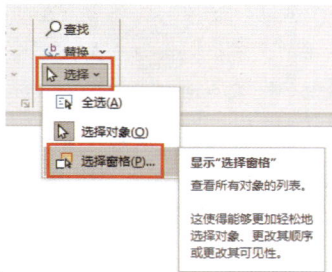

步骤②　在窗口右侧会出现一个"选择"窗格，列出当前幻灯片上的所有对象。在"选择"窗格中，点击需要选中的对象名称即可选中该对象，例如"图片5"。

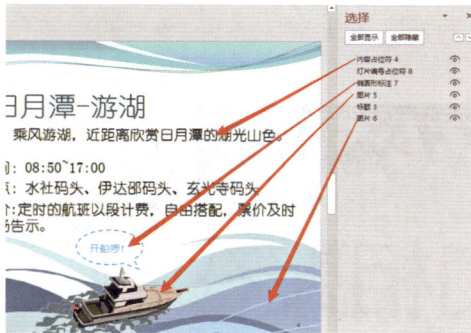

技巧8　如何快速插入带预设格式的文本框？

技巧难度：▮▮▮▯▯▯▯　简单

除了使用版式自带的占位符文本框输入文本外，我们还可以使用默认文本框进行文本的输入。在为一个文本框设置好格式后，如何使后面新增的文本框都沿用这个格式呢？

例如要在演示文稿"日月潭风情"中的封底沿用上面设置好格式的文本框。直接插入文本框默认的是黑色宋体18号字。

步骤① 点击"插入"选项卡，在"文本"组中点击"文本框"按钮，在幻灯片上拖动鼠标绘制一个文本框。

步骤② 选中插入的文本框，输入文字，在"形状格式"（旧版本为"绘图工具－格式"）选项卡中进行相关格式的设置，如字体、颜色、边框、文本框底色等。

步骤③ 右键点击格式化后的文本框，在弹出的菜单中选择"设置为默认文本框"。

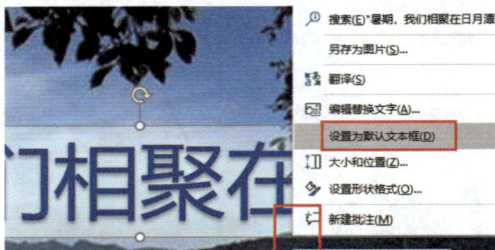

步骤④ 之后新插入的文本框将使用设置的默认格式。

该技巧一般用于正文中的插入的文本框，在设置好字号、字体、颜色之后，设为默认文本框，使得后续新加入的文本框都能沿用这样的设置，达到整体风格的统一。

技巧9 如何禁止根据占位符自动调整字号？

技巧难度： 中等

在版式自带的占位符中输入文本时，系统会根据文本的数量自动调整文本字号，使文本位于占位符内。当输入较多文字、超过占位符的宽度或高度时，文本的字号会变得比较小。如何禁用自动调节字号大小呢？

例如在演示文稿"新员工培训"中，占位符设置的字号是14，但是由于文本框中的文字超过8行，PowerPoint自动将字号缩小到11。

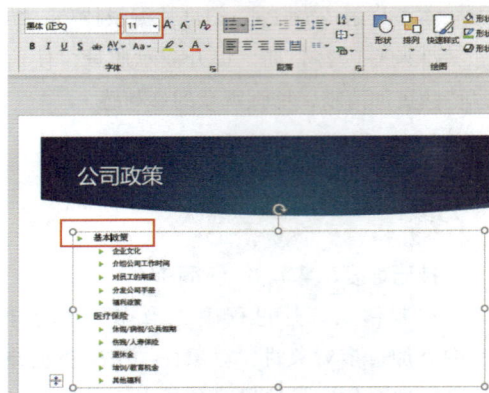

步骤① 点击"文件"选项卡中的"选项"按钮。

步骤②　打开"PowerPoint选项"对话框，单击"校对"选项，在"自动更正选项"一栏中点击"自动更正选项…"按钮。

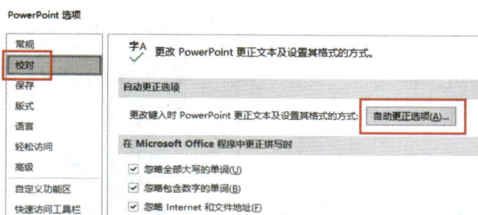

步骤③　在打开的"自动更正"对话框中点击"键入时自动套用格式"选项卡，在"键入时应用"组中取消选中"根据占位符自动调整标题文本"和"根据占位符自动调整正文文本"复选框，点击"确定"按钮。

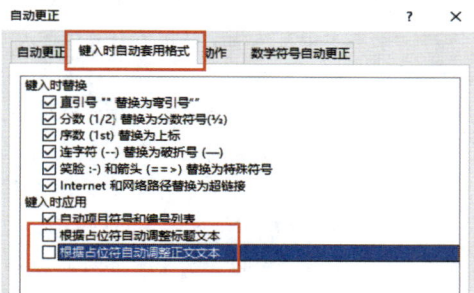

步骤④　在演示文稿中插入同样的"标题和内容"版式，再将内容复制过来，可以看到保持母版中设定的字号14不变，使整体设计风格统一。

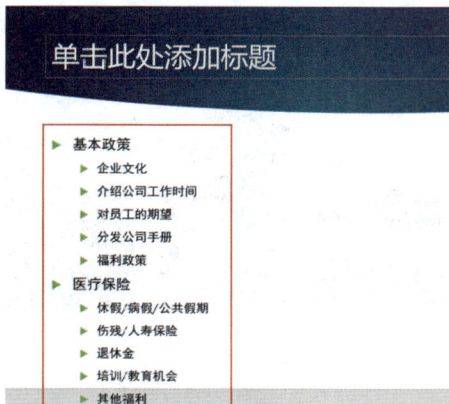

技巧10　如何让文本框中的文本分栏显示？

技巧难度：▇▇▇　简单

由于演示文稿是横向布局，在横向方向上较宽，可容纳下两栏以上的内容。如何对文本框中的字符进行分栏呢？

例如将技巧9中的文本框分两栏显示。

步骤①　点击要进行分栏显示的文本框，使其处于选中状态。点击"开始"选项卡"段落"组"添加或删除栏"下拉按钮，在下拉列表中选择"更多栏…"。

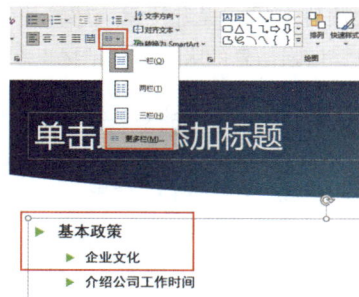

步骤②　在打开的"栏"对话框中，在"数量"文本框中选择要分栏的数目，例如"2"，在"间距"对应文本框内填入栏与栏之间的距离，例如"1厘米"。

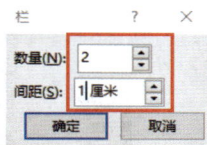

步骤③　点击"确定"即可将文本框中的内容分栏。适当加入换行符，让内容左右排列。

步骤④ 如需取消分栏，再次点击"添加或删除栏"下拉按钮，在下拉列表中选择"一栏"，即可恢复一栏显示。

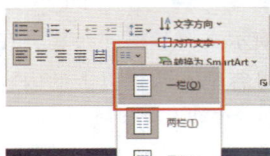

第3节　幻灯片排版

本节介绍PowerPoint幻灯片排版技巧，助您优化内容布局，提升视觉美感，使演示更加专业，增强信息的吸引力和记忆点。

技巧11　如何快速对齐多个对象？

技巧难度： 简单

在制作演示文稿时经常会在同一个幻灯片中插入很多对象，例如文本框、图片等元素，如何快速将它们对齐以使界面更加整齐呢？

例如要在演示文稿"日月潭风情"中将照片进行优化排版。

步骤① 按住Ctrl键的同时，逐个点击要对齐的多个对象，或者通过拖动鼠标框选来选择多个对象。点击"开始"选项卡，在"绘图"组中点击"排列"的下拉按钮，在弹出的菜单中选择"对齐"选项。

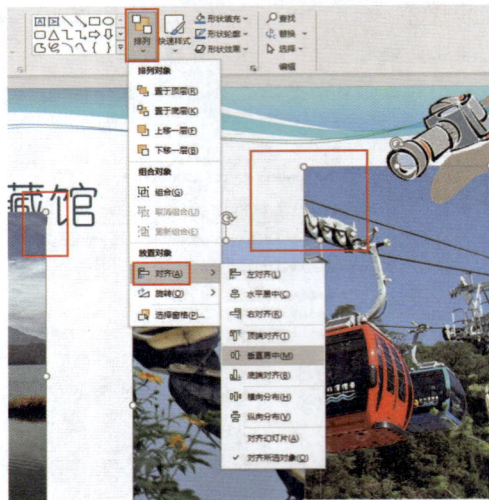

步骤② 可以选择以下对齐方式："左对齐"将选定的所有对象与最左边的对象对齐；"水平居中"将选定的所有对象水平居中对齐；"右对齐"将选定的所有对象与最右边的对象对齐；"顶部对齐"将选定的所有对象与最上边的对象对齐；"垂直居中"将选定的所有对象垂直居中对齐；"底部对齐"将选定的所有对象与最下边的对象对齐；"横向分布"可以在水平轴上均匀分布对象；"纵向分布"可以在垂直轴上均匀分布对象。

步骤③ 例如选择"垂直居中"，再选择"横向分布"，即可在页面中将选定的对象分散对齐。

技巧12　如何让排版、对象对齐更加便捷？

技巧难度：▮▮▮▯▯▯　简单

在PowerPoint中，默认将不显示标尺、参考线和网格线。可以开启这些辅助对齐工具，让对象对齐更加便捷。如何开启呢？

步骤①　点击"视图"选项卡，在"显示"组中，勾选"标尺""网格线"和"参考线"复选框。

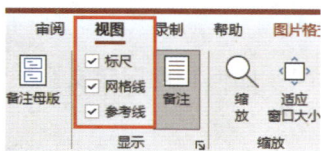

步骤②　幻灯片中将会出现相应的辅助工具，顶部和左侧是标尺，幻灯片中的虚线是网格线，纵向、横向的中线位置是参考线。

步骤③　还可以点击"视图"选项卡，在"显示"组中点击右下角的小箭头，在打开的"网格和参考线"对话框中，对网格密度作详细的设置。

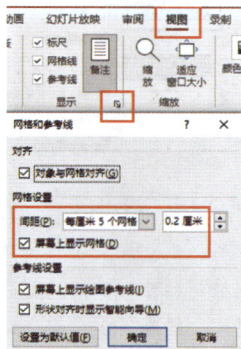

第 21 章　风格设置

本章将介绍PowerPoint中的风格设置，包括如何套用版式、设置母版、选择主题以及设计背景。您将学会如何统一和优化演示文稿的视觉风格，确保每一页都呈现出专业且一致的外观。

第1节　套用版式

本节介绍PowerPoint版式功能，助您快速统一演示风格，提升制作效率，使内容呈现更加一致，增强整体的专业感和视觉冲击力。

技巧13　如何快速给每一张幻灯片添加相同的元素？

技巧难度：▮▮▮▯▯▯　简单

在进行幻灯片制作时，经常需要在每张幻灯片相同位置加入相同的元素，例如LOGO（徽标）、图片等，如果一张张添加的话效率太低，此时可以直接在母版上添加。如何快速操作呢？

例如要在演示文稿"新员工培训"中为每张幻灯片的右下角加上公司LOGO。

步骤①　打开演示文稿，点击"视图"选项

卡，在"视图"组中点击"幻灯片母版"按钮。

步骤② 在幻灯片母版视图中，可以看到多个母版布局。选择最顶部的母版布局，这是主母版，它会影响所有幻灯片。

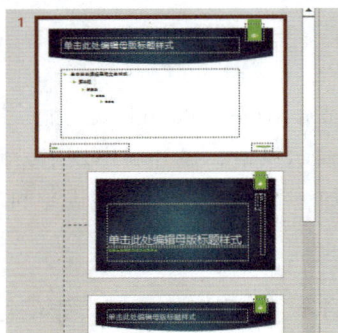

步骤③ 在母版中，可以添加任何希望出现在每一张幻灯片上的元素，例如文本框、图片、背景等。这里插入图片"logo.png"并调整大小、位置。

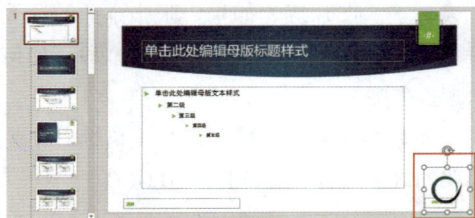

步骤④ 完成所有元素的添加和调整后，点击顶部菜单栏中的"关闭母版视图"按钮，返回到普通视图。

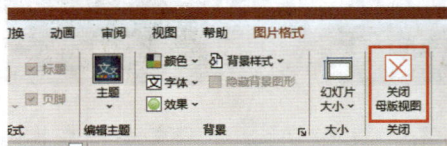

步骤⑤ 该演示文稿中绝大部分的幻灯片都加上了这个LOGO（由于该PPT的特殊性，部分版式并不直接创建自主母版，故小部分幻灯片并不会自动加上，此时在母版中找到对应的版式，粘贴相同的LOGO即可）。

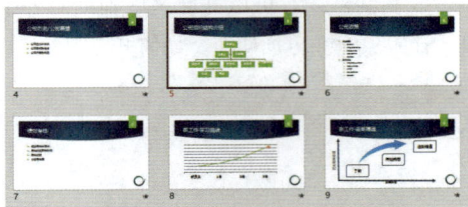

技巧14 如何利用自定义版式快速排版？

技巧难度： ▓▓▓▓▓ **简单**

在幻灯片母版视图中新增自定义版式，可实现利用相同版式进行快速排版。如何自定义版式呢？

例如要在演示文稿"新员工培训"中新建一个"荣誉墙"版式，用来快速排版照片。

步骤① 点击"视图"选项卡，在"母版视图"组中，点击"幻灯片母版"按钮，切换到幻灯片母版视图。

步骤② 右键点击左侧主母版下方的一个版式，在弹出的菜单中选择"插入版式"。

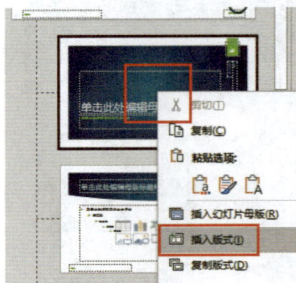

步骤③ 在新插入的版式上，可以添加和设计希望的布局和元素。点击顶部菜单栏中的"插入占位符"按钮，然后选择占位符类型（文本、图片、图表等），在版式上绘制出

占位符的位置和大小。例如选择"图片"，绘制6个大小合适的图片占位符，并对齐排放。

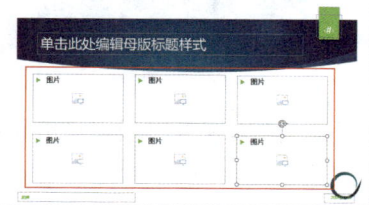

步骤④　右键点击左侧自定义版式的缩略图，选择"重命名版式"。

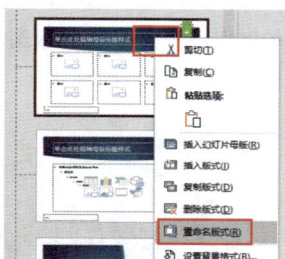

步骤⑤　可以为新版式命名，以便以后快速识别和使用，例如"荣誉墙"。

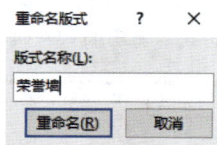

步骤⑥　完成版式的设计后，点击顶部菜单栏中的"关闭母版视图"按钮，返回到普通视图。

步骤⑦　在普通视图中，通过新创建的自定义版式来新建幻灯片，即可实现利用自定义的版式快速排版，添加的图片将整齐规范排列，不用再关心对齐、格式等问题。

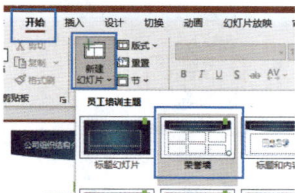

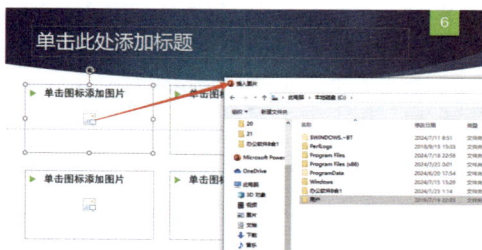

第2节　设置母版

本节详解PowerPoint母版设置技巧，助您统一幻灯片风格，提升制作效率，使演示更具专业感，增强品牌形象和信息传达的一致性。

技巧15　如何使用母版统一演示文稿的主题风格？

技巧难度：　　中等

在设计演示文稿时，有效使用母版有助于确保演示文稿的整体一致性和效率。母版是一个特殊的幻灯片，定义了整个演示文稿的全局样式和格式。如何使用母版进行设计呢？

例如要在新建的演示文稿中设计一个母版。

步骤①　新建一个空白演示文稿，点击"视图"选项卡，在"视图"组中点击"幻灯片母版"按钮。

步骤②　在幻灯片母版视图中，可以看到多个母版布局。选择最顶部的母版布局，这是主母版，它会影响所有幻灯片。

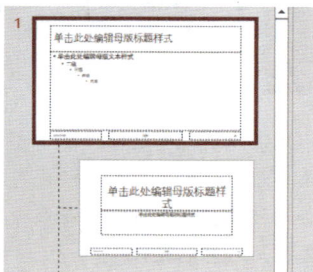

步骤③ 在"幻灯片母版"选项卡中，在"编辑主题"组中，可以选择一个现有的主题，或者点击"更多主题"来浏览和应用更多的主题选项，选择一个主题后，所有的幻灯片都会应用这个主题的样式，例如选择"切片"。

步骤④ 在母版中，可以添加任何希望出现在每一张幻灯片上的元素，例如文本框、图片、背景等。

步骤⑤ 通过"幻灯片母版"选项卡"背景"组中的"颜色""字体""效果"等下拉按钮对母版进行设置。

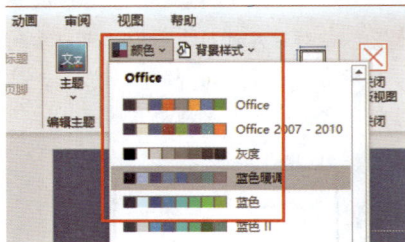

步骤⑥ 完成所有元素的添加和调整后，点击顶部菜单栏中的"关闭母版视图"按钮，返回到普通视图，即可利用该母版中的不同版式来进行幻灯片的设计。

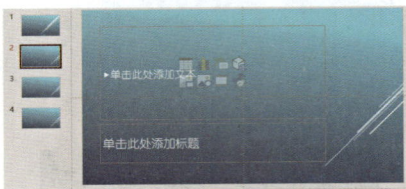

技巧16 如何恢复母版中被删除的占位符？

技巧难度： 中等

在进行幻灯片母版编辑时，如果因为误操作将占位符删除了，能否找回来呢？

例如在技巧15中在进行母版编辑时不慎将占位符删除，需要将其恢复。

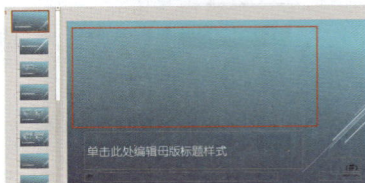

步骤① 先切换到幻灯片母版视图，选中要恢复的母版幻灯片，单击"幻灯片母版"选项卡"母版版式"组中的"母版版式"。

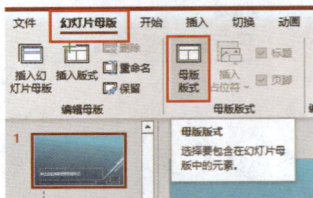

步骤② 在弹出的"母版版式"对话框中，勾选需恢复的"文本"占位符的复选框，点击"确定"按钮即可。

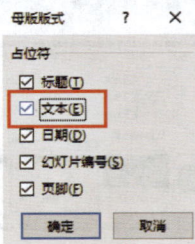

步骤③　被删除的占位符即可恢复。

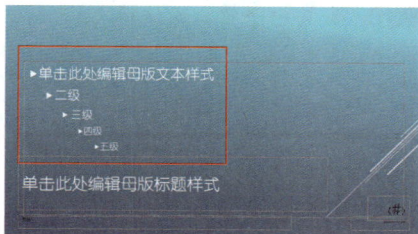

技巧17　如何在母版版式中插入占位符?

技巧难度：　中等

占位符是提供预设的区域，用于插入特定类型的内容，如文本、图片、图表、表格和其他多媒体元素。占位符是幻灯片布局的一部分，帮助用户轻松、快速地组织和格式化演示文稿内容。如何添加占位符呢?

例如要在新建的演示文稿中的"空白版式"中插入文本占位符。

步骤①　切换到幻灯片母版视图，在左侧选择需要添加占位符的版式，例如"空白版式"。点击"幻灯片母版"选项卡，在"母版版式"组中点击"插入占位符"下拉按钮。

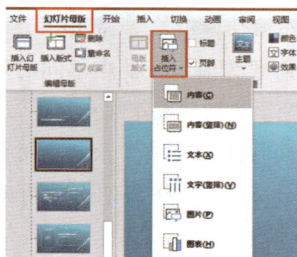

步骤②　从下拉菜单中选择需要的占位符类型，选择"文本"占位符以插入一个文本占位符，或者选择"图片"占位符以插入一个图片占位符。例如选择"文本"。

步骤③　选择占位符类型后，在母版版式上点击并拖动鼠标，绘制出占位符的大小和位

置，再根据需要调整占位符的大小和位置。

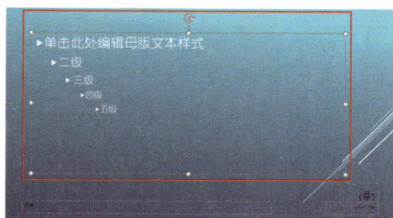

步骤④　插入占位符后，可以进一步调整其属性。点击选择占位符，然后使用"格式"标签来调整字体、颜色、对齐方式等属性。

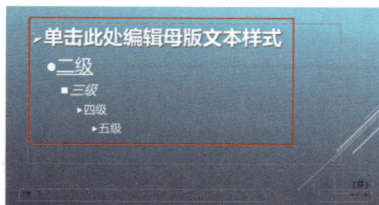

步骤⑤　完成占位符的插入和调整后，关闭母版视图，返回普通视图。

技巧18　如何删除多余的版式?

技巧难度：　简单

在母版视图中，默认会创建很多版式，如果某些版式不需要使用，可以将其删除，以免选择起来麻烦。如何删除呢?

例如要在新建的演示文稿中删除"名片"版式。

步骤　切换到幻灯片母版视图，在左侧找到需要删除的版式，例如"名片"，右击该版式，在弹出的菜单中选择"删除版式"，即可删除对应的版式。

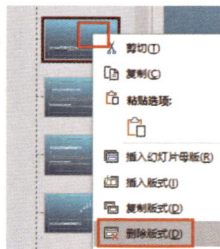

技巧19　如何更改幻灯片的版式？

技巧难度：▬▬▬▬　简单

新建演示文稿后，第一张幻灯片默认将套用"标题幻灯片"版式，后面新增的幻灯片为"标题和内容"版式。如何更改版式呢？

步骤　在左侧的幻灯片缩略图窗格中，点击选择想要更改版式的幻灯片，点击"开始"选项卡，在"幻灯片"组中点击"版式"下拉按钮，在弹出的列表框中选择其他版式，如"竖排标题与文本"。

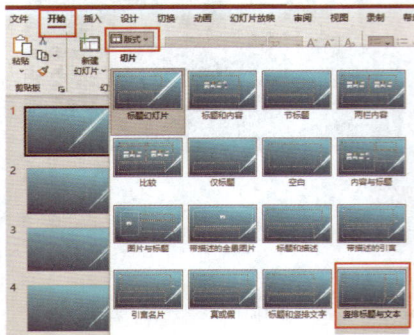

第3节　主题和背景

本节详细介绍PowerPoint主题和背景设置，助您打造独特视觉风格，提升演示吸引力，使内容更加突出，增强观众的视觉体验和记忆深度。

技巧20　如何应用幻灯片主题？

技巧难度：▬▬▬　简单

主题是一组预定义的设计元素和格式样式，用于统一演示文稿的外观。它包括颜色、字体、效果和背景样式等，这些元素共同作用，为整个演示文稿创建一致的视觉风格。如何应用主题呢？

例如要在新建的演示文稿中应用"地图集"主题。

步骤①　新建一个空白的演示文稿，点击"设计"选项卡，点击"主题"组中的下拉按钮。

步骤②　将鼠标悬停在某个主题上，在右侧的幻灯片预览窗格中可以看到该主题的实时预览效果。点击喜欢的主题，例如"地图集"，即可将其应用到整个演示文稿中。

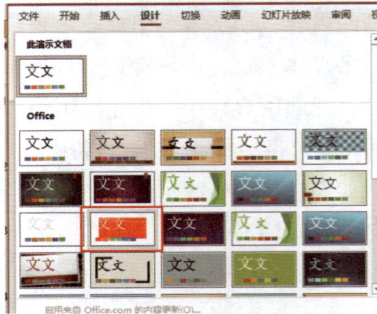

技巧21　如何在同一演示文稿中应用不同主题？

技巧难度：▬▬▬　简单

如果需要为演示文稿中不同的章节应用不同的主题，该如何操作呢？

例如要在演示文稿"永定土楼介绍"中将"代表建筑"部分6张幻灯片更改为"环保"主题。

步骤①　在左侧的缩略图窗格中，选择想要应用主题的幻灯片。可以按住Ctrl键来选择多个幻灯片，或者按住Shift键来选择连续的一组幻灯片。点击"设计"选项卡，点击"主题"组中的下拉按钮。

步骤②　右键点击想要应用到选定幻灯片的主题，例如"环保"，然后选择"应用到选定幻灯片"。这将把所选主题仅应用到选择的幻灯片上。

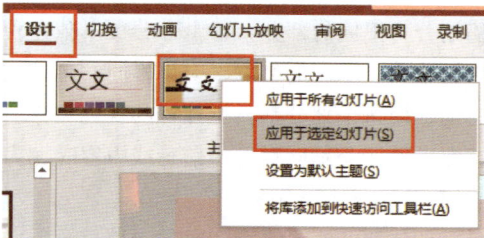

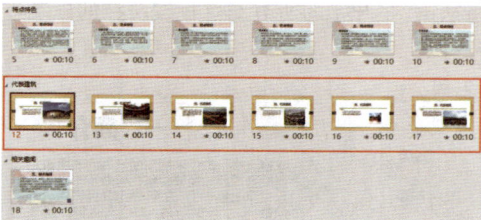

技巧22　如何给幻灯片设置图片背景？

技巧难度：▭▭▭▭▭　简单

默认创建的幻灯片背景为白色，效果比较单调，可以为幻灯片设置图片背景。如何实现呢？

例如要在新建的演示文稿中将背景图片设置为"bg.png"。

步骤①　点击"设计"选项卡，点击"自定义"组中的"设置背景格式"按钮。

步骤②　在右侧打开的"设置背景格式"窗格，在"填充"组中选中"图片或纹理填充"单选按钮，点击"插入…"按钮。

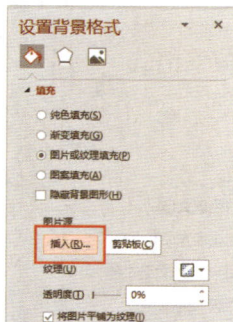

步骤③　在弹出的"插入图片"窗口中，点击"来自文件"。

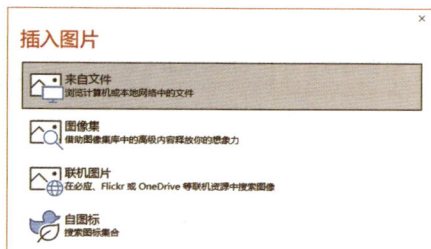

步骤④ 在打开的"插入图片"对话框中，选择合适的图片，点击"插入"按钮，即可将图片应用为当前幻灯片的背景。

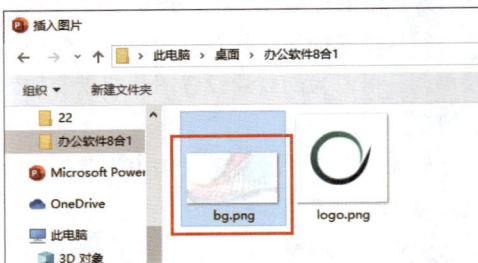

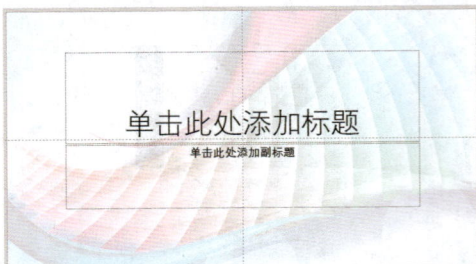

步骤⑤ 如需将该图片应用到整个演示文稿，可点击"设置背景格式"下方的"应用到全部"按钮。

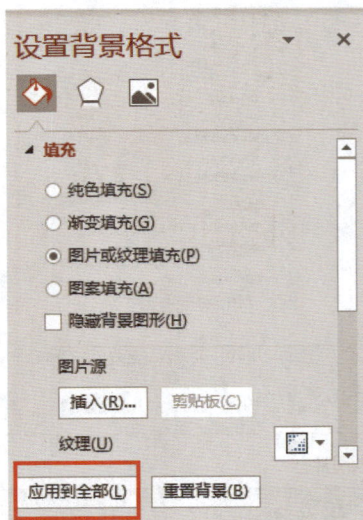

第22章　内容组织

本章将介绍PowerPoint中的内容组织方法，包括如何进行分节设置和页面设置。通过学习这些技巧，您将能够有效地分类和管理演示文稿的内容，优化信息的逻辑结构和呈现方式，使您的演示更具条理性和专业性。

第1节　分节设置

本节详解PowerPoint分节设置功能，助您高效组织幻灯片内容，提升演示逻辑性，使信息层次分明，增强观众的导航体验和理解深度。

技巧23 如何对幻灯片进行分节？

技巧难度： ▮▮▮ 简单

PowerPoint的分节功能允许用户将演示文稿划分为不同的部分，每个部分可以独立管理和编辑。不同的节可以应用不同的主题或布局，使每个部分都具有独特的视觉风格。这在需要区分不同类型的信息或内容时尤为有用。如何进行分节呢？

例如要在演示文稿"永定土楼介绍"中将从第2张开始的所有幻灯片按所在的标题进行分节。

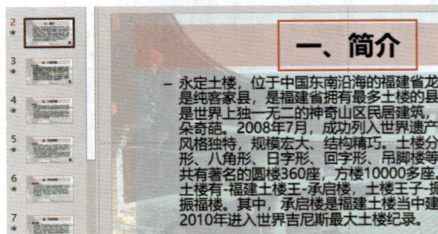

步骤①　在左侧的缩略图窗格中，选择想要开始创建新节的幻灯片，例如第2张，右击该幻灯片，选择"新增节"。

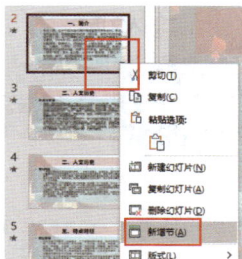

步骤②　这样会在选中的幻灯片前插入一个新的节，该幻灯片之后的所有幻灯片将自动归为该节。

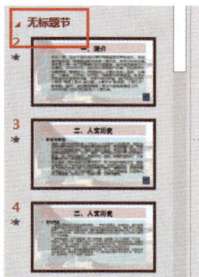

步骤③　重复上述步骤，可为其他幻灯片进行分节。可切换到幻灯片浏览视图中清晰看到分节结果。

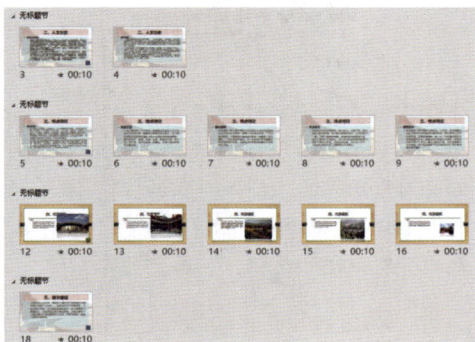

技巧24　如何对节进行重命名？

技巧难度： ▮▮▮▮▯ 简单

新添加的节默认命名为"无标题节"，

如何起一个有意义的名称呢？

例如要在演示文稿"永定土楼介绍"中为新建的节重命名为各自小节的标题。

步骤①　右键点击节的名称，然后选择"重命名节"。

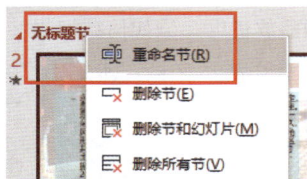

步骤②　在弹出的"重命名节"对话框中，输入一个描述性的名称，然后点击"重命名"按钮。

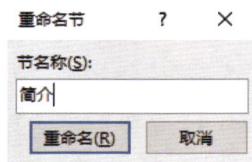

步骤③　切换到幻灯片浏览视图中确认分节及重命名的结果。

第2节　页面设置

本节详解PowerPoint页面设置技巧，助您优化幻灯片布局，提升演示专业度，使内容更符合展示需求，增强观众的视觉舒适度和信息接收效率。

技巧25 如何在幻灯片上插入页码？

技巧难度： 简单

在幻灯片中加入页码元素，可以在进行幻灯片放映的时候，使观众或自己能及时了解当前的播放进度。该如何添加呢？

例如要在演示文稿"永定土楼介绍"中添加页码。

步骤① 切换到幻灯片母版视图，点击"插入"选项卡，在"文本"组中点击"页眉和页脚"。

步骤② 在打开的"页眉和页脚"对话框中，在"幻灯片"选项卡下，勾选"幻灯片编号"复选框，点击"全部应用"按钮。

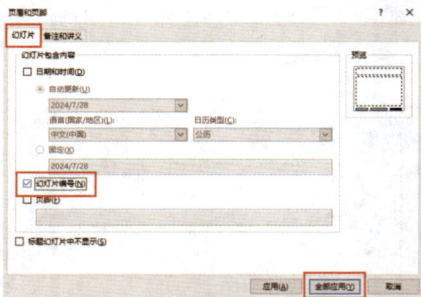

步骤③ 如果希望页码不出现在标题幻灯片上，可以勾选"标题幻灯片中不显示"选项。

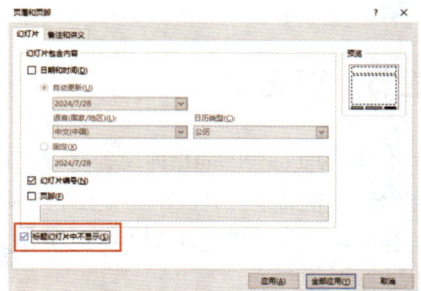

步骤④ 关闭母版视图，即可在除了标题幻灯片以外的其他幻灯片中，在母版的指定位置添加页码。

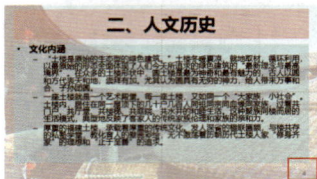

步骤⑤ 可在母版视图中，为该页码占位符设置好格式，如底色、字体字号、颜色等。

技巧26 如何让幻灯片页脚的日期和时间自动更新？

技巧难度： 简单

可以在幻灯片页脚位置显示当前的日期和时间，还可以使日期和时间自动更新，如何插入呢？

例如要在演示文稿"永定土楼介绍"中添加自动更新的日期和时间。

步骤① 切换到幻灯片母版视图，点击"插入"选项卡，在"文本"组中点击"日期和时间"按钮。

步骤② 在打开的"页眉和页脚"对话框中，在"幻灯片"选项卡下，勾选"日期和时间"复选框，选中"自动更新"单选按钮，在日期和时间格式下拉菜单中，选择喜欢的日期和时间格式。

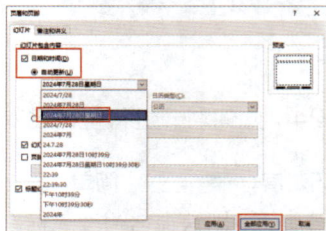

步骤③　点击对话框底部的"全部应用"按钮应用更改，并为占位符设置格式，关闭母版视图，即可看到为幻灯片添加自动更新的日期和时间页脚。

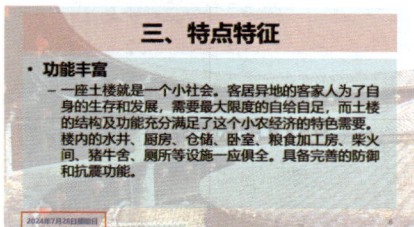

技巧27　如何在幻灯片上插入自定义的页脚？

技巧难度：　简单

在幻灯片的页脚位置，除了插入页码、日期时间外，还可以加入自定义的信息，如公司名称、方案名称等。如何做到呢？

例如要在演示文稿"永定土楼介绍"中添加"办公旅游公司"。

步骤①　切换到幻灯片母版视图，点击"插入"选项卡，在"文本"组中点击"页眉和页脚"。

步骤②　在打开的"页眉和页脚"对话框中，在"幻灯片"选项卡中，在"页脚"文本框中，输入想要显示在页脚中的文本，例如"办公旅游公司"。如果不希望页脚出现在标题幻灯片上，可以勾选"标题幻灯片中不显示"选项。

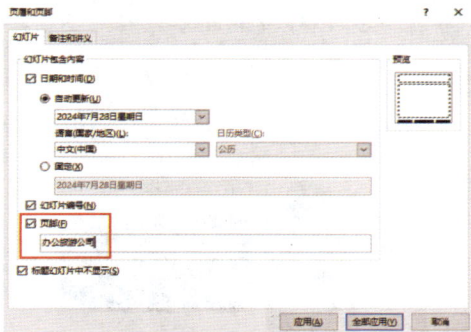

步骤③　点击"全部应用"按钮，将自定义页脚应用到所有幻灯片。

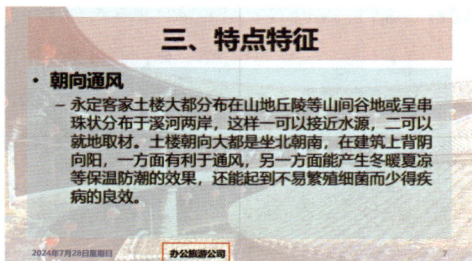

第23章　多媒体应用

本章将介绍PowerPoint中的多媒体应用，涵盖如何插入和编辑音频、视频等元素。通过掌握这些技巧，您将能够为演示文稿增添动态效果和丰富的视听体验，提升观众的兴趣和参与度，使您的演示更加生动有趣。

第1节　音频及设置

本节介绍PowerPoint音频及设置技巧，助您丰富演示多媒体元素，提升观众听觉体验，使内容更加生动有趣，增强信息的传达效果和记忆深度。

技巧28　PowerPoint支持哪些格式的音视频？

技巧难度：　简单

PowerPoint支持多种格式的音频和视频文件，可以在演示文稿中插入和播放多媒体内容。其支持的音频和视频格式如下。

支持的音频格式有MP3、WAV、WMA、MIDI、AAC等，支持的视频格式有MP4、WMV、AVI、MPEG、ASF等。

请注意，某些格式在不同版本的PowerPoint中可能支持情况有所不同，建议使用最新版本的PowerPoint以获得最佳兼容性。

技巧29 如何插入多媒体文件？

技巧难度： ▮▮▮▮▭▭▭ 简单

适当添加声音及视频文件，可以使演示文稿增色不少。如何添加呢？

例如要在演示文稿"永定土楼介绍"的第一张幻灯片中插入音频"清晨.mp3"。

步骤① 选择要插入多媒体文件的幻灯片，点击"插入"选项卡，在"媒体"组中，点击"音频"按钮，从下拉菜单中选择"PC上的音频..."。

步骤② 在弹出的"插入音频"对话框中找到并选择想要插入的音频文件，然后点击"插入"。

步骤③ 音频文件插入到幻灯片后，将显示一个音频图标，可以拖动这个图标调整它的位置。

例如要在演示文稿"圣法兰西斯与世界动物日"的最后一张幻灯片中合适位置插入视频"动物相册.wmv"。

步骤④ 除了通过菜单插入视频，还可以直接在内容占位符中进行视频插入。浏览指定的幻灯片，点击占位符中的"插入视频文件"按钮，选择指定文件。

步骤⑤ 视频插入到幻灯片后，可以拖动视频框调整它的位置和大小。

步骤⑥ 选中视频框，在顶部菜单栏上点击"播放"选项卡。可以点击"播放"来预览视频，也选择视频的播放选项，例如自动播放、单击播放、循环播放等。

技巧30　如何调节多媒体的音量大小？

技巧难度： ▮▮▮▯▯▯▯ 简单

往演示文稿中插入音频后，如果不进行音量设置，在播放时声音可能会比较突兀，如何进行音量大小的调节呢？

例如要在演示文稿"永定土楼介绍"中将新插入的音频"清晨"音量调整为原来的一半。

步骤　点击幻灯片中的音频图标，确保音频处于选中状态，在下方将出现一个播放控制条，将鼠标移至小喇叭形状的按钮上，点击，即可在弹出的音量条中拖动滑块调整音量大小。

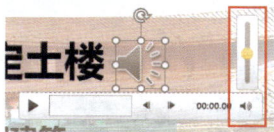

技巧31　如何在放映时隐藏声音图标？

技巧难度： ▮▮▮▯▯▯▯ 简单

在插入音频后，将在当前的幻灯片中显示一个声音图标来指示该音频。如何在放映时隐藏这个图标呢？

例如要在演示文稿"永定土楼介绍"中隐藏新插入的"清晨"声音图标。

步骤①　点击音频图标，点击"播放"选项卡，在"音频选项"组中勾选"放映时隐藏"复选框。

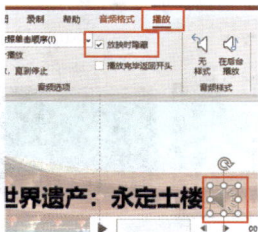

步骤②　这样在放映幻灯片时，声音图标将不会显示。

技巧32　如何让音乐贯穿整个演示文稿？

技巧难度： ▮▮▮▯▯▯▯ 简单

在一张幻灯片中插入音频后，音频将只在所在幻灯片中进行播放，在切换到其他幻灯片时将自动停止播放。如何让音频作为整个演示文稿的背景音乐呢？

例如要在演示文稿"永定土楼介绍"中将新插入的"清晨"设为背景音乐。

步骤　通常将音频插入到第一张幻灯片，选中音频图标，点击"播放"选项卡，在"音频选项"组中，将"开始"设为"自动"，这样音乐可以自动开始播放。勾选"跨幻灯片播放"选项，这样音乐会在幻灯片切换时继续播放。勾选"循环播放，直到停止"选项，这样音乐会在整个演示过程中不断重复播放，直到手动停止或演示结束。

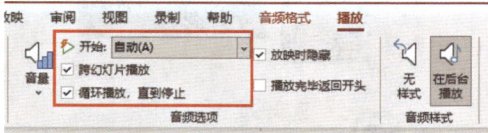

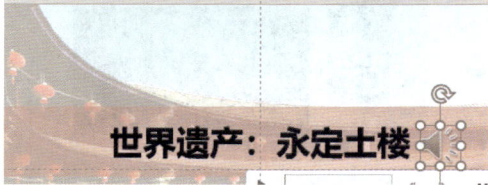

第2节　视频及设置

本节详解PowerPoint视频及设置技巧，助您增强演示的视觉冲击力，提升多媒体互动性，使内容更加生动直观，增强观众的参与感和记忆持久度。

技巧33　如何指定多媒体开始播放位置？

技巧难度： 简单

在插入视频后，可以指定视频的开始播放位置，以便在演示过程中精准控制播放起点。如何设置呢？

例如要为演示文稿"圣法兰西斯与世界动物日"中新插入的视频"动物相册"添加书签。

步骤①　点击幻灯片中的视频对象，使其处于选中状态，视频下方将出现一个播放控制条，点击进度条中需标记的地方，点击"视频工具/播放"选项卡，在"书签"组中点击"添加书签"按钮，即可为视频添加书签，在进行幻灯片放映时，可以快速定位到该书签位置进行播放。

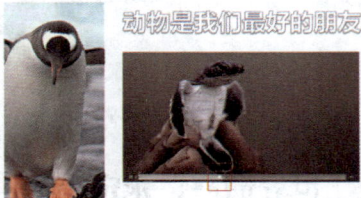

步骤②　添加书签后，如果想要删除，先选中书签，然后点击"视频工具/播放"选项

卡，在"书签"组中点击"删除书签"按钮，即可删除书签。

技巧34　如何设置视频封面显示的画面？

技巧难度： 简单

在插入视频之后，视频封面默认显示为视频的第1帧画面。如果想设置成其他自定义画面，该如何操作呢？

例如要为演示文稿"圣法兰西斯与世界动物日"中新插入的视频"动物相册"改变视频初始显示封面。

步骤①　点击需要设置封面的视频，点击"播放"按钮播放视频。在想要设为封面的画面上点击"暂停"按钮。

步骤②　在"视频格式"选项卡中，在"视频选项"组中点击"海报框架"下拉按钮，再点击"当前帧"，即可将当前暂停的视频帧设为视频的封面。也可以选择一张图片文件作为视频的封面。

技巧35　如何直接对视频进行裁剪？

技巧难度： ▇▇□□□□ 简单

在插入视频之后，如果不想播放整个视频，而只想播放其中一部分，该如何进行裁剪呢？

例如要在演示文稿"圣法兰西斯与世界动物日"中将新插入的视频"动物相册"时长裁剪为30秒。

步骤①　点击幻灯片中的视频对象，点击"播放"选项卡，在"编辑"组中点击"剪裁视频"按钮。

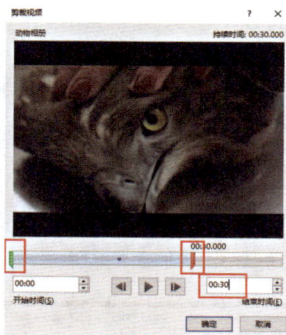

步骤②　在弹出的"剪裁视频"对话框中，拖动左右滑块来调整视频的长度，或者直接在"开始时间"和"结束时间"对应文本框中输入数值，然后点击"确定"按钮保存裁剪设置。

技巧36　如何让视频全屏播放？

技巧难度： ▇▇▇□□□ 中等

在幻灯片中插入的视频，在放映时默认只会以设定好的对象大小框中播放。如果想要进行全屏播放，该如何设置呢？

例如要在演示文稿"圣法兰西斯与世界动物日"中将新插入的视频"动物相册"设为全屏播放。

步骤　点击视频，点击"播放"选项卡，在"视频选项"组中，勾选"全屏播放"复选框即可。

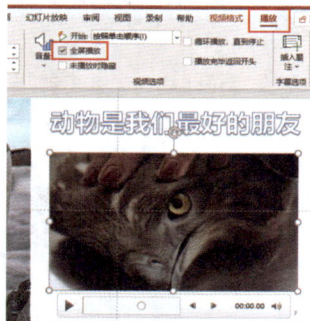

技巧37　如何在切换幻灯片时自动播放视频？

技巧难度： ▇▇▇□□□ 中等

插入的视频一般是通过手动点击进行播放。如果想要切换到该张幻灯片时自动播放，应该如何设置呢？

例如要在演示文稿"圣法兰西斯与世界动物日"中将新插入的视频"动物相册"设为自动播放。

步骤 点击视频，点击"播放"选项卡，在"视频选项"组中，点击"开始"下拉菜单，从下拉菜单中选择"自动"。视频将在切换到该幻灯片时自动开始播放。

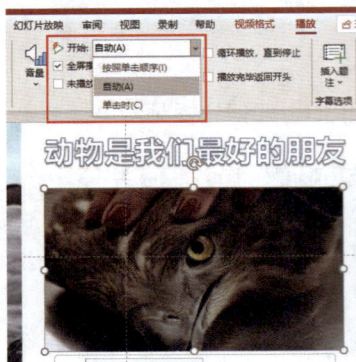

第 24 章 用户交互

本章将介绍PowerPoint中的用户交互功能，包括如何设置超链接和动作按钮。运用这些技巧，您将能够创建互动性强的演示文稿，引导观众更深入地参与和探索内容，提升演示的吸引力和实用性。

第1节 超链接

本节详解PowerPoint超链接技巧，助您实现幻灯片间的无缝跳转，提升演示的互动性和导航效率，使内容更加连贯，增强观众的参与感和信息获取的便捷性。

技巧38 如何添加超链接？

技巧难度： ▉▉▉ 简单

为幻灯片页面中的对象设置超链接，在进行演示时通过点击，可以打开对应的网站。如何做到呢？

例如要在演示文稿"永定土楼介绍"首页中将文字"世界遗产：永定土楼"链接到其官方网站http://www.tulou.com.cn/。

步骤① 在幻灯片中，可以选择文本、图片、形状或其他对象。例如，选中希望添加超链接的文本框。点击"插入"选项卡，在"链接"组中，点击"链接"按钮。

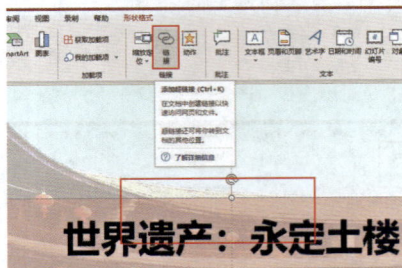

步骤② 在弹出的"插入超链接"对话框中，根据需要选择不同的超链接选项，例如选择"现有文件或网页"来链接到外部文件或网页。在"地址"文本框中输入目标URL，例如"http://www.tulou.com.cn/"。

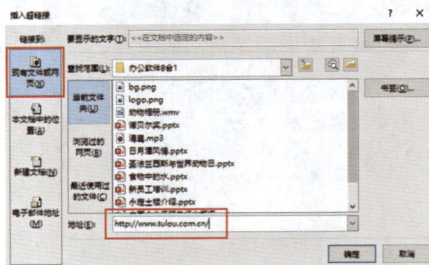

步骤③　点击"屏幕提示…"按钮，打开"设置超链接屏幕提示"对话框，在"屏幕提示文字"对应文本框内输入提示文字"查看官网"，点击"确定"按钮。

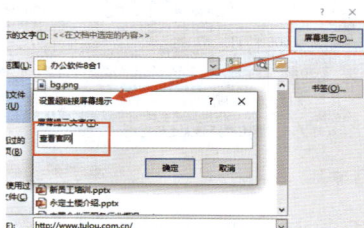

步骤④　完成超链接设置后，点击"确定"按钮，保存超链接。在进行幻灯片放映时，将鼠标移动到带超链接的对象上，将显示相应的冒泡提示，点击即可跳转到相应网站。

技巧39　如何制作幻灯片目录页？

技巧难度： ▬▬▬　简单

超链接除了可以链接到外部网站打开外，还可以链接到演示文稿中的某一张幻灯片。可以利用这个功能来制作幻灯片目录页。如何操作呢？

例如要在演示文稿"永定土楼介绍"首页中将不同图形链接到相应幻灯片。

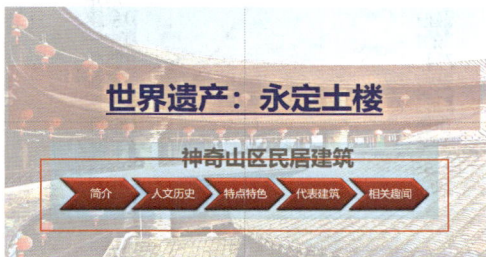

步骤①　在演示文稿中，新建一张幻灯片，在新幻灯片的标题框中，输入"目录"。在内容文本框中，依次列出每个幻灯片标题。或者使用SmartArt工具快速插入形状并输入文字。

步骤②　选中目录中一个标题文本或整个对象，右键点击选中的对象，选择"超链接…"。

步骤③　在弹出的"插入超链接"对话框中，选择"本文档中的位置"。选择对应的幻灯片，点击"确定"。

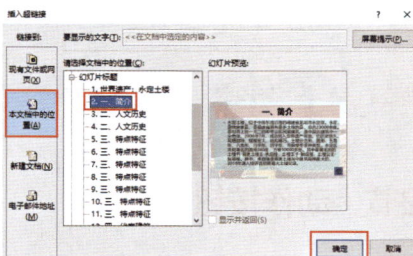

步骤④　对目录中的每个标题重复上述操作，添加超链接。

技巧40　如何修改超链接？

技巧难度： ▬▬▬　简单

随着演示文稿内容的修改，一开始制作好的目录超链接指向的页面可能会失效。如何修改超链接的跳转地址呢？

例如要在演示文稿"永定土楼介绍"首页中将文字"世界遗产：永定土楼"修改链接到中国旅游网http://www.cntour.cn/。

步骤①　右键单击选中的超链接对象，在弹出的菜单中，点击"编辑链接"选项。

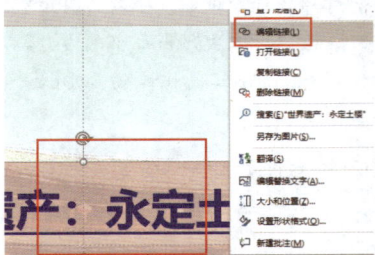

步骤② 在"编辑超链接"对话框中根据需要进行修改，例如点击"现有文件或网页"，输入新的链接位置，例如"http://www.cntour.cn/"。

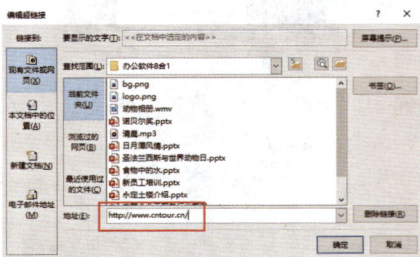

步骤③ 点击"确定"按钮，保存修改。

第2节　动作按钮

本节介绍PowerPoint动作按钮技巧，助您实现幻灯片间的便捷导航，提升演示的互动性和操作性，使内容更加流畅，增强观众的参与感和演示的引导效果。

技巧41　如何利用动作按钮实现幻灯片之间的快速跳转？

技巧难度：■■ 简单

动作按钮是一种特殊的互动元素，允许用户在演示文稿中创建交互式导航和功能。动作按钮通常以预设图标形式存在，如"主页""下一页""上一页"等，也可以根据需要自定义设置具体的动作。

例如要在演示文稿"永定土楼介绍"中各小节首页添加跳转到首页的动作按钮。

步骤① 点击希望添加动作按钮的幻灯片，点击"插入"，在"插图"组中点击"形状"，在下拉菜单中，向下滚动到最底下"动作按钮"部分，选择希望使用的按钮样式，例如"动作按钮：主页"。

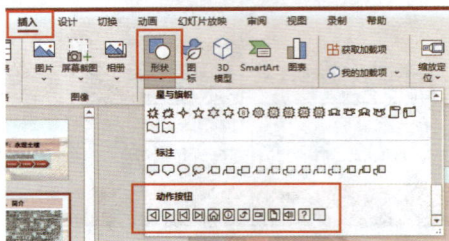

步骤② 点击幻灯片上的一个点，然后拖动鼠标绘制所需大小的按钮。

步骤③ 绘制完按钮后，会自动弹出"操作设置"对话框，点击"单击鼠标"选项卡。选择"超链接到"选项，然后在下拉菜单中选择希望跳转到的目标幻灯片，例如"第一张幻灯片"。

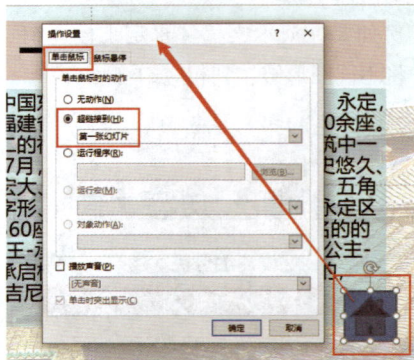

步骤④　设置好目标后，点击"确定"按钮。

步骤⑤　还可以为动作按钮设置样式。点击"形状格式"选项卡，点击"形状样式"组中的下拉按钮，在弹出的下拉框选择一种样式，例如"细微效果−红色，强调颜色2"。

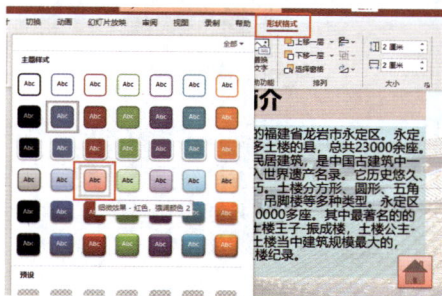

步骤⑥　继续为其他幻灯片中添加类似的动作按钮，或者直接复制该按钮，快速粘贴到其他所需的幻灯片中。

技巧42　如何给动作按钮以外的对象添加动作？

技巧难度： ▮▮▮ 简单

　　动作按钮的样式比较单一，能否为其他文本框、图片添加类似动作按钮的动作呢？

　　例如要在演示文稿"新员工培训"中为计算器图标添加"打开系统计算器"的动作。

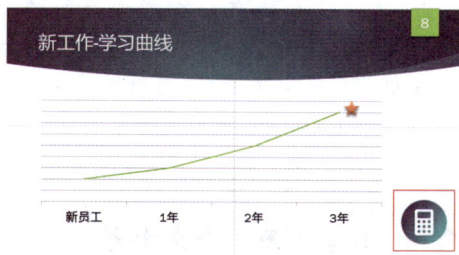

步骤①　找到希望添加动作的对象，例如文本框、图片、形状等，点击"插入"选项卡，在"链接"组中，点击"动作"按钮。

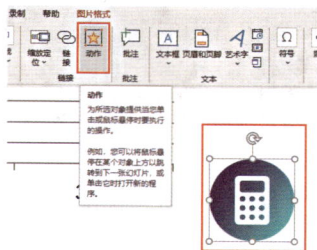

步骤②　在弹出的"操作设置"对话框中，选择"单击鼠标"选项卡，点击"运行程序"单选框，点击右侧的"浏览..."按钮。

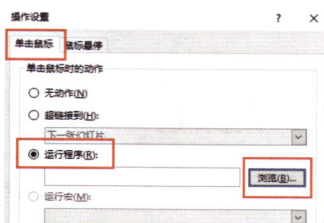

步骤③　在打开的"选择一个要运行的程序"对话框，选择需要运行的计算器程序，注意所在路径，点击"确定"按钮。

步骤④　设置好目标后，点击"确定"按钮。在进行幻灯片放映时，点击图标，由于PowerPoint的保护机制，将弹出确认对话框，点击"启用"即可打开相应程序。

第 25 章　动画效果

本章将讲解 PowerPoint 中的动画效果，包括如何设置动画和幻灯片切换。通过学习这些功能，您将能够为演示文稿添加动态视觉效果，增强内容的吸引力和趣味性，使您的演示更加生动、流畅且富有表现力。

第1节　动画设置

本节详细讲解 PowerPoint 动画设置技巧，助您为幻灯片元素增添动态效果，提升演示的视觉吸引力和内容表达的生动性，使信息传递更加高效，吸引观众的注意力并增强记忆深度。

技巧43　动画类型有哪几个大类？

技巧难度： ▮▮▮　简单

在 PowerPoint 中，动画效果可以为幻灯片增添动态元素，使演示更加生动和吸引人。主要分为以下四个大类：

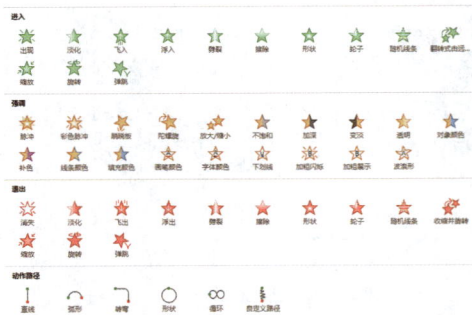

① "进入动画"用于让对象出现在幻灯片上，常用来让元素逐一进入视野，以便观众聚焦于特定内容。常用的效果有淡入、飞

入、缩放、擦除、旋转等。

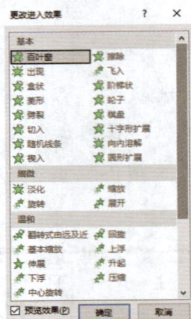

② "强调动画"用于在幻灯片中突出显示已经存在的对象，可以引导观众的注意力到某个特定内容上。常用的效果有放大缩小、闪烁、颜色变化、旋转、波浪等。

③ "退出动画"用于让对象从幻灯片上消失，常用来逐一移除元素，以便观众重新聚焦到剩余内容。常用的效果有淡出、飞出、缩小、擦除、旋转等。

④ "路径动画"用于控制对象在幻灯片上的移动轨迹，通过预设或自定义的路径，可以让对象按照特定路线移动。常用的效果有线性、弧形、圆形、自定义路径、回形针等。

技巧44　如何为对象添加动画效果？

技巧难度： ▮▮▮　简单

如何为一个或多个对象添加动画效果呢？

例如要在演示文稿"永定土楼介绍"中为标题添加进入动画。

步骤①　选中一个或多个希望添加动画效果的对象，例如文本框、图片、形状或图表等。点击"动画"选项卡，点击"添加动画"按钮，在打开的下拉菜单中，选择希望应用的动画效果，例如进入动画中的"飞入"。

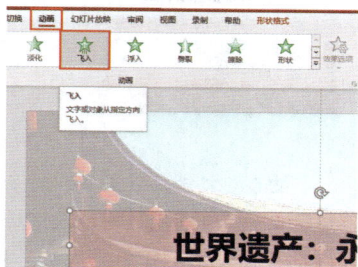

步骤②　选择动画效果后，将自动预览该效果，可以在幻灯片上看到动画的演示。

步骤③　在"动画"选项卡中，使用"效果选项"按钮调整动画的方向、速度和其他参数，例如选择"自顶部"。

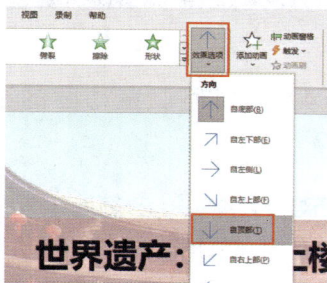

技巧45　如何修改对象的动画效果？

技巧难度：▇▇▇□□　简单

在为对象添加了动画之后，如果想修改动画的类型，应当如何操作呢？

例如要在演示文稿"永定土楼介绍"中将标题的动画修改为"淡化"。

步骤①　点击已经应用动画效果的对象，点击"动画"选项卡，可以看到当前对象的动画效果。点击"动画"组中的"其他"下拉

菜单，选择一个新的动画效果即可，例如直接点击"淡化"。

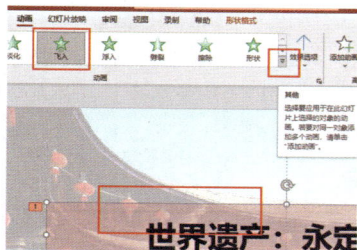

步骤②　如果想删除对象的动画，可将其动画设置为"无"。

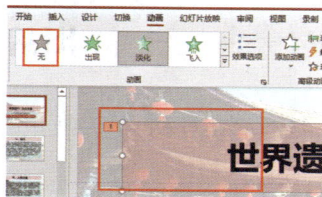

技巧46　如何给对象添加多个动画？

技巧难度：▇▇□□□　简单

如果希望给对象添加多个动画效果，例如先进入再强调，如何操作呢？

例如要在演示文稿"永定土楼介绍"中为标题在"淡化"进入后添加"脉冲"强调动画。

步骤①　在技巧45为标题添加"淡化"后，在"动画"选项卡中，点击"添加动画"按钮。注意，不要直接点击某个动画效果，否则会替换掉之前的动画。选择希望应用的第二个动画效果，例如强调动画中的"脉冲"。

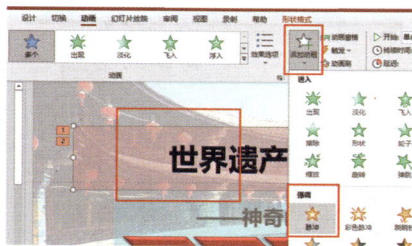

步骤② 如果需要为对象添加更多的动画效果，重复以上步骤，继续添加并调整每个动画效果。

步骤③ 在添加了多个动画的对象的左上角，将显示"1、2"等序号，同时在动画列表中也可以看到"多个"，表示该对象已经应用多个动画。

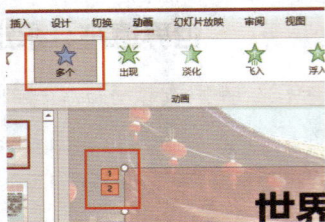

技巧47 如何利用动画刷复制动画？

技巧难度： ▮▮▮ 简单

有时候为了整体演示文稿风格、动画的统一，在为一个对象设置好动画之后，如果想为其他同类的对象也设置相同的动画，应该如何操作呢？

例如要在演示文稿"永定土楼介绍"中将标题的动画应用到副标题文本框上。

步骤① 点击已经应用了动画效果的对象，点击"动画"选项卡，在"高级动画"组中，点击"动画刷"图标。

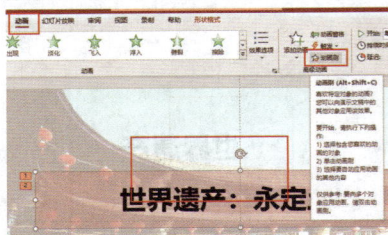

步骤② 此时鼠标指针会变成一个带有刷子的图标。移动鼠标指针到希望复制动画效果的目标对象上，点击该对象，相同的动画效果会立即应用到目标对象上。

步骤③ 如果希望将动画效果复制到多个对象上，可以双击"动画刷"图标，然后依次点击每一个目标对象，复制完成后，按Esc键退出动画刷模式。类似"格式刷"的使用方法。

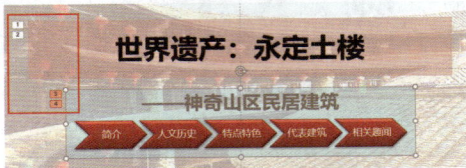

技巧48 如何设置动画的出现时机？

技巧难度： ▮▮▮ 简单

动画的出现时机指动画效果在幻灯片放映时何时触发，主要包括以下几种：

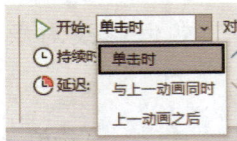

1 "单击时"表示动画效果在演示者点击鼠标或按下键盘时触发，允许演示者手动控制动画的出现，确保观众跟随演示节奏。

2 "与上一动画同时"表示动画效果与前一个动画同时触发。这种方式可以创建多个动画同时进行的效果，比如让图片和文本一起出现。

③ "上一动画之后"表示动画效果在前一个动画结束后自动触发。不需要额外的点击操作，可以实现顺畅的内容过渡。例如一个项目完成动画效果后，下一个项目自动开始。

④ "延迟"即在指定的时间间隔后才触发动画。这种方式可以进一步精细化动画的出现时机，使内容展示更具节奏感。

例如要在演示文稿"永定土楼介绍"中将主标题、副标题的动画设置为同时开始播放。

步骤 选中幻灯片中所有对象，例如按住Ctrl点击主标题和副标题。点击"动画"选项卡，在"计时"组中点击"开始"下拉按钮，在"开始"下拉菜单中，选择"与上一动画同时"，这样每个动画将与前一个动画同时开始。

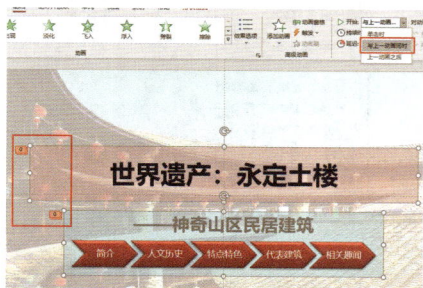

技巧49　如何让多个对象的动画按顺序自动播放？

技巧难度： ▓▓ 简单

在为幻灯片中的每个对象添加动画之后，默认是按照动画的先后添加顺序进行播放的。如何对它们的动画播放先后顺序作调整呢？

例如要在演示文稿"永定土楼介绍"中将主标题、副标题的动画设置为按顺序自动播放。

步骤① 首先为幻灯片中的每个对象都添加动画，并设置其"开始"为"上一动画之后"，这样每个对象的动画在前一个动画结束后自动开始。

步骤② 点击"动画"选项卡，在"高级动画"组中，点击"动画窗格"按钮，打开动画窗格。

步骤③ 在动画窗格中，可以看到所有添加了动画效果的对象。按照需要的顺序排列这些动画，可以通过拖动来调整它们的顺序。将对象的播放顺序调整为按页面内容的排版顺序，例如先主标题进入、强调，再副标题进入、强调。

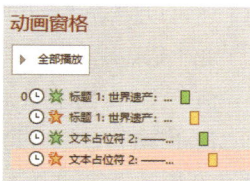

技巧50　如何调节动画播放的速度？

技巧难度： ▓▓ 简单

动画播放的快慢和持续时间可通过设置动画的持续时间和延迟来进行调节，持续时间即播放完整动画的时间，时间越短，动画效果的速度越快。延迟即动画从启动到真正开始播放之前持续的时间，该设定会先让动画等待一段时间后才开始播放。

例如要在演示文稿"永定土楼介绍"中将主标题的"脉冲"强调动画参数设置为持续时间1秒，延迟1秒播放。

步骤① 在动画窗格中，点击需要调整动画效果项目，例如主标题的强调动画，点击"动画"选项卡，在"计时"组中，将"持续时间"改为"1"，"延迟"改为"1"。

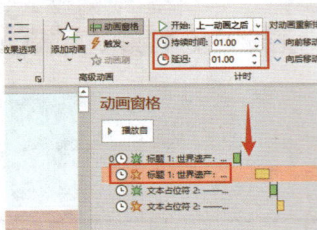

步骤② 可以在动画窗格的时间轴中看出该动画在调整之后，出现时机往后拖延了，而且占用时长也变宽了。可在幻灯片放映中观看实际修改效果。

技巧51 如何控制动画的触发？

技巧难度： 中等

除了点击对象或在上一动画之后播放来触发动画外，还可以使动画在某些动作发生时触发播放。如何实现呢？

例如要在演示文稿"永定土楼介绍"中将主标题的"淡化"进入动画设置为点击目录SmartArt时才开始播放。

步骤① 在"动画"选项卡中，点击"动画窗格"按钮，在动画窗格中，右击希望调整触发时间的动画效果，在弹出的菜单中选择"效果选项"。

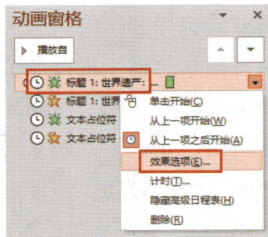

步骤② 在打开的"淡化"对话框中，在"计时"选项卡下点击"触发器"按钮展开更多选项，点击"单击下列对象时启动动画效果"单选按钮，点击右侧下拉按钮，在下拉菜单中选择"图示3"选项，点击"确定"按钮。

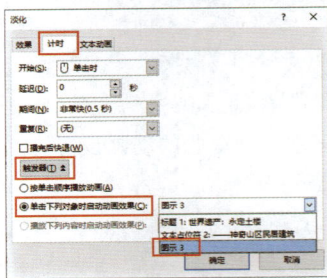

步骤③ 同时，在动画窗格中可以看到，该动画的顺序为1，而其他3个动画的顺序为0，将优先播放，这显然是不正确的。

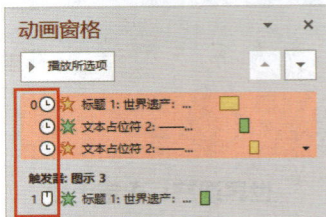

步骤④ 按住Ctrl或Shift将另外3个动画选中，拖动到该动画下面，使得3个动画在主标题的点击进入动画出现后才开始自动播放。同时根据需要，再次调节主标题强调动画的延迟时间1秒。

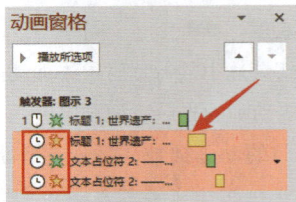

步骤⑤ 这样，这个对象的动画仅在点击指定对象时才会触发开始播放，同时另外3个动画也正常顺延播放。可在幻灯片放映时进行效果确认。

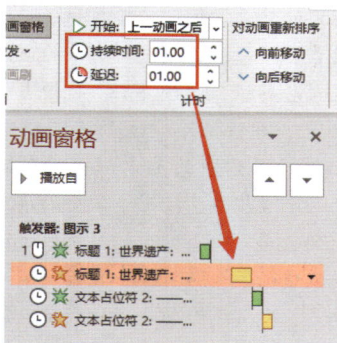

第2节　动画效果应用

在介绍完动画参数设置后，本节介绍几种常见的对象的动画效果设置。

技巧52　如何让文字逐行出现？

技巧难度： ▰▰ 简单

为文本框设置进入动画之后，文本框中的文字将作为一个整体出现。如果要使文本框中的文字逐行出现，该如何设置呢？

例如要在演示文稿"新员工培训"中将"绩效考核"部分内容文字逐行出现。

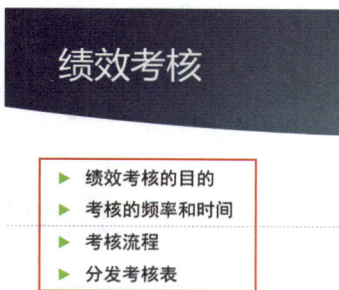

步骤① 选中希望逐行显示文字的文本框，点击"动画"选项卡，为文本框添加一种喜欢的进入动画效果，例如"飞入"。

步骤② 在"动画"组中，点击"效果选项"下拉按钮，在出现的下拉框的"序列"组中选择"按段落"。

步骤③ 可以看到每个段落前面有动画序号，表示动画播放的先后顺序。

技巧53　如何制作打字效果？

技巧难度： ▰▰ 简单

除了让文本按行出现外，能否让文字逐个出现，模拟打字的效果呢？

例如要在演示文稿"新员工培训"中将"公司历史"部分内容文字逐字出现。

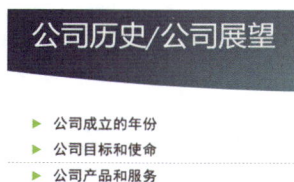

步骤① 选中希望逐字显示文字的文本框，点击"动画"选项卡，为文本框添加一种喜欢的进入动画效果，例如"淡化"。

步骤② 点击"动画"组右下角的小箭头按钮。

步骤③ 在打开的"淡化"对话框中，在

"效果"选项卡中，将"声音"设置为"打字机"，将"设置文本动画"设置为"按字母顺序"，将"延迟%"改为"40"。

步骤④ 预览可看到文本框中的文字逐个出现的效果。可根据实际需要再次调整"延迟%"的数值。

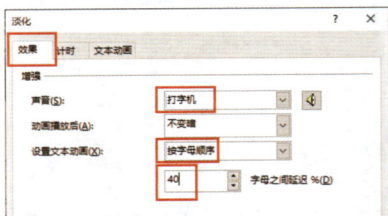

技巧54 如何为图表添加动态效果？

技巧难度： ▮▮ 简单

为图表设置进入动画之后，图表将作为一个整体出现，略显呆板。如何让图表按系列出现呢？

例如要在演示文稿"初三2班第一学期期末成绩"中将图表动画设置为按系列播放。

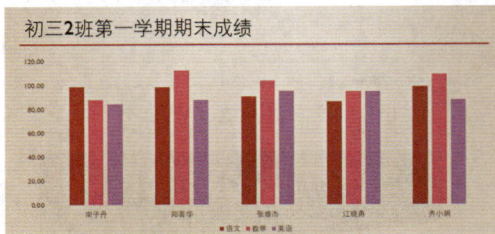

步骤① 选中希望添加动态效果的图表，点击"动画"选项卡，为图表添加一种喜欢的进入动画效果，例如"浮入"。

步骤② 点击"效果选项"下拉按钮，可以

看到不同的动画选项："按系列"将按数据系列逐步显示图表，即先所有人的语文，再数学，最后英语；"按类别"将按类别逐步显示图表，即按每个学生的三科成绩依次出现；"按系列中的元素"将逐个显示系列中的每个数据点，即每个学生的语文、每个学生的数学、每个学生的英语依次出现；"按类别中的元素"将逐个显示类别中的每个数据点，即第一个学生的语数英、第二个学生的语数英……依次出现。本例选择"按类别"。

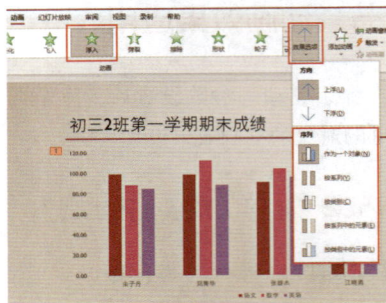

步骤③ 可在幻灯片放映时进行效果确认，图表中的元素将按系列出现。

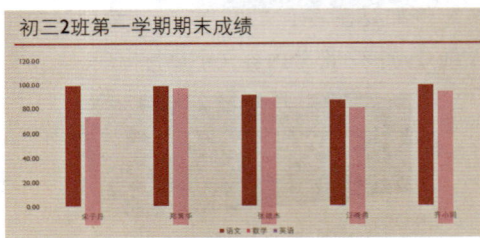

技巧55 如何制作字幕式效果？

技巧难度： ▮▮▮ 中等

当要进行节目单或人员名单的展示时，可将其制作成缓缓上升的字幕效果。如何实现该效果呢？

例如要在演示文稿"初三2班第一学期期末成绩"中将"优秀学生名单"制作成字幕式上升效果。

步骤① 点击包含字母的文本框，点击"动画"选项卡，点击"高级动画"组中的"添加动画"下拉箭头，从下拉菜单中选择"更多进入效果"。

步骤② 在弹出的"添加进入效果"对话框中，选择"华丽"类别下的"字幕式"效果，点击"确定"按钮。

步骤③ 在"动画"面板的"计时"组中，将"持续时间"设置为20秒。持续时间越长，字幕向上滚动越慢，可根据实际的名单来调整持续时间。

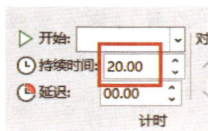

技巧56　如何制作倒计时效果？

技巧难度：▮▮▮▮▯▯ 中等

有时候为了吸引观众注意，可以在演示文稿开始前加入倒计时的效果，使得整体的表现更具张力。如何做到呢？

例如要为演示文稿"初三2班第一学期期末成绩"一开始制作5秒倒计时效果。

步骤① 在第一张幻灯片前插入一张版式为空白的幻灯片，点击"插入"选项卡，在"插图"组中点击"形状"下拉按钮，在下拉列表中选择"椭圆"形状。

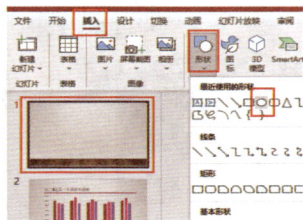

步骤② 按住Shift键，拖动鼠标在幻灯片正中间绘制一个正圆，设置合适的"形状填充"及"形状轮廓"。

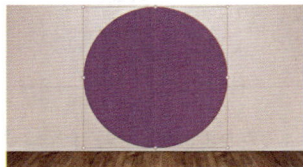

步骤③ 右击形状，在弹出菜单中选择"编辑文字"。

步骤④ 在形状内输入数字"5"，将字体颜色设置为"白色"，"字号"为"300"，"字体"为"Arial"，样式为粗体。

步骤⑤ 选中圆形，点击"动画"选项卡，在"高级动画"组中点击"添加动画"下拉按钮，在下拉列表中选择"退出"栏下的"轮子"动画。

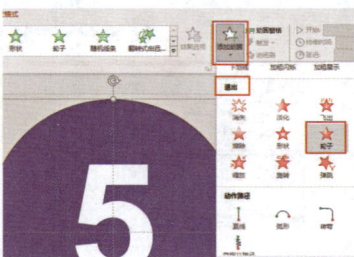

步骤⑥ 在"动画"选项卡中，在"计时"组中将"持续时间"设置为1秒。

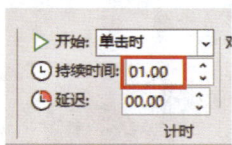

步骤⑦ 在左侧选中当前幻灯片缩略图，按键盘的快捷键Ctrl+D四次，复制出4张幻灯片，依次将幻灯片中的圆形中的数字分别改为"4""3""2""1"。

步骤⑧ 选中这5张幻灯片，点击"切换"选项卡，在"计时"组中，将"持续时间"设置为1秒。勾选"设置自动换片时间"复选框，将时间设置为"0"秒。

本例利用动画的持续时间，以及幻灯片的自动换片时间来实现倒计时的效果。可根据实际情况，多复制几张幻灯片，例如10张，制作出10秒的倒计时效果。

第3节　幻灯片切换

本节讲解PowerPoint幻灯片切换技巧，助您为演示增添流畅的过渡效果，提升整体视觉体验和内容连贯性，使信息传递更加自然，增强观众的沉浸感和演示的专业度。

技巧57　如何让幻灯片之间的切换更加生动？

技巧难度： ▇▇▇▭▭▭ 简单

与对象动画的表现方法类似，也可以为幻灯片与幻灯片之间添加动画效果，称为幻灯片的切换。如何为幻灯片添加切换效果呢？

例如要在演示文稿"永定土楼介绍"中将幻灯片切换效果设置为"推入"。

步骤① 在左侧的幻灯片缩略图窗格中，点击希望添加切换效果的幻灯片，也可以按住Ctrl或Shift键一次选择多个幻灯片，或者按Ctrl+A选中所有幻灯片。

步骤② 点击"切换"选项卡，在"切换到此幻灯片"组中，浏览并选择一种喜欢的切换效果，例如淡入/淡出、推入、擦除、分割等。

步骤③　点击"效果选项"按钮，根据所选的切换效果，可以进一步调整其方向或样式。

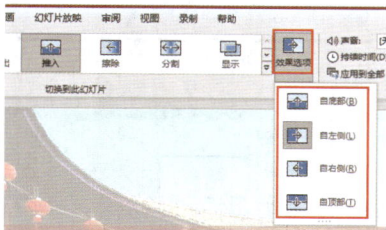

步骤④　在选择切换效果及效果方向时，当前幻灯片将实时播放该效果，以便确认效果是否满意。

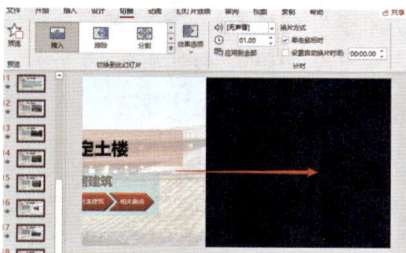

技巧58　如何调整幻灯片的切换速度？

技巧难度：　■■■□□□□　简单

可以为幻灯片之间切换的动画效果设置一个时间，来指定幻灯片切换的速度。如何操作呢？

例如要在演示文稿"永定土楼介绍"中将推入的速度设为2秒。

步骤①　在左侧的幻灯片导航窗格中，点击已经添加了幻灯片切换并想调整切换速度的幻灯片。在"切换"选项卡的"计时"组中，在"持续时间"右侧文本框中，输入希望的切换持续时间，以秒为单位。

步骤②　切换的时间将从默认的1秒延长到2秒，即动画效果变慢了。

技巧59　如何对所有幻灯片应用同一种切换效果？

技巧难度：　■■■□□□□　简单

为了使整个演示文稿的风格统一，一般应当限制整个文稿中幻灯片切换效果的数量。如果想要全部统一设置，应当如何操作呢？

例如要在演示文稿"永定土楼介绍"中将所有幻灯片的切换效果调整为"淡入/淡出"，持续时间1.5秒。

步骤　在左侧的幻灯片导航窗格中，点击任意一张幻灯片，点击"切换"选项卡，从"切换到此幻灯片"组中选择一个想要应用的切换效果，如"淡入/淡出"，在"持续时间"右侧文本框中输入1.5。点击"计时"组中的"应用到全部"按钮，可以将选择的切换效果、持续时间等设置，应用到当前演示文稿中的所有幻灯片。

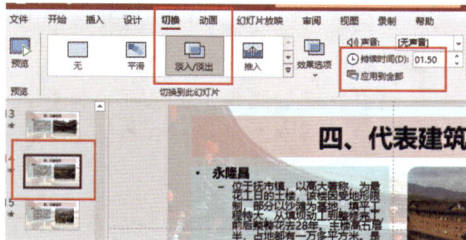

技巧60　怎样让幻灯片自动播放？

技巧难度： ▮▮▮▯▯▯▯　简单

一般幻灯片将在当前幻灯片中的对象动画播放完毕后，再点击幻灯片进行切换。在制作一些自动播放的演示文稿时，如何实现幻灯片之间自动切换呢？

例如要在演示文稿"永定土楼介绍"中将所有幻灯片设置为10秒自动切换下一张。

步骤①　在左侧的幻灯片缩略图窗格中，选择希望设置自动播放的幻灯片。可以按住Ctrl、Shift键选择多个幻灯片，或者按快捷键Ctrl+A全选所有幻灯片。点击"切换"选项卡，先选择一种切换样式，例如"淡入/淡出"，在"计时"组中，找到"设置自动换片时间"选项，在右侧文本框中输入希望幻灯片停留的时间（以秒为单位），例如00:10。

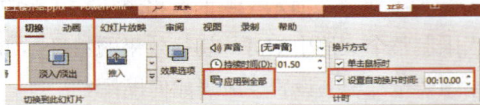

步骤②　如果希望将当前设置的自动换片时间应用到所有幻灯片，点击"全部应用"按钮。

第 26 章　放映设置

本章将介绍PowerPoint的放映设置，包括如何进行幻灯片放映和应用各种放映技巧。通过掌握这些功能，您将能够有效地控制演示流程，优化观众体验，确保演示文稿在不同场合下都能顺畅、专业地展示。

第1节　幻灯片放映

本节详解PowerPoint幻灯片放映技巧，助您掌握演示和互动的节奏，提升展示的专业性和观众的参与度，使信息传递更加精准，增强演示的吸引力和说服力。

技巧61　如何放映幻灯片？

技巧难度： ▮▮▮▯▯▯▯　简单

在演示文稿制作好后，如何进行放映呢？

步骤①　如果需要从第一页开始播放，可以点击"幻灯片放映"选项卡，点击"开始放映幻灯片"组中的"从头开始"按钮，或按下键盘上的F5键。

步骤②　如果需要从其中某一页开始播放，在左侧的幻灯片导航窗格中，点击想要从其开始放映的幻灯片，点击PowerPoint窗口右下角的"幻灯片放映"按钮；或者点击"幻灯片放映"选项卡，点击"开始放映幻灯片"组中的"从当前幻灯片开始"按钮，或按下键盘上快捷键Shift+F5键。

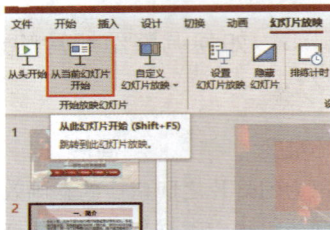

技巧62　如何停止放映幻灯片？

技巧难度： ▮▮▮▯▯ 简单

在进行幻灯片放映过程中，如果需要打开其他内容进行展示，这时候需要停止放映，如何临时停止呢？

步骤　右击当前正在播放的幻灯片，弹出快捷菜单，从菜单中选择"结束放映"，即可停止放映并返回到编辑模式。或按下键盘上的Esc键也可以立即停止放映并返回到编辑模式。

技巧63　如何只放映部分幻灯片？

技巧难度： ▮▮▮▯▯ 简单

在制作演示文稿时，有些幻灯片只是作为备份或数据准备，如果直接进行幻灯片放映就会将其放映出来。如何解决这个问题呢？

例如要在演示文稿"永定土楼介绍"中只播放1~4张幻灯片。

步骤①　点击"幻灯片放映"选项卡，在"开始放映幻灯片"组中点击"自定义幻灯片放映"按钮，在弹出的下拉框中选择"自定义放映…"。

步骤②　在弹出的"自定义放映"对话框中，点击"新建…"按钮。

步骤③　在弹出的"定义自定义放映"对话框中，在左侧的幻灯片列表中，勾选希望进行播放的幻灯片，例如1~4张。点击"添加"按钮，将选定的幻灯片添加到右侧的放映列表中。

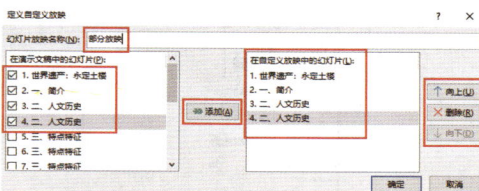

步骤④　在右侧的放映列表中，选中幻灯片后，使用右侧的"向上""向下"按钮来移动位置，调整放映的顺序。

步骤⑤　在上方"幻灯片放映名称"框中，输入一个描述性名称以标识此自定义放映，例如"部分放映"。

步骤⑥　点击"确定"按钮保存自定义放映并返回到"自定义放映"对话框。

步骤⑦　在"自定义放映"对话框中，选择刚刚创建的自定义放映名称，然后点击"放映"按钮，即可开始放映选定的幻灯片。

技巧64　如何隐藏不想播放的幻灯片？

技巧难度： ▓▓▓▭▭　简单

如果在进行演示文稿的制作时，就已经明确不想某几张幻灯片被播放，而又不想每次播放前都通过自定义放映来勾选，如何简便操作呢？

例如要在演示文稿"永定土楼介绍"中将第四节"代表建筑"部分幻灯片隐藏。

步骤①　在左侧的幻灯片导航窗格中，找到不想播放的幻灯片，选择一张或多张幻灯片，右击已选择的幻灯片，在弹出的快捷菜单中，选择"隐藏幻灯片"。

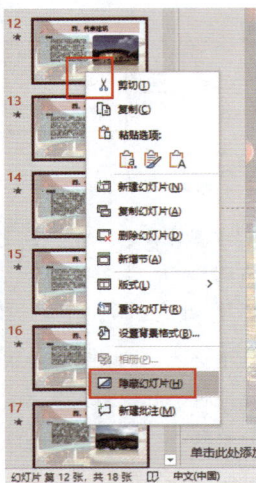

步骤②　被隐藏的幻灯片在缩略图视图中会显示一个带有斜杠的幻灯片编号，同时幻灯片缩略图变灰，表示该幻灯片已经被隐藏，在幻灯片放映时将不会被播放。

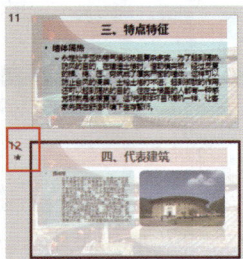

步骤③　如果需要取消隐藏，则只需在右键弹出的快捷菜单中，再次点击"隐藏幻灯片"，使其处于非选中状态，此时，幻灯片编号上的斜杠将消失，表示该幻灯片已经取消隐藏，将在放映中正常展示。

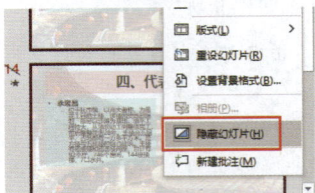

技巧65　如何让演示文稿不间断循环放映？

技巧难度： ▓▓▓▭▭　简单

在设置幻灯片自动切换之后，一般表明该幻灯片为自动演示的文稿，同时也希望在播放到最后一页后自动回到第一页。如何实现不间断放映呢？

步骤①　点击"幻灯片放映"选项卡，在"设置"组中点击"设置幻灯片放映"按钮。

步骤②　在弹出的"设置放映方式"对话框中，勾选"循环放映，按Esc键终止"选项即可。

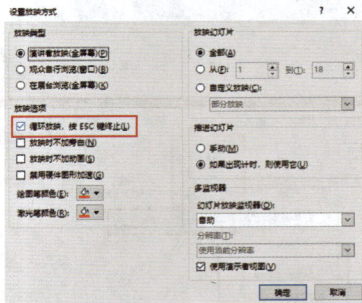

第2节　放映技巧

本节详细介绍PowerPoint放映技巧，助您掌握演示的节奏和互动，提升展示的专业性和观众的参与度，使信息传递更加精准，增强演示的吸引力和说服力。

技巧66　如何在放映时快速跳转到某一张幻灯片？

技巧难度： 简单

在进行幻灯片放映时，有时根据观众的提问，需要快速定位到某张幻灯片进行再次讲解，如何实现快速跳转呢？

步骤① 在放映过程中，右键点击当前幻灯片的任意位置，在弹出的菜单中选择"查看所有幻灯片"。

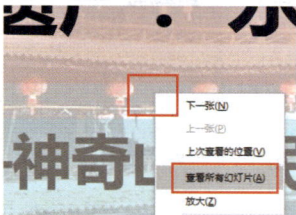

步骤② 此时将显示出所有幻灯片的缩略图，点击想要跳转到的幻灯片的缩略图，即可快速跳转至该幻灯片。

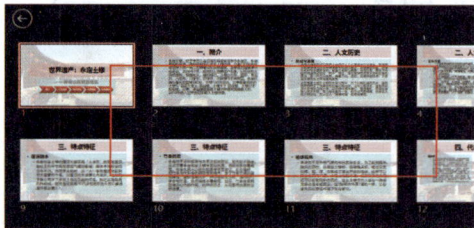

技巧67　如何在放映时放大幻灯片的局部内容？

技巧难度： 中等

在幻灯片中插入的图片一般都比较小，

如果在进行幻灯片放映时需要放大当前幻灯片中的局部进行展示，如何操作呢？

步骤① 在放映过程中，右键点击当前幻灯片的任意位置，在弹出的菜单中选择"放大"。

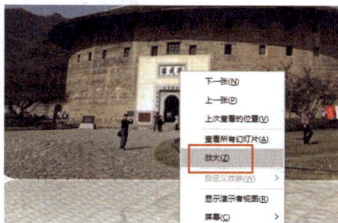

步骤② 此时将出现一个高亮方框，将方框移至需放大的位置，点击鼠标进入放大状态。

步骤③ 在放大视图中，可以使用鼠标拖动来查看幻灯片的不同部分。

步骤④ 按下键盘上的Esc键，或者按下鼠标右键，即可退出放大视图。

技巧68　如何在放映时对幻灯片内容进行标注？

技巧难度： 简单

在进行幻灯片放映时，可以利用自带工

具，在屏幕上进行一些划线、强调、书写操作，来进一步讲解幻灯片。如何操作呢?

步骤① 在放映过程中，右键点击屏幕任意位置，在弹出快捷菜单中，选择"指针选项"，选择"笔"或"荧光笔"。也可以选择"激光笔"来引导观众的注意力，但激光笔不会在幻灯片上留下标记。

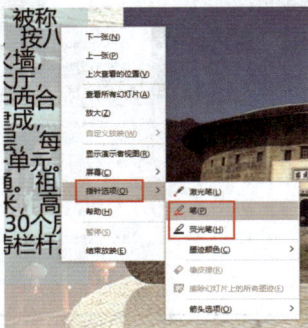

步骤② 选择"笔"或"荧光笔"后，鼠标指针会变成相应的工具形状，点击并拖动鼠标，可以在幻灯片上进行标注。在"笔"的状态下，在屏幕上进行点击将不会触发任何动画播放或幻灯片切换。

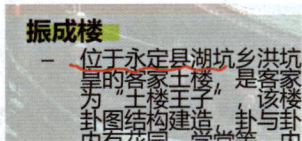

步骤③ 在"指针选项"子菜单中，选择"墨迹颜色"，可以从颜色列表中选择想要更改的笔的颜色。

步骤④ 在"指针选项"子菜单中，选择"橡皮擦"，点击想要清除的标注可以将笔

迹清除。

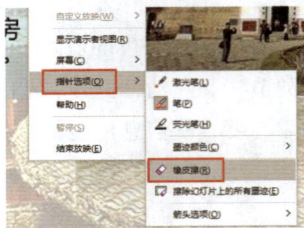

步骤⑤ 如果想清除当前幻灯片上的所有标注，可以在快捷菜单中选择"擦除幻灯片上的所有墨迹"。

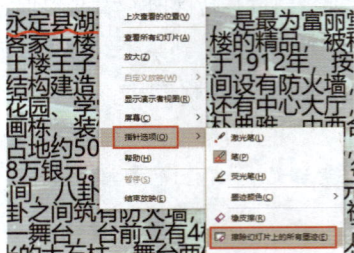

步骤⑥ 完成标注后，在"指针选项"子菜单中，取消勾选先前选择的笔工具，即可恢复到鼠标指针功能，点击可进行动画播放及幻灯片切换。

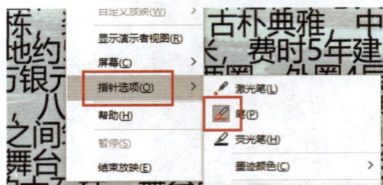

技巧69 如何在放映时使用黑板/白板功能?

技巧难度: ▬▬ 简单

　　在放映过程中，如果在当前内容页上进行书写，容易导致版面错乱。这时候可以开启黑板或白板的功能来进行板书。如何操作呢?

步骤① 在放映过程中，右键点击屏幕任意位置，在弹出快捷菜单中，选择"屏幕"，在子菜单中选择"黑屏"或"白屏"。或按键盘上的B键（Black，黑屏）或W键（White，白屏）。

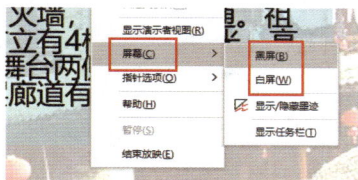

步骤② 在黑板、白板界面可以使用标记工具进行书写、绘画。

步骤③ 可以按Esc键退出黑板或白板模式，回到正常的幻灯片放映。

技巧70　如何让鼠标指针在放映时隐藏？

技巧难度： ▬▬▬ 简单

在放映幻灯片时，鼠标有移动、点击的操作时，鼠标指针将显示出来，过几秒之后才消失。如果不想因为鼠标指针的出现而分散观众的注意力，该如何设置呢？

步骤 在放映过程中，右键点击屏幕任意位置，在弹出快捷菜单中，勾选"指针选项-箭头选项-永远隐藏"，此时，鼠标指针将被隐藏，不会在屏幕上显示。

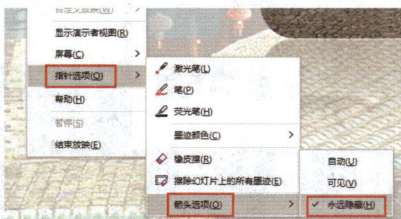

技巧71　如何取消结束放映时的黑屏？

技巧难度： ▬▬ 简单

在整个演示文稿放映结束后，一般会显示黑屏，提示按Esc键退出，这样的观赏效果

不佳，如何进行设置取消呢？

步骤① 点击"文件"选项卡，选择"选项"。

步骤② 在"PowerPoint选项"对话框中，点击左侧"高级"选项，在右侧向下滚动到"幻灯片放映"部分，取消勾选"以黑幻灯片结束"选项，点击"确定"按钮保存设置。

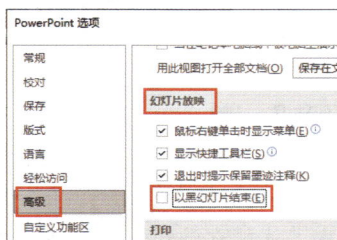

步骤③ 在放映完最后一张之后，将直接返回到PowerPoint编辑界面。

技巧72　如何在放映时不播放动画？

技巧难度： ▬▬ 简单

如果在进行演示文稿设计时添加了很多动画，或者在排练时想将整个文稿快速过一遍，不想播放所有动画，该如何设置呢？

步骤① 点击"幻灯片放映"选项卡，在

"设置"组中点击"设置幻灯片放映"按钮。

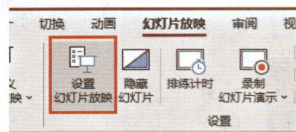

步骤② 在弹出的"设置放映方式"对话框中，找到"放映选项"部分，勾选"放映时不加动画"选项，然后点击"确定"按钮。

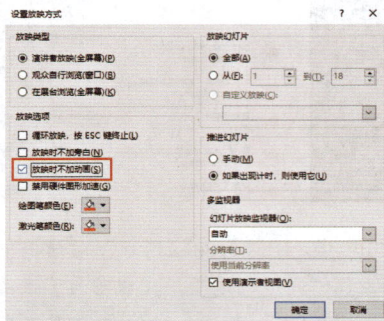

技巧73 如何在放映时借助演讲者视图功能事先知道下一张幻灯片内容？

技巧难度： ▭▭▭ 简单

在只有一个显示器进行幻灯片播放时，往往需要演讲者记住每页幻灯片的下一页是什么内容，才能在演讲时保持内容的连贯性。这时候如果有另一块屏幕，则可将这块屏幕作为提示之用。进行幻灯片演示时，一般都是将笔记本电脑与投影仪连接起来，这时候可以利用自己的电脑作为演讲者视图。如何操作呢？

步骤① 首先确保电脑连接了两个显示器，可以使用投影仪和笔记本电脑的组合。在笔记本电脑上按下快捷键Windows+P，打开系统"投影"选项，选择"扩展"，这样将使两个屏幕显示不同的内容，达到分屏显示的效果。

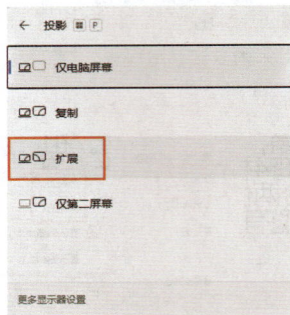

步骤② 打开需要进行演示的文稿，点击"幻灯片放映"选项卡，在"监视器"组，勾选"使用演示者视图"选项。还可以在"显示器"中，选择哪个显示器用于展示给观众，哪个显示器用于显示演讲者视图。

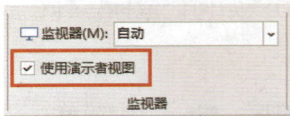

步骤③ 在放映模式下，笔记本电脑屏幕将显示演讲者视图，其中包括当前幻灯片、下一张幻灯片、演讲者备注、幻灯片放映时间、剩余幻灯片数量等，观众将只能在投影仪看到当前幻灯片的内容，而演讲者则可以在演讲者视图中提前看到下一张幻灯片的内容，从而更好地准备演讲内容。

技巧74 如何防止放映时误触打开右键菜单？

技巧难度： ▭▭▭ 简单

在进行幻灯片放映时，如果误触到鼠标右键，将弹出右键菜单，影响观众体验，如何直接屏蔽掉右键菜单呢?

　　例如要在演示文稿中将右键菜单屏蔽。

步骤①　点击"文件"选项卡,点击"选项"按钮。

步骤②　在打开的"PowerPoint选项"对话框中,在左侧选择"高级",在右侧窗口中,滚动找到"幻灯片放映"部分。取消勾选"鼠标右键单击时显示菜单"选项,设置完成后,点击"确定"按钮保存更改。

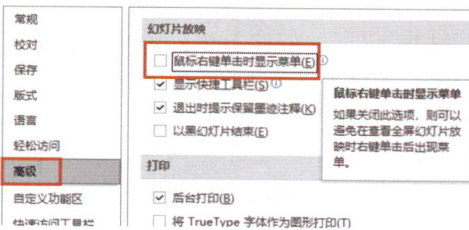

第 27 章　演示文稿输出

　　本章将介绍PowerPoint的演示文稿输出选项,包括如何导出幻灯片和打印幻灯片。通过掌握这些功能,您将能够以

多种格式分享和分发您的演示文稿,满足不同场景的需求,确保您的工作成果可以方便地展示和传递。

第1节　幻灯片导出

　　本节介绍PowerPoint幻灯片导出技巧,助您轻松将演示文稿转换为多种格式,便于分享和展示,提升工作效率和演示的灵活性,确保信息传递无障碍。

技巧75　如何将演示文稿导出为视频文件?

技巧难度:　　　简单

　　在为演示文稿中的幻灯片设置好自动切换、为对象设置好自动播放的动画之后,该幻灯片即可实现自动放映。这时候还可以将该演示文稿直接转换成视频格式,方便在没有安装PowerPoint软件的电脑上播放,或者在手机上进行视频的传播。该如何导出呢?

步骤①　点击"文件"选项卡,选择"导出"选项,在导出页面,点击"创建视频"选项。

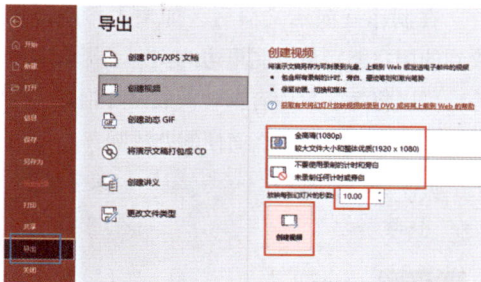

步骤②　在"创建视频"设置界面,点击分辨率设置下拉按钮,在下拉列表框中选择"全高清(1080p)"的分辨率,选择"不要使用录制的计时和旁白"选项,设置"放映每张幻灯片的秒数"为10秒,然后单击

195

"创建视频"按钮。

步骤③ 在文件保存对话框中，选择要保存视频的位置，输入文件名，并选择视频格式，MP4或WMV，一般选择"MP4"，点击"保存"。

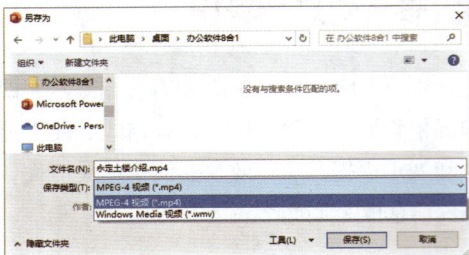

步骤④ PowerPoint将开始将演示文稿导出为视频文件。导出过程可能需要一些时间，具体取决于演示文稿的长度和所选择的视频质量。在右下角状态栏显示导出状态，可点击右侧"×"按钮取消导出。

技巧76 如何将演示文稿导出为图片演示文稿？

技巧难度： ▭ 简单

在制作好演示文稿后，如果不希望被接收到的用户能轻易复制里边的文字、提取图片等，可以将每一页内容都转换成图片格式。手动转换太费时，有什么简便的办法呢？

步骤① 点击"文件"选项卡，选择"另存为"选项。

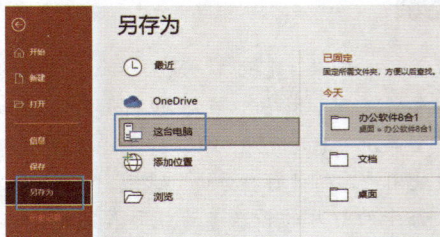

步骤② 在打开的"另存为"对话框中，设置文件保存的名称和路径，点击"保存类型"的下拉按钮，选择"PowerPoint图片演示文稿（*.pptx）"类型，点击"保存"按钮。

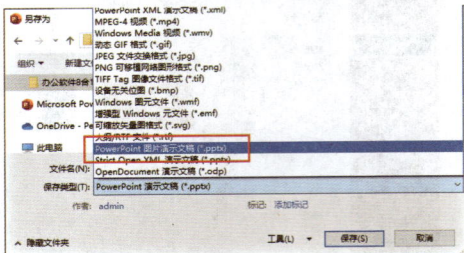

步骤③ 保存的演示文稿中，每一页都被自动转换成图片，防止内容被轻易提取。

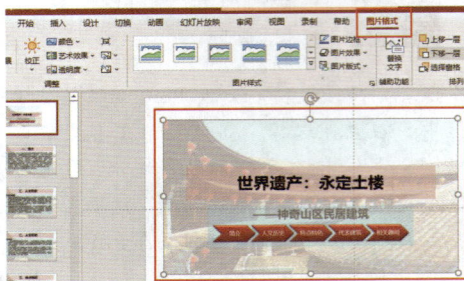

技巧77 如何将每张幻灯片导出为图片文件？

技巧难度： ▭ 简单

除了将演示文稿导出为图片演示文稿，还可以将整份的演示文稿直接导出为一张张的图片，方便进行手机传播等。如何操作呢？

步骤① 点击"文件"选项卡，选择"另存为"选项。

步骤② 在打开的"另存为"对话框中，设置文件保存的名称和路径，点击"保存类型"的下拉按钮，选择"JPEG 文件交换格式（*.jpg）"或"PNG 可移植网络图形格式（*.png）"。点击"保存"按钮。

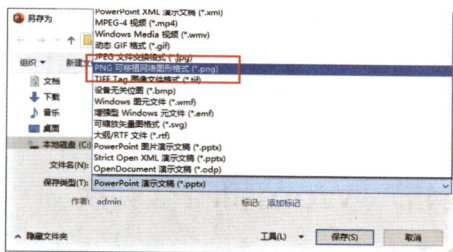

步骤③ 此时，PowerPoint会询问是否要导出所有幻灯片或只导出当前幻灯片。本例选择"所有幻灯片"以导出演示文稿中的所有幻灯片为图片文件。

步骤④ PowerPoint会将每张幻灯片导出为单独的图片文件，并将这些文件保存在指定的文件夹中。

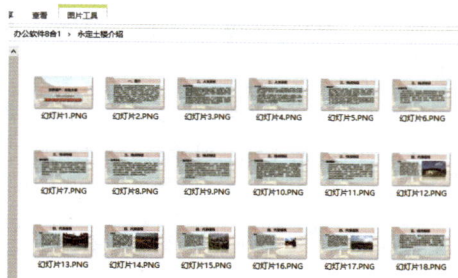

第2节 幻灯片打印

本节详解PowerPoint幻灯片打印技巧，助您高效输出演示文稿，确保打印质量与屏幕显示一致，提升文档的专业性和可读性，满足不同场合的打印需求。

技巧78 如何打印指定页码的幻灯片？

技巧难度：■■■□□□ 简单

PowerPoint中默认打印的是整份演示文

稿。有时只需要打印其中某些页面，或其中某几页不连续的页面，该如何设置呢？

步骤① 点击"文件"选项卡，选择"打印"选项，或者直接按快捷键Ctrl + P，打开"打印"对话框。

步骤② 在打印设置页面，找到"设置"部分。直接在"幻灯片"右侧输入框中输入想要打印的页码范围。

步骤③ 如果想打印连续的幻灯片页码范围，则使用减号进行连接，例如输入"1-5"即表示打印第1张到第5张幻灯片。

步骤④ 如果想打印不连续的页码，则使用半角逗号进行连接。也可以与减号合用，例如输入"1，3，5-7"即表示打印第1张、第3张、第5张到第7张，共5页。

步骤⑤ 根据需要调整其他设置，如页面方向、纸张大小、双面打印等后，点击打印即可。

技巧79 如何在一页纸上打印多张幻灯片？

技巧难度：■■■□□□ 简单

有时为了节省纸张，可能需要将多张幻灯片打印到一张纸上。该如何操作呢？

步骤① 点击"文件"选项卡，选择"打印"选项，或者直接按快捷键Ctrl + P，打开"打印"对话框。

步骤② 在打印设置页面，在"设置"部分，找到"整页幻灯片"旁边的下拉菜单，选择想要的多张打印选项，"n张幻灯片"意思是将n页幻灯片打印到一页纸上。根据文档和打印需求进行选择。而"水平""垂直"放置的选项决定了多张幻灯片在同一张纸中的排列顺序。

步骤③ 例如选择"6张水平放置的幻灯片"，并将纸张方向设置为"横向"，在打印设置界面观看预览效果，确认每页上打印的幻灯片数量和布局是否符合需求。

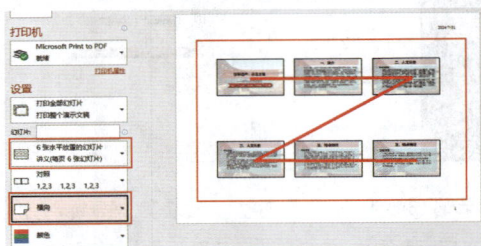

第 28 章 Office 文档相互转换

本章将介绍Office文档相互转换的技巧，包括如何在Word和PowerPoint之间进行转换，以及如何嵌入和处理Excel表格。通过掌握这些方法，您将能够更加灵活地整合和管理不同类型的文档，提高办公效率，满足复杂的工作需求。

第1节 Word和PPT转换

本节介绍Word与PowerPoint转换技巧，助您轻松实现文档互转，提升工作效率，确保内容格式一致，增强演示的专业性和文档的灵活性，满足多样化的办公需求。

技巧80 如何将Word文档转成PPT演示文稿？

技巧难度： ▇▇▇ 简单

在工作中有时候需要将Word中的文本复制到PPT内，这样手动切换效率比较低，此时可先对Word中的文字进行大纲分级，再将其导入到PPT，轻松实现Word到PPT的转换。如何进行操作呢？

例如要将文档"动物日文字素材"中的文字转成PPT演示文稿，其中红色文字对应每一张的标题。

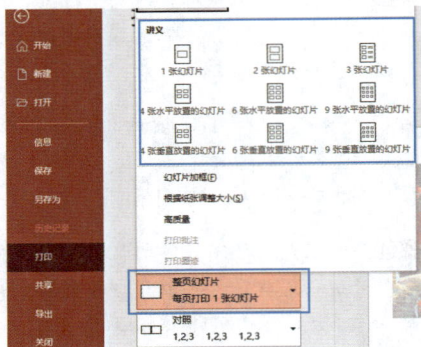

步骤① 在Word文档中，为每个标题（即红色文本）设置标题样式，例如将标题部分应用"标题1"样式，正文部分应用"标题2"。

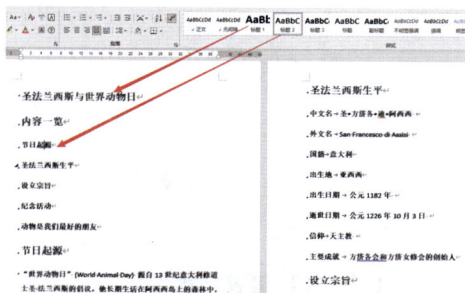

步骤② 点击Word界面左上角的"自定义快速访问工具栏"按钮，在弹出的菜单中点击"其他命令..."。

步骤③ 在打开的"Word选项"对话框中，点击"快速访问工具栏"选项，"从下列位置选择命令"的下拉菜单中选择"所有命令"按钮，滑动滑块，找到"发送到Microsoft PowerPoint"命令（按拼音顺序找到F开头的），点击"添加"按钮，将其添加至右侧"自定义快速访问工具栏"对应的列表框内，点击"确定"按钮。

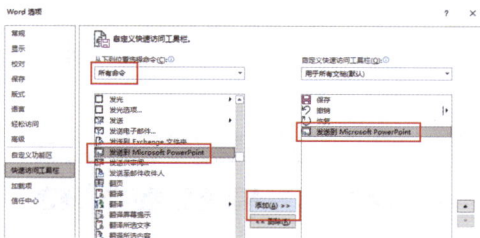

步骤④ 点击"快速访问工具栏"内新添加的"发送到Microsoft PowerPoint"按钮。

步骤⑤ 此时将自动生成一个PPT演示文稿，包含Word中已经整理好的内容。

步骤⑥ 为该演示文稿套用一个主题文件，并调整相应的格式，例如将第一张幻灯片的版式设置为"标题幻灯片"，保存演示文稿即可。

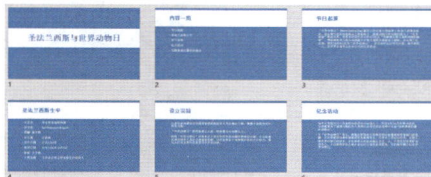

技巧81 如何将PPT演示文稿转成Word文档？

技巧难度： 简单

如何将制作好的演示文稿中的内容导出成Word文档呢？

例如要将演示文稿"永定土楼介绍"中的内容导出为Word文档。

步骤① 打开演示文稿，点击"文件"选项卡，选择"导出"选项，选择"创建讲义"，点击右侧的"创建讲义"按钮。

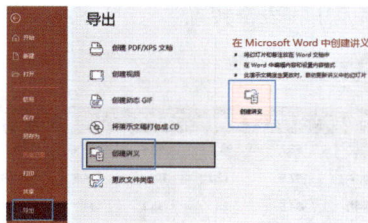

步骤② 在打开的"发送到 Microsoft Word"对话框中，选中"只使用大纲"单选按钮，点击"确定"按钮。

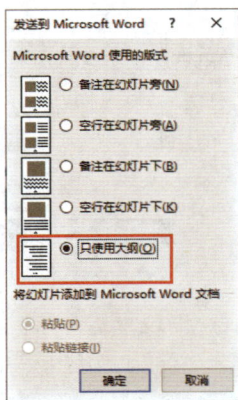

步骤③ PowerPoint会将演示文稿中的大纲内容导出到Word文档中，完成导出后，Word会自动打开新创建的文档，保存该文档即可。

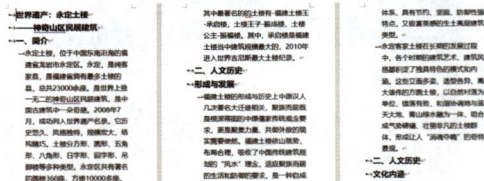

技巧82 如何转置Word或PPT中的表格？

技巧难度： 简单

在Word和PowerPoint中没有类似Excel转置表格的内容，如果需要进行表格的转置，需要借助Excel来实现。

例如要在演示文稿"初三2班第一学期期末成绩"中将表格转置。

成绩单

姓名	宋子丹	郑菁华	张雄杰	江晓勇	齐小娟
语文	98.7	98.3	90.4	86.4	98.7
数学	87.9	112.2	103.6	94.8	108.8
英语	84.5	88	95.3	94.7	87.9

步骤① 打开文档，点击表格左上角的按钮选中整个表格，按快捷键Ctrl+C复制表格。

步骤② 打开Excel软件，新建一个工作簿，选择任意一个单元格，按快捷键Ctrl+V粘贴。在粘贴选项中，选择"匹配目标格式"，清除粘贴过来的格式。

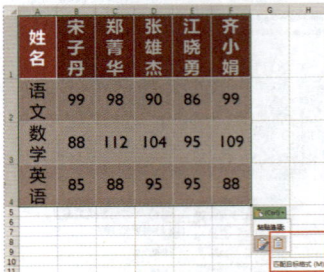

步骤③ 保持表格选中状态，再按快捷键Ctrl+C复制选中区域。选择要存放转置后表格的起始单元格，例如A6，点击"粘贴"下拉按钮，在弹出的列表框中选择"转置"选项，转置后的表格将出现在新的位置。

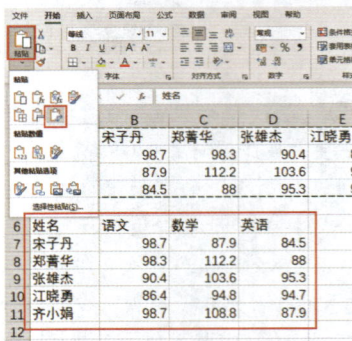

步骤④ 选择转置后的所有单元格区域，按快捷键Ctrl+C复制选中区域，回到PowerPoint中进行粘贴，再根据需要调整表格的格式即可实现PowerPoint中表格的转置。

成绩单

姓名	语文	数学	英语
宋子丹	98.7	87.9	84.5
郑菁华	98.3	112.2	88
张雄杰	90.4	103.6	95.3
江晓勇	86.4	94.8	94.7
齐小娟	98.7	108.8	87.9

步骤⑤　转置后的表格更方便制作相应的图表。

第2节　Excel表格嵌入

本节介绍Word及PowerPoint中嵌入Excel表格的技巧，助您整合数据与演示，提升信息展示的专业性和互动性，确保数据准确传达，增强演示的吸引力和说服力。

技巧83　如何在PPT或Word中嵌入Excel图表？

技巧难度：　简单

Word或PowerPoint毕竟不是专业数据处理软件，无法进行复杂的公式处理及图表生成。需要整合数据并演示时，一般将Excel中生成的图表复制到Word或PowerPoint中。如何实现图表的内容可以随着Excel表格内容的更新而自动更新呢？

例如要在演示文稿"初三2班第一学期期末成绩"中嵌入"三季度电器销售情况"中的图表。

步骤①　打开Excel工作表，选择需要导入的图表，右击该图表，在弹出的菜单中选择"复制"。

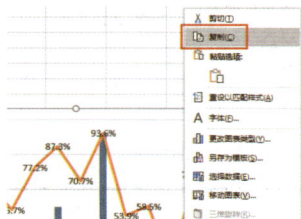

步骤②　打开演示文稿，点击"开始"选项卡，在"剪贴板"组中点击"粘贴"下拉按钮，在弹出的列表框中选择"使用目标主题和链接数据"或"保留原格式和链接数据"选项，例如选择"使用目标主题和链接数据"选项。

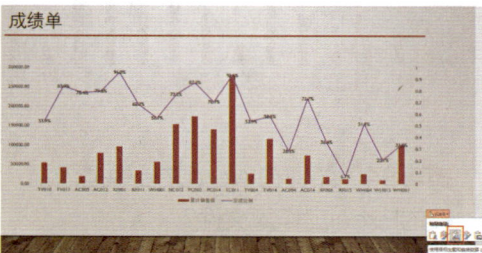

步骤③　如果需要编辑图表中的数据，在演示文稿中右击该图表，在弹出的菜单中选择"编辑数据－在Excel中编辑数据"。

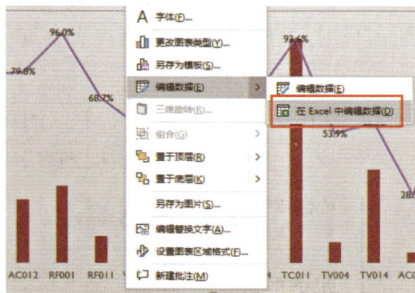

步骤④　即可自动打开图表对应的Excel工作簿，在工作簿中对图表数据进行编辑。

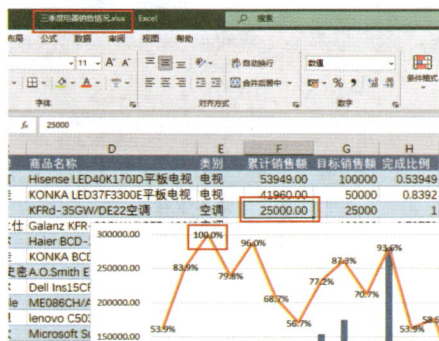

步骤⑤　工作簿保存、关闭后，演示文稿中的图表数据也将自动更新。

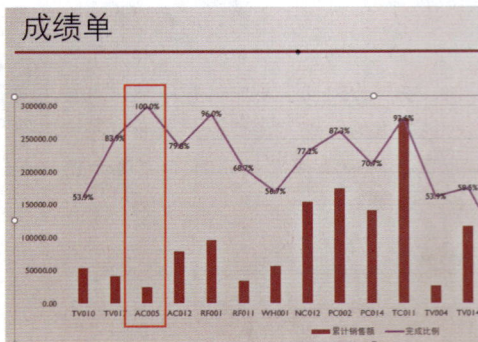

成绩单

如何在Word文档中插入链接的Excel工作簿文件？

技巧难度： ▬▬▬ 简单

　　除了将工作簿中的表格、图表等插入到Word中以外，还可以将整份Excel文件嵌入到Word文档中，这样文档的阅读者通过点击该链接，自动打开Excel文件进行查看。如何做到呢？

　　例如要在文档"结算单"中"明细附件"一栏嵌入工作表文件"收费明细表"。

步骤① 打开文档，将光标放在希望插入Excel文件链接的位置，点击"插入"选项卡，点击"文本"组中的"对象"按钮。

步骤② 在打开的"对象"对话框中，点击"由文件创建"选项卡，点击"浏览…"按钮。

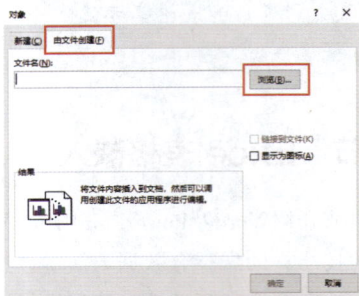

步骤③ 在打开的"浏览"对话框中，选择目标工作簿，点击"插入"按钮。

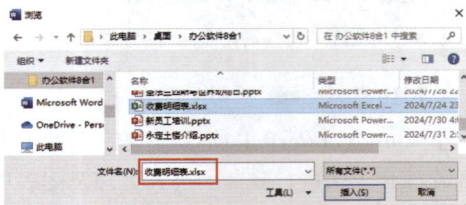

步骤④ 返回"对象"对话框，勾选"链接到文件"和"显示为图标"复选框，点击"确定"按钮。

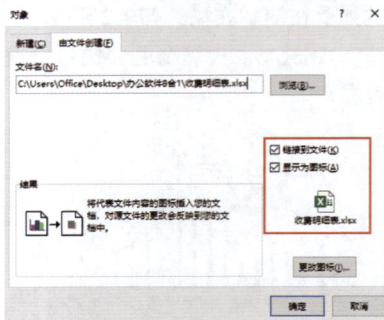

步骤⑤ Word中的插入点位置已经插入Excel文件的链接图标，点击该图标即可打开对应的工作簿。

第四篇章 ◄◄◄◄◄◄

Photoshop
使用技巧

Photoshop 是一款专业图像处理软件，其强大的编辑功能、多样化的滤镜效果、图层管理等，提供高级的编辑工具、精细的像素控制、非破坏性编辑，以及丰富的插件支持，适用于图像修饰、合成、设计等领域。Photoshop 擅长处理各种图像内容，如照片修饰、插图设计、平面广告等，用户可以通过调整色彩、修复瑕疵、合成图像等功能创建出色的视觉作品。

第 29 章 　 工具篇

　　Photoshop（以下简称Ps）提供了多种工具，包括画笔、橡皮擦、套索选择、魔棒选择、裁剪、修复刷、克隆图章、渐变工具、文字工具等。这些工具支持用户进行精确的图像编辑、合成、修饰和创意设计，满足从基础修图到高级图形设计的广泛需求。

　　截至笔者写稿时，Ps的最新版本为Photoshop 2023 v24.0，本篇章涉及到的技巧讲解均为Ps的基本内容，即便是使用"远古"的Photoshop 5也可以进行正常学习。事实上，每一个版本所增加的新内容也十分有限，基本不在初学者所能感知的范围，所以不用纠结使用Ps的哪个版本。

第1节　基础使用

　　Ps的基础使用包括打开、保存文件，调整图像、画布大小和分辨率等。

技巧1　如何新建文件？

技巧难度： ▇▇▇ 简单

步骤①　在Ps成功安装后，双击桌面的Ps图标，或者在开始菜单中找到Adobe Photoshop软件打开，可以看到Ps的启动界面：

步骤②　然后进入Ps的主界面，点击"新作品"，将弹出"新建文件"对话框，其他的版本可点击"文件–新建"，在"新建文件"对话框中进行设置，其中有图片的宽高，我们创建一个宽高800×600的画布，单位选择"像素"，由于图片是供电脑查看，非印刷用途，所以分辨率输入96、颜色模式选择RGB即可。如果是印刷用途，则根据实际纸张大小进行设置，并且分辨率保证在300像素/英寸以上、颜色模式选择CMYK。背景内容选择白色，点击创建，即可新建一个空白的画布。

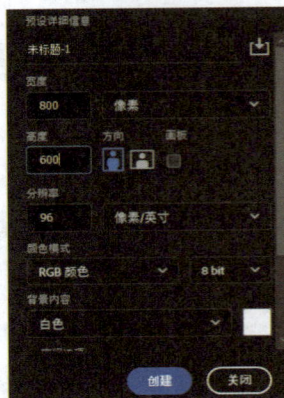

技巧2　Ps界面都有哪些元素？

技巧难度： ▇▇ 简单

　　在成功创建画布后，将正式进入Ps的主界面，那么Ps主界面有哪些元素呢？

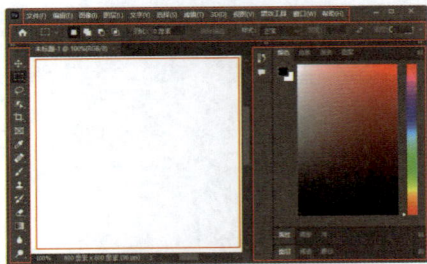

　　① 如上图，窗口的顶部为所有软件都通用的菜单区域，菜单分为多个主要类别，包括文件、编辑、图像等，每个类别下又细分

出多个子菜单，涵盖了从基本的文件操作到高级的图像处理技术。文件菜单允许用户打开、保存和导入导出各种格式的图像文件。编辑菜单提供了一系列的撤销、重做、剪切、复制和粘贴功能，以及颜色设置和预设管理。图像菜单专注于调整图像的尺寸、颜色模式和调整图像的亮度、对比度等。图层菜单则是处理图层操作的关键，如新建、删除、合并图层，以及应用图层样式和蒙版。选择菜单提供了精确选择图像区域的功能，包括各种选择工具和选择命令。滤镜菜单包含多种特效滤镜，可以创造出各种视觉效果，如模糊、锐化、扭曲等。视图菜单用于调整工作区的显示方式，如缩放、网格和参考线。窗口菜单用于管理不同的工作面板，如图层面板、颜色面板等。

2　菜单栏下方为工具的选项区域，根据当前选正在使用的工具不同，工具选项会有所不同，如图是选择工具的选项，后面内容我们将详细介绍。

3　窗口的左侧为工具区域，自Photoshop诞生以来，基本工具的种类和布局就已经固定下来，通过点击来切换工具，通过在工具上长按，弹出工具菜单来切换同一组的不同工具。

4　界面正中间为绘图区，打开的文件就在这个区域出现，可进行缩放、拖动等操作，来达到最佳的显示效果。

5　界面的右侧为面板区，每个面板都可以折叠、悬浮、关闭，只需将常用的面板拖出、合并组、展示即可，其他不常使用的可以折叠或直接关闭。每个人根据不同的设计需求，经常使用的面板也不相同，可根据自己操作习惯进行灵活选用。

技巧53　图片文件有哪些常见格式？

技巧难度： ▮▮▮▯▯▯　简单

在数字图像处理和网络应用中，不同的图片格式因其独特的特性和用途而被广泛使用。

BMP（Bitmap）是一种无损的位图图像格式，由微软公司开发，支持从1位到24位的色彩深度，可以存储单色到全彩的图像。由于它不使用任何压缩技术，因此文件体积较大，但这也保证了图像质量不会因压缩而降低。BMP格式适合用于需要高质量图像而不考虑文件大小的场合。

JPG（或JPEG）是一种有损压缩的图像格式，由联合图像专家组制定。它通过牺牲一定的图像质量来大幅减小文件大小，非常适合用于网络传输和存储大量图片。JPG格式支持高达24位的色彩深度，能够显示非常丰富的色彩和细节。由于其压缩算法的特点，图像在压缩过程中容易产生可见的失真。

GIF（Graphics Interchange Format）是一种支持动画和透明背景的图像格式，由CompuServe公司开发。它使用无损压缩技术，但仅支持最多256色的索引色彩模式，因此适合存储色彩较少的图像，如简单的图标、线条图和动画。GIF的动画功能使其在网页设计中非常受欢迎，尤其是在需要展示简单动画效果的场合。

PNG（Portable Network Graphics）是一种无损压缩的图像格式，设计用于替代GIF格式。PNG支持全彩色图像，并提供比GIF更好的压缩效率。它还支持多级透明度，即可以显示半透明效果，这是GIF所不具备的。PNG格式特别适合用于需要高质量图像且不希望图像质量受损的场合，如网页设计、图标和截图。

PSD（Photoshop Document）是Photoshop的原生文件格式，支持图层、通道、路径、文字等。PSD格式允许用户保存图像的编辑状态，方便后续的修改和调整。由于PSD文件包含了大量的编辑信息，因此文件体积通常较大，通常不用于最终的图像输出，而是在编辑完成后转换为其他更适合的格式，如JPG或PNG，以供发布和分享。

　　一般来说，我们使用Ps制作的草稿文件，保存为PSD格式，而如果输出成品，可根据需要进行选择：如果在意质量，则选择PNG格式；如果在意文件大小，则选择JPG格式；如果图片中颜色较少而又在意文件大小，则选择GIF格式；制作动图只能选择GIF格式。

技巧4　如何保存图片文件？

技巧难度： 简单

　　设计完成的图片文件，如何导出发布呢？

步骤①　点击菜单中的"文件–存储"，弹出"保存文件"对话框。在对话框下方"保存类型"下拉框中，选择一种合适的类型进行保存，每次保存都记得进行设置。相关的格式介绍在技巧3中有提及。

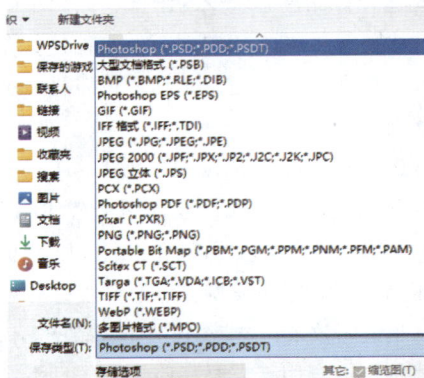

步骤②　PSD格式的文件，直接保存即可。GIF和PNG格式的，将弹出一些选项设置，一般保持默认、直接确定即可。JPG文件有压缩率选择，压缩率越高，图像越小，但是图像质量较差。可在1~12中选择一种综合权衡图像质量与文件大小的品质进行保存，当数字改变时，也可同步在画布中看到图像质

量的变化。

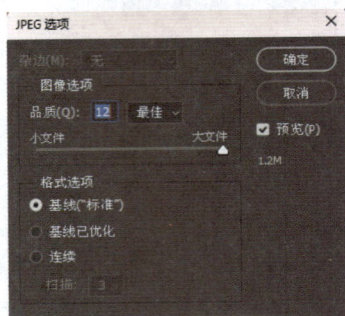

技巧5　如何打开图片文件？

技巧难度： 简单

步骤①　在正常安装Ps软件后，可在资源管理器中，在图片文件上右键，在弹出菜单中选择"打开方式–Adobe Photoshop"来打开。

步骤②　或者在Ps的菜单中选择"文件–打开"来打开文件，或者在主界面中直接点击"打开"按钮，选择一个图片文件进行打开。

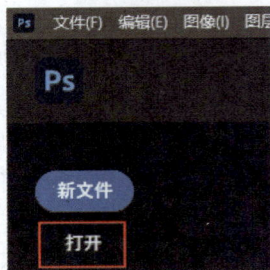

步骤③　快速打开一个网页上的、微信发的图片文件也有一个小技巧，在图片上点击鼠标右键，在弹出的菜单中选择"复制图片"

或者"复制"等类似的功能，将图片暂时复制到剪贴板中：

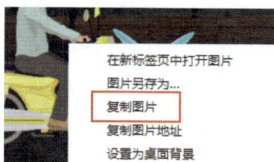

步骤④　然后在Ps中使用新建命令或按快捷键Ctrl + N，打开新建对话框，这时候Ps将自动读取剪贴板中的图片信息，默认填好图片的宽高尺寸，直接点击"确定"创建新文件，再使用粘贴命令将图片贴入即可。

技巧6　如何调整图像大小？

技巧难度：　简单

在一些网站上传照片时，经常看到会对图片尺寸进行限制，比如限制证件照的宽度不能超200像素、高度不能超300像素，如何进行调整呢？

步骤①　打开需要处理的照片，可使用技巧5，直接打开文件，或者复制微信等发送的照片直接打开，然后使用菜单栏的"图像-图像大小..."命令。

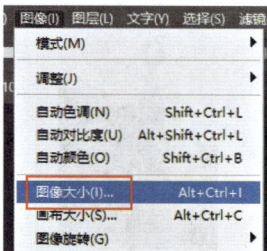

步骤②　在打开的"图像大小"对话框中，将单位按需要进行设置，一般设置为"像素"，保持"宽度/高度"前面的链接按钮处于按下状态，表示"锁定纵横比"，防止图片拉伸变形。按需对宽度和高度进行设置，点击"确定"，保存文件即可。

使用上述办法可解决图片尺寸的问题。而有些网站还会对图片大小进行限制，首先，我们可使用该方法对图片尺寸进行调整，适当调小图片的尺寸，比如设置宽高在1000像素以下。第二步，我们可以将文件保存为JPG格式，通过降低图片的"品质"，来大幅降低图片的大小，可先设置一个较高的品质看看大小是否满足要求，再逐步调小，以此来解决网站对图片尺寸、大小等方面的限制。

技巧7　如何设置画布大小？

技巧难度：　简单

如果网站对上传的照片的宽高比例有要求，例如宽高比等于2：3或者1：1，如何实现呢？

例如要将证件照的宽高比例调整为1：1，从技巧6我们得知，图片的尺寸为281×386像素，需调整为386×386像素才能得到1：1的比例，但如果使用图像大小来调节，将得到拉伸变形的结果。

这时候我们需要调整画布来达到要求。画布是用户进行图像编辑和创作的工作区域，它定义了图像的可编辑区域，用户可以在其上添加、修改和删除内容，以实现各种设计效果，画布尺寸直接决定了图片的尺寸。

步骤① 打开需要处理的照片，然后使用菜单栏的"图像-画布大小…"命令。

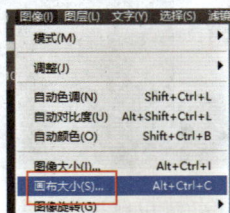

步骤② 在弹出的"画布大小"对话框中，将宽度数值修改为与高度一致（如果照片为横向，则将高度修改为跟宽度一致），再点击定位中的中心点，表示画布由中心均匀向四周扩大。最后点击"画布扩展颜色"右侧的色块，利用吸管工具吸取当前证件照的背景色，表示使用该背景色对新扩展的画布进行填充，设置完成后点击"确定"按钮。

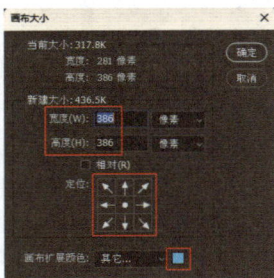

步骤③ 效果如下图，可以看到人物主体区域无变形，而整张图片的比例变更为1：1，可根据实际需要灵活进行设置。

第2节 选择工具

Ps的选择工具包括矩形选框、套索、魔术棒等，用于精确选取图像区域，一般在选区的基础上，才能进行后续的剪切、复制、调色、滤镜等操作。

技巧8 如何选择规则选区？

技巧难度： ▬▬ 简单

选择工具主要有2组，在工具区域中，可通过长按工具弹出菜单来选择更多工具。

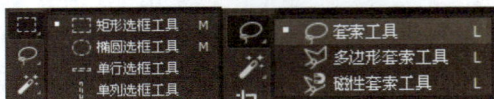

目前Ps版本的工具主要有上图中的7种。创建规则选区，主要使用"矩形选框工具"和"椭圆选框工具"2种。例如要选择下图中的蓝色柱子。

步骤① 点击工具区域中的"矩形选框"（如果当前为"椭圆选框"状态，可通过长按弹出菜单来切换为"矩形选框工具"，下同，不再赘述），在画布中框选合适的范围。

步骤②　可以看到，在柱子周围有一圈虚线，该虚线围成的封闭区域即为"选区"，可通过方向键或鼠标拖动来移动选区的位置。如果一次操作无法精确选择，可点击选区外的其他区域或按Ctrl + D来取消选区，重新进行框选即可。

步骤③　按住键盘上的Shift键并拖动，可得到正方形的选框。

步骤④　如果想要框选红色柱子上方的圆形物体，可选择"椭圆选框工具"在合适的位置开始拖动，形成下图的选框。

步骤⑤　按住键盘上的Shift键并拖动，可得到正圆形的选框。

步骤⑥　使用矩形或椭圆选框工具进行框选时，默认选区起始点在左上方向鼠标拖动方向扩展。如果按住Alt键拖动，则会以鼠标按下的起始点作为选区正中心，向四周均匀扩展。

　　有效的选区是Ps操作的核心，一定要多加练习。

技巧9　如何同时选择多个区域？

技巧难度：▮▮▮▯▯　**中等**

　　如果在选择一个选区基础上，还想增加选择另一个选区，例如要同时框选蓝色和红色柱子，应该如何实现呢？

步骤①　使用选框工具时，在上方工具选项中可以看到，默认为"新选区"状态，第2个按钮为"添加到选区"，按下之后，则可将新框选的选区增加进来。

步骤②　在选择蓝色柱子的基础上，使用"添加到选区"功能，再框选红色柱子，可以看到2个柱子周围都有虚线，即创建了一个不连续的复杂选区。

　　我们也可以在"新选区 ▮"的状态下，临时按住键盘上的Shift键，再框选第2个区域，达到"添加选区"的效果。

技巧10　如何减少选择的区域？

技巧难度：▮▮▮▯▯　**中等**

　　有时我们需要在已经选定的选区中，去掉某些部分，例如我们框选蓝色柱子，但又不想选中顶端的圆形部分，该如何操作呢？

步骤①　在上方工具选项中，第3个按钮为"从选区减去"，按下之后，则可将新框选的选区从原选区中减去：

步骤②　选择蓝色柱子的基础上，使用"从选区减去"功能，再使用椭圆选框框选蓝色顶端的圆形，可以看到选区的中间被减去一个圆形区域，形成一个复杂选区。

步骤③ 我们也可以在"新选区"的状态下，临时按住键盘上的Alt键，再框选第2个区域，达到"从选区减去"的效果。

技巧11 如何选取多边形选区？

技巧难度： ▇▇▇▇ 简单

如果我们要选择的内容是一个规则的图形，具有明确的边和顶点，此时使用多边形套索工具即可轻松解决这个问题。例如要选择蓝色柱子的地台：

步骤 切换到"多边形套索工具"，如下图依次点击地台的顶点，Ps将自动为每2个连续顶点之间使用直线连接，当围成一个封闭区域后生成多边形选区，非常方便。

该组工具中的套索工具可以类似画笔一样，对鼠标拖动过的轨迹形成一个选区轮廓，对围成的区域生成选区，在无需精确选择的情况下可以选用。而磁性套索工具由于可采用功能更强大的魔棒工具代替，使用的情况不多。

第3节 移动工具

Ps的移动工具允许用户轻松拖动和重新定位图层或选区的内容，支持图层自动对齐和分布，便于精确控制图像布局，提升设计灵活性和效率。

技巧12 如何移动对象？

技巧难度： ▇▇▇▇ 简单

移动工具只有一个，在工具区域中可以轻松找到，其快捷键为V，可在英文输入状态下按键盘上的V键快速切换到移动工具状态。

步骤① 如果我们想要将左侧黄色顶端图形，移动到右侧红色柱子的顶端作替换，可先用选框工具进行框选，选择想要移动的图像部分，然后切换到移动工具，在选框内部按住鼠标，向右拖动。

步骤② 可以看到，随着鼠标的拖动，选区的内容跟着移动，保持选区的状态，则可随意移动，还可以使用键盘上的方向键来实现精确移动，移动到想要的位置后，按Ctrl + D取消选框，保存文件即可。

技巧13 如何在同一文件中复制对象？

技巧难度： ▇▇▇▇ 简单

使用移动工具，除了直接移动内容以外，还可以在不借助图层前提下，直接实现内容的复制。例如要将以下主体复制多一份在右侧，应该如何实现呢？

步骤①　使用选框工具对主体进行框选，尽量选择更精确的范围，选区建立完毕后，切换至移动工具，注意，此时按住键盘上的Alt键，往右拖动。

步骤②　可以看到，随着鼠标的拖动，选区的内容复制多一份，跟着鼠标移动。保持选区的状态，则可随意移动复制出来的内容，移动到想要的位置后，按Ctrl + D取消选框，保存文件即可。

技巧14　如何利用移动工具复制对象到另一文件中？

技巧难度：　简单

　　使用移动工具除了可以在同一个文件里进行复制，还可以方便地跨文件复制。例如要将下图中的主体复制到技巧13中的图片右侧，可以如何实现呢？

步骤①　默认的文件打开是采用标签页的样式，一个文件就是一个标签页，可通过点击标签页来切换不同的文件。但是一次只能显示一个文件，如果想要几个文件并排比较等要求时，可使用鼠标按住标签往下拖拽，如上图所示，即可将当前文件从标签页中分离出，形成一个悬浮的窗口。

步骤②　使用选框工具选择主体的内容（如果不作选择，则将整个画布内容一起复制，可根据实际需要来决定），再使用移动工具将选区或整个画布拖动到另一个文件的画布中。

步骤③　拖动过来的图像将自动建立一个图层，可按键盘上的Ctrl + T组合键来进行自由变换，图层或选区的四周将出现控制点，拖动控制点可改变大小，拖动选区可调整位置，将鼠标移至控制点附近，当鼠标出现旋转的样式时可旋转选区。

步骤④ 在自由变换的模式下，按回车键确认修改，按Esc键可退出修改。不断调整，以达到最佳的显示效果。

第4节　魔棒工具

Ps的魔棒工具能快速选择图像中颜色相近的区域，通过调整容差值控制选取范围，适用于快速选取背景或同色区域，提高编辑效率。

技巧15　魔棒工具有哪些选项设置？

技巧难度： 简单

魔棒组的工具主要有"魔棒工具"和"快速选择工具"2个，在工具区域的菜单如下，快捷键为W，可按键盘上的W键进行快速切换。

步骤① 切换到魔棒工具时，Ps界面上方显示魔棒工具的选项。由于是一种选择工具，左侧4个按钮与选框工具功能一样，也是新选区、加选区、减选区等。"容差"是一个重要的参数，它决定了工具选择颜色的范围。容差值越低，选择的颜色越接近于点击点的颜色；容差值越高，工具选择的范围就越广，包括更多与点击点颜色相似的像素。例如，如果容差设置为32，魔棒将选择点击

点周围颜色差异在32之间的像素；如果设置为100，则会选择更广泛的颜色范围。范围为0~255，根据实际效果进行适当增减。

步骤② "连续"选项则决定魔棒工具是否只选择相邻的像素。当勾选"连续"时，仅选择与点击点直接相邻且颜色相似的像素区域。取消勾选"连续"，则将选择整个图像中所有颜色相似的像素，无论它们是否相邻。以下是取消勾选"连续"的效果，点击点在画面中间花朵上的蓝点，可以看到整个画面其他花朵与点击点不相邻，但是由于也是桃红色，所以被选中：

步骤③ 如果勾选"连续"，保持点击点不变，则将选择与点击点相连通的区域，图像其他区域即使有相近的桃红色，由于不相邻，不会被选中。

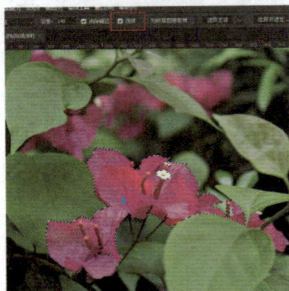

适当调节"容差"与"连续"参数，对快速选择准确的选区有事半功倍的效果，应当多加练习，根据实际情况选择最合适的参数。

技巧16 如何结合魔棒工具实现局部改色？

技巧难度： 中等

如果想要改变人物裙子的颜色，按照步骤来说应当先作选区，再进行改变。而前面介绍的选框工具只能框选矩形或圆形，达不到精确选择的效果，可采用魔棒工具来实现。

步骤① 打开文件，切换到魔棒工具，选择一个合适的容差值进行测试，比如先输入30（可在文本框中通过上下箭头来快速调节，Ps中基本所有数字输入框都可使用方向键来调整数值），点击裙子上的点，观察选择效果，如下图左侧，可以看到由于容差设置过小，选中的区域不够准确。适当调大容差，由于裙子周围全是浅色，区分度高，当调整到80时，点击裙子上所示的取样点，可以看到整条裙子均被选中（保持"连续"被勾选）。

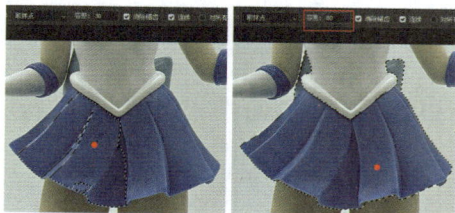

步骤② 在完成选区的准确创建之后，我们可以对其更改颜色。由于本身带明暗变化，不能直接对其涂上颜色，必须通过直接改变"颜色"来实现，即直接修改其色相。色相是色彩的基本属性之一，它描述颜色的基本色调，代表颜色的种类，是区分不同颜色的主要依据。调整色相可通过菜单中的"图像–调整–色相/饱和度"来实现，也可使用快捷键Ctrl + U。

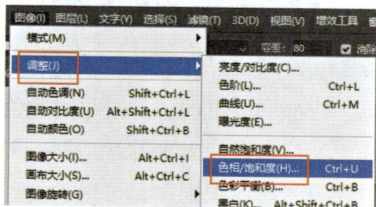

步骤③ 在弹出的"色相/饱和度"对话框中，直接拖动色相滑块，修改颜色，达到想要的效果。

步骤④ 此外，还可通过微调饱和度和明度来达到最佳的显示效果，调整完毕后，点击"确定"，取消选框，保存文件，效果如下。

当一个连续的区域与周围的区域色差比较明显时，可采用魔棒进行选择，比如浅色背景上的深色头发、绿植中的红花。而黑色背景下的黑发、草地上绿色的球，则无法顺利使用魔棒来进行快速选择。

技巧17 快速选择工具有哪些使用技巧？

技巧难度： 中等

单纯使用魔棒工具也有其不足之处，例如下图靴子的高光部分，如果设置过低的容差，则无法选中高光，如果设置过高的容差、足以选中高光，但此时靴子周围的白色背景也会被选中，这种情况下就需要改用"快速选择工具"来实现。

步骤① 取消选区，切换到快速选择工具，可以看到工具的选项除了新选区、加选区、减选区外（默认为"加选区"），还有一个画笔大小，它决定了工具在图像上创建选区时的覆盖范围，画笔越大，工具一次选择的区域就越广；画笔越小，工具的选择就越精确，能够更好地捕捉到细节。需根据选择的对象大小和复杂度调整画笔大小，例如对大面积且颜色较为均匀的区域，可使用较大的画笔快速选中；而对于边缘复杂或颜色变化较多的小区域，则使用较小的画笔以提高选择的精确度。

步骤② 选择一个比小腿宽度略小的画笔大小，在靴子内部从上往下涂抹，Ps将自动扩展选择到色彩相近连通区域的边界，如果在转角处局部区域没有被选中，则切换较小画笔进行再次涂抹，直到整个区域被准确选中。

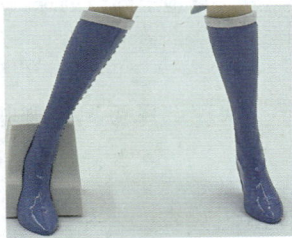

步骤③ 在工具选项中"加选区 🖌"的状态下，调整合适的画笔大小，在其他区域进行涂抹，选中剩余所有的蓝色区域。此时按下Ctrl + Alt + U组合键，代表沿用上一次的"色相/饱和度"参数来打开对话框（直接按Ctrl + U每次参数都会默认为0），这样能得到与上次设置同样的红色，点击"确定"，取消选框，保存文件，完成修改。

在实践中，可结合选框、魔棒等各个工具的特点来进行高效选择，作选区前多观察要选择区域的形状、颜色等特征，选择最合适的工具来进行选择。

第5节　裁剪工具

Ps的裁剪工具用于调整图像尺寸和比例，通过拖动裁剪框边缘或使用预设比例，快速移除多余部分，优化图像构图。

技巧18　如何按指定比例进行裁剪？

技巧难度： ▰▰▱▱ 简单

裁剪组的工具主要有裁剪工具、透视裁剪工具、切片工具等。切片工具主要用于大图、长图切分成小图输出，通常应用于网页、电商详情图的切图输出。该组工具的快捷键为C，可使用C键来快速切换到裁剪工具。

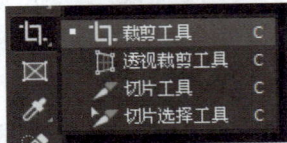

裁剪工具在历代Ps中的修改是比较大的，每一代都有所不同，从最早期的需要自己框选，到后来默认出现的裁剪框，并且后期还加入了"内容识别"，可对扩展的画布

进行智能填充，比较方便。读者可根据使用的不同版本进行灵活应用。

裁剪工具的选项如下图，可通过比例进行裁剪，也可通过指定"宽×高×分辨率"进行裁剪，在这两种模式下，只要在后面的具体数字中不填入数值，则可以自由裁剪。

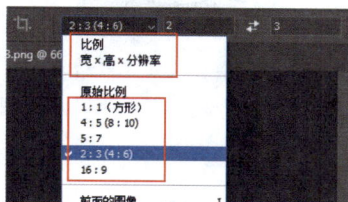

如果网站要求上传的图片宽高比例必须为2∶3，应该如何做到呢？

步骤① 打开文件，切换到裁剪工具，在裁剪工具下拉中选择2∶3，根据Ps版本的不同，可能需要自己框选裁剪范围，或Ps自动出现裁剪框。

步骤② 根据实际情况，拖动裁剪框四周的控制点进行合理构图，拖动中间的内容部分进行画布移动，调整到最佳效果后，按回车键或双击画布部分，表示确定裁剪。也可按Esc键取消裁剪状态，按2∶3比例裁剪的效果如下图。

较新版本的裁剪框都有3分的构图辅助框，在某些图片进行裁剪的时候，可将主体部分放在三分之一的位置，达到较佳的构图。

技巧19 如何将图片裁剪到指定的像素大小？

技巧难度： 简单

除了按比例裁剪，有些场合还要求我们裁剪到指定的大小，例如1寸照片的尺寸是25×35毫米，除了先按5∶7的比例裁剪后再调整图像大小，还有什么简便的方法呢？

步骤① 打开需要裁剪的图片，选择裁剪工具，在工具选项下拉中选择"宽×高×分辨率"，在后面的数值框中依次输入"25mm""35mm""300"，如下图，不同版本的Ps对输入单位的支持不同，老版本有些无法支持中文单位例如"厘米""毫米""像素"等，新版本支持比较好，可以智能识别，例如cm、mm、px等。

步骤② 调整裁剪框位置，达到最佳裁剪效果，按回车或双击进行确认，打开"图像大小"对话框查看，可以看到图片精确裁剪至2.5×3.5厘米。

技巧20　如何将倾斜的对象裁剪为平面？

技巧难度： ▭▭▭▭▭　简单

Ps在近期版本中提供了透视裁剪工具，可将由于拍照透视效果的物体直接裁剪为平面，方便进行后续处理。

例如下图是因拍照角度造成的近大远小的透视关系，且有一定的倾斜，该如何调整呢？

步骤①　打开文件，切换至透视裁剪工具，依次点击要调整的对象的四个顶点，如下图红点，可以先大概点击。

步骤②　可以看到有些主体部分漏选，接下来通过拖动四个顶点控制点，将主体部分包括进去。

步骤③　调整完毕后按回车或者双击，图像自动裁剪，并且修复透视关系，旋转到正向显示。

当然，Ps的处理方式也只能通过既有的像素进行运算修复，像上述对象左侧的内容，由于拍照时被遮挡，自然也无法被还原出来，也无法完全模拟从对象正上方拍照的效果。

第6节　修补工具

Ps的修补工具包括污点修复画笔和修补工具等，能智能修复图像瑕疵，如移除皱纹、斑点，或复制图像区域，实现无缝融合，提升图像质量。

技巧21　如何去除图像中的水印？

技巧难度： ▭▭▭▭▭　简单

修补工具组主要包括污点修复画笔工

具、修复画笔工具、修补工具、红眼工具等，其原理主要是智能分析被选择部分的像素与周围的差异，自动将周围像素经过一定的运算，填补到选择的部分中去，而融合相对自然。

有时我们在网上获取到的图片可能含有水印，如下图，如何快速去除呢？

步骤①　打开图片，切换到污点修复画笔工具，在工具选项中选择刚好可以覆盖水印大小的画笔大小，对水印部分进行涂抹，如下图：

步骤②　确保水印部分均已完全覆盖，涂抹完成后，松开鼠标，Ps自动进行内容修补。

步骤③　可以看到初次运算的修补效果，在边缘处的效果不理想，接下来多次对边缘部分进行涂抹，每次涂抹后观看效果，达到最佳的修复效果。

本例中特意将水印打在边缘处进行演示。纯色背景上的修复效果最好，复杂背景的修复效果，特别是这一类曲线边缘的，由于无法比较智能地修复，需要我们多次尝试慢慢修复，来达到较好的效果。

而画笔大小的选择，如果能和水印字体笔画大小一致、慢慢修复，效果是最好的，但是效率低下，一般一次性涂抹，交给Ps去自动运算即可。可尝试多种方法进行修复，如先修复两边纯色的部分，再对边缘处进行重点修复。

技巧22　如何去除皱纹？

技巧难度：▰▰▱▱▱　简单

在进行人物修图的时候，有时我们需要去除人物脸上的皱纹及斑点，如何高效去除呢？

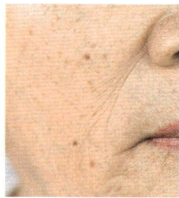

步骤①　打开图片，切换到修补工具，较大面积的修复可使用修补工具，框选较大面积的皱纹部分。

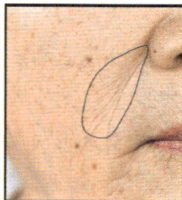

步骤② 画出一个闭合的足以包围整个皱纹区域之后松开鼠标，形成选区，接下来将选区拖动到旁边的目标区域，Ps将用目标区域的像素，通过运算后填补到选区中，注意拖放到的区域应当是用来修补该部分皱纹的区域，所以只能是皮肤，不能包含其他元素，例如边缘、其他颜色、器官等。

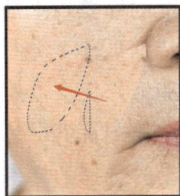

步骤③ 松开鼠标，观看修复效果，Ps并非单纯的区域复制，而是经过一定的算法运算后进行修补，边缘融合比较自然。

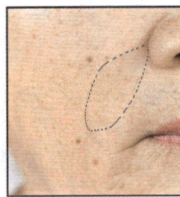

步骤④ 再对其他斑点部分使用合适画笔大小的污点修复工具进行仔细修复，图片修复结果如下。

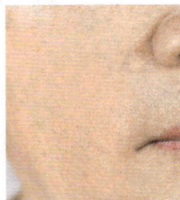

第7节 填充工具

Ps的填充工具可快速填充选区或图层，使用前景色、背景色或图案，也可利用内容感知填充功能，智能分析周围图像，自动填充选定区域，实现自然过渡。

技巧难度： 简单

填充组的工具主要包括油漆桶工具和渐变工具。

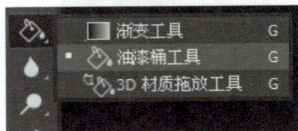

其中，油漆桶工具的选项主要有：

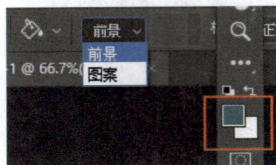

可选择使用前景色或图案进行填充。在Ps工具区域下方有2个色块，分别代表前景色与背景色，一般使用填充、画笔类、字体等工具时，将使用当前的前景色进行填充。改变前景色和背景色的方法：点击色块，在弹出的拾色器窗口中选择一种合适的颜色即可。

如果要进行纯色填充，可按以下步骤进行：

步骤① 切换到油漆桶工具，并选择使用前景色填充，选择一个合适的前景色，点击画布任意区域，如下图的红点。

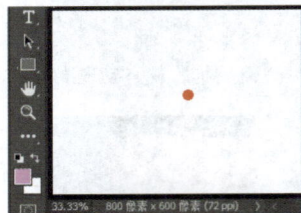

步骤② Ps自动将前景色填充至整个画布。

Ps还会自动分析边界部分，自动填充连通的区域，对复杂的图像，使用油漆桶工具进行点击，并不会填充满整个画布，这点在替换纯色颜色背景特别方便。例如要将证件照的背景更改颜色，可将背景色调整为一种合适的红色。

步骤①　点击图片中的背景色部分，例如下图的红点。

步骤②　Ps将自动把当前点击点所在的连通区域，使用前景色进行填充，达到修改底色的效果。

技巧24　如何填充图案？

技巧难度： 简单

除了使用纯色填充，Ps还可以使用图案进行图层、选区的填充，例如可使用几何图形进行窗帘、地毯、地砖等填充。新版本的Ps还提供了丰富的图案，将油漆桶工具的选项调整为"图案"填充，可以看到Ps自带的图案。

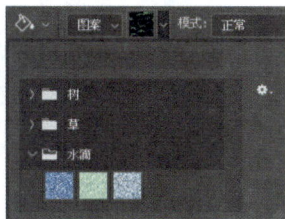

步骤　新建一个画布，选择图案中水滴组中的"水-池"（不同版本可能自带的图案不同，选择一种合适的图案即可），点击画布，即可看到图案的填充效果。

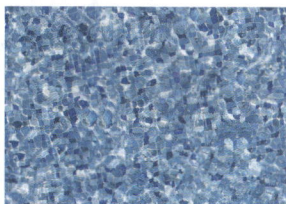

技巧25　如何填充渐变？

技巧难度： 中等

渐变就是两个颜色之间的自然过渡。Ps为渐变工具提供了一些预设的样式，在以前版本中，Ps提供了以下经典预设。

在近期的新版本中，Ps根据颜色对渐变进行分类，提供更多种类的预设渐变，这些渐变过渡自然，更符合现代审美，更为实用，例如蓝色组中的预设渐变，点击渐变色条右侧的下拉按钮可以看到如下图所示界面。

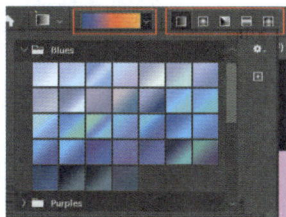

在渐变样式选择的右侧，为渐变方向的选项选择，分别为线性、径向、角度、对称、菱形5种，决定了渐变的方向。

步骤①　新建画布，切换到渐变工具，在渐变样式预设中选择一种合适的渐变，分别切换不同的渐变方向进行填充，不同的效果如下。

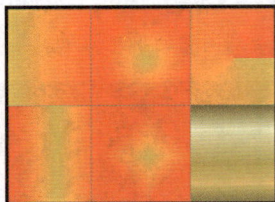

步骤② 第一行左侧为从左到右水平拖动的线性渐变，中间为从中心点往边缘径向拖动的径向渐变，右侧为从中心点水平向右拖动的角度渐变。第二行左侧为从中心点水平向右拖动的对称渐变，中间为从中心点水平向右拖动的菱形渐变，可以看到不同的渐变效果。

步骤③ 直接点击渐变色条，还可对渐变进行自定义的复杂调节，经过合理的调整后，还可以填充出如上图右下方的类似金属渐变。

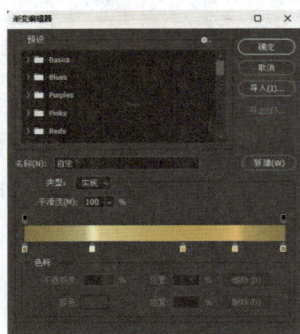

第8节 画笔工具

Ps的画笔工具提供多种笔刷样式和动态效果，支持自定义笔刷，可用于绘制、涂抹或修饰图像，通过调整不透明度和流量，实现精细的绘画和编辑效果。

技巧26 画笔有哪些使用技巧？

技巧难度： 简单

画笔组的工具主要有画笔工具、铅笔工具等，一般常用的为画笔工具。

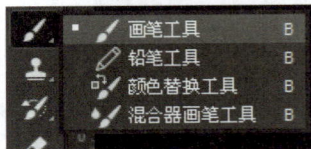

画笔工具提供了丰富的选项，首先是常规画笔中的硬边与柔边的调节，通过点击画笔选项的下拉按钮可弹出设置，从下方就可以看到两种画笔的差别，如果需要平滑的过渡，则选用柔边的画笔。

其次是画笔大小设置，可通过拖动滑块来设置，在绘画过程中，也可通过键盘上的"[" "]"键来随时调节画笔大小，注意此时的输入法必须为英文输入法。

此外，还可以对画笔颜色的不透明度、流量、喷枪效果进行设置。

下图是分别使用柔边、硬边，以及上述参数设置的不透明度、流量进行绘画的演示效果：

技巧27　如何使用画笔绘制枫叶？

技巧难度： 中等

Ps提供了丰富的预设画笔供我们使用。老版本的Ps提供非常多的预设画笔，而在新版本中被隐藏起来，可先点击画笔工具选项中，画笔大小的右侧按钮打开画笔面板。

在弹出的画笔面板右上方，点击按钮，在弹出的菜单中选择"旧版画笔"，即可将旧版的画笔追加进来。在以前的Ps版本中则不需进行此设置。

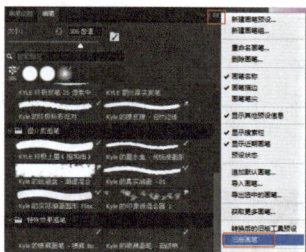

Ps提供的画笔种类非常多，还为画笔增加了非常多的设置，例如我们可直接使用画笔来画枫叶。

步骤①　新建一个空白的画布，切换到画笔工具，打开画笔面板，在笔尖形状中找到"散布枫叶"画笔（或其他喜欢的画笔）。

步骤②　勾选下方的"间距"，并设置合适的数值，该参数用于控制当拖动鼠标时，两个图案之间的间距。

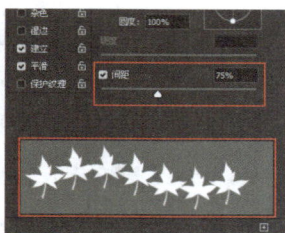

步骤③　在左侧"散布"中，将散布的参数设置一个合适的数值，该参数用于控制图案在鼠标划过的线上的上下位置随机分布，可在下方实时看到预览效果。

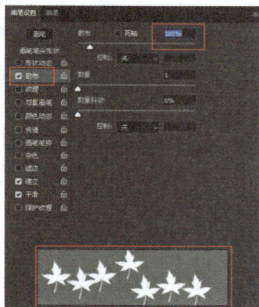

步骤④　可在"形状动态"中，设置"大小抖动"值为合适的数值，该参数用于随机分布画笔图案的大小；设置"角度抖动"值为合适的数值，该参数用于将每次画笔图案随机旋转一个数值。

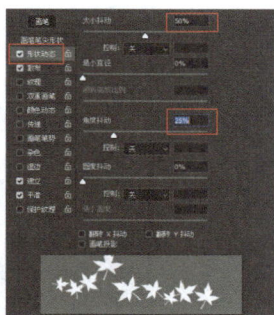

步骤⑤　可在"颜色动态"中，设置"前景/背景抖动"，将前景色和背景色设置一

个合适图案的颜色，例如红色和橙黄色，则可将画笔的颜色设置为在红色和橙黄色之间随机的过渡分布。

步骤⑥ 可调整其他参数并随时查看效果，调整后，在画布上进行绘画，Ps自动在绘画时加入随机大小、颜色、角度、上下浮动等，使得画面更形象、不呆板。

Ps提供了许多自带的画笔，可自行尝试，此外，还可通过导入第三方设计的ABR画笔文件来丰富我们的作画。

技巧28 如何利用画笔制作星芒效果？

技巧难度： 简单

在制作一些产品图或特效字的时候，可使用画笔来添加一些星芒的效果，具体如何实现呢？

步骤① 打开需要处理的文件，在画笔中选择"交叉排线4"或者"交叉排线1"，注意关闭左侧的"形状动态""散布""颜色动态"等设置。

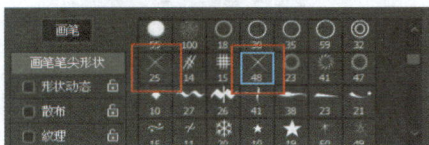

步骤② 设置前景色为白色，或其他合适的颜色，来指定画笔的颜色。再将鼠标移动到

画布区域中，观察画笔笔尖大小与字体的大小比例，通过键盘的"["、"]"键来实时调整画笔大小，当设置到合适大小后，在适当位置点击一下鼠标，完成星芒的绘制。

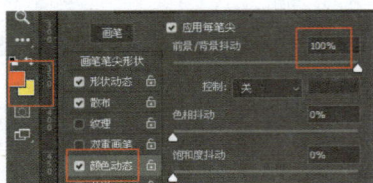

需注意，星芒为点缀效果，宜少不宜多。

第9节　文字工具

Ps的文字工具允许用户在图像上添加和编辑文本，支持多种字体、大小和颜色选项，可调整文本对齐、行距和字距，实现专业级的排版效果。

技巧29 如何输入文字？

技巧难度： 简单

文字组的工具主要有横排文字工具、竖排文字工具以及文字蒙版等，其快捷键为T，可通过键盘上的T键快速切换到文字工具。

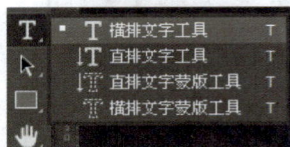

文字工具同样提供了丰富的选项，每项设置都非常重要。最左侧为字体选择下拉框，可根据实际设计风格选用一种合适的字体。第二个下拉框为某些提供了常规、粗体等特殊样式的字体提供选择。第三个下拉框是字号设置，可下拉选择，也可直接输入数值，支持小数，可进行精确设置。

下一个选项是字体边缘的处理，即消除锯齿的方法，"无"表示不进行任何消除锯齿的处理；"锐利"表示使文字边缘非常锐化且反差强烈；"犀利"表示文字稍微消除锯齿而保持清晰边缘；"浑厚"使文字消除锯齿，文本变粗；"平滑"则消除锯齿状边缘，并产生非常平滑的效果。可在实际应用中加以尝试，达到最佳的字体表现效果。

下一组是文本对齐选项，可设置基于插入点的左对齐、居中对齐和右对齐。然后是字体颜色设置，可区别于前景色，为文本设置独立的颜色。

接下来的按钮分别是设置文字变形、打开字符段落面板按钮、取消字体编辑、提交字体编辑和3D字体设置。编辑完文字后，可点击"√"来提交修改，也可按键盘上的Ctrl + Enter来提交。

接下来我们进行文字工具的实战，例如要为以下图片配文字，该如何做到呢？

步骤①　打开图片文件，根据实际构图，切换到横排文字工具，点击画布上适当位置，进入文本编辑模式。一次输入的文字可设置不同的字体字号颜色等，通过选中部分字体进行设置即可。鼠标放在文字区域之外还可直接拖动文字图层，可再次移动到合适的位置。编辑完后按Ctrl + Enter快捷键进行提交。

步骤②　切换到竖排文字工具，调整字号，继续输入文本，完成整体的设计。

竖排文本默认的阅读顺序是从右到左，按下回车后，光标将出现在当前行的左侧继续输入。

技巧30　如何设置文字段落？

技巧难度： ▮▮▮▮ 简单

单独的文字可以有横向、纵向缩放比例。文字和文字间有间距选项，行与行之间有行间距调节。当输入完文本后，可对一个文字图层进行段落设置。

点击文字工具选项中的"切换字符和段落面板"按钮，打开字符面板，可以看到，除了设置字体字号外还有很多选项，分别是行间距设置 、字符间距设置 、字符垂直缩放 、水平缩放 等。下方是设置颜色及粗体、倾斜、下划线等样式。

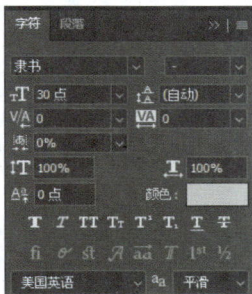

步骤① 切换到文字工具，点击文字区域，进入文字图层编辑模式。打开字符面板，在面板中设置行间距、字符间距、字符缩放、颜色等参数，达到理想效果。

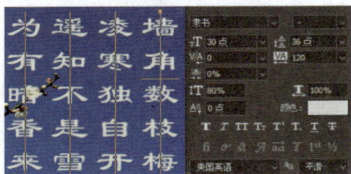

步骤② 编辑完按Ctrl + Enter提交编辑，完成文字段落修改，整体效果如下。

技巧31 如何设置变形字体？

技巧难度： ▆▆▆ 简单

有时可能在旗帜、圆拱、球面上排版文字，需要文字按一定的形状进行变形，这时候需要使用Ps的变形文字功能。

输入完文字之后，在文本编辑状态下，点击字体工具选项中的"创建文字变形"按钮，弹出变形文字对话框。

步骤 在样式下拉框中选择一种合适的变形，在下面相应的参数进行调节，可实时预览到文本图层中文字的变形，例如设置为扇形，弯曲+50%，效果如上图。也可设置为

膨胀，弯曲为+100%，效果如下图。

此外，还有旗帜、鱼眼、扭转等其他变形效果，可根据实际需要进行选用。

第 30 章　面板篇

Ps中的面板是辅助工具，用于快速访问和调整图层、颜色、笔刷等设置，包括图层面板、颜色面板、历史记录面板等，它们帮助用户高效管理图层，进行精确编辑和调整，是实现复杂设计和图像处理不可或缺的功能组件。

第1节　图层面板

Ps的图层面板是管理图像元素的核心，允许用户创建、编辑和组织图层，通过调整图层顺序、混合模式和不透明度，实现复杂的图像合成和编辑。

技巧32 如何新建图层？

技巧难度： ▆▆▆ 简单

Ps在安装后默认会打开图层面板，如果不小心关闭该面板或没有显示，可在菜单中的窗口中找到"图层"，即可打开该面板。其他面板的打开方式一样，不再赘述。

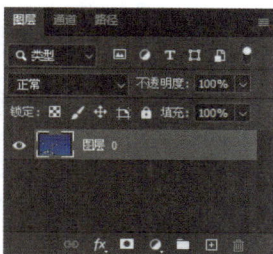

Ps中以图层来管理文件，图层是一个个透明的、有前后关系的画布。在图层面板中，越往上的图层，离我们越"近"，图层中有作画的区域，则会遮盖下一层相应位置的内容。我们可利用图层的这一特性，新建出不同的图层，利用层叠关系，达到编辑时不破坏其他图层的目的。

图层面板上方是图层混合模式的更改，该部分比较复杂，不作讲解，可自行尝试查看效果。不透明度和填充百分比的调节使用场景比较多，不透明度可使图层变得半透明，透过透明的图层可以看到下方层叠的图层。而当套用图层样式时，有时候我们不需要图层自带的颜色信息，则可将填充设置为0%。

面板下方有一排按钮，分别是链接图层、图层样式、图层蒙版、调整图层、新建组、新建图层、删除图层按钮。

如果新建图层，可按照以下步骤完成：

步骤　打开图层面板，点击右下角新建图层按钮 ▣，Ps自动新建一个图层，并以"图层 x"序号递增。建议给每个图层起一个名字，防止当图层多的时候查找困难。也可将一个现有图层，拖动到新建图层按钮上松开鼠标，此时将创建一个现有图层的副本。

图层前面有一个眼睛按钮 ◉，表示图层是否可见，点击可切换。当没有出现眼睛时，表示图层被隐藏，为不可见状态。事实上，当需要修改一个现有图层又没有十足的把握时，可将图层复制一份，并设为不可见，对原版进行修改，当修改失误时，即可将副本恢复，避免损失。

在图层面板中，可通过拖动改变图层的先后顺序，来改变图层的层叠关系。

当图层不再需要时，可选中一个或多个图层，点击右下角的删除图层按钮，将图层删除。

技巧33　如何新建图层组？

技巧难度： ▰▰▱▱▱▱▱　**简单**

随着设计的复杂，图层也会逐渐增多，需要对图层进行分组管理，应当如何实现呢？

步骤①　在图层面板中，点击右下角的"新建组"按钮，将在当前图层的上一行新建一个组，默认以"组 x"递增。图层组创建完毕后，可将任意图层拖动到组上松开鼠标，即可将图层移入组中。

步骤②　也可以将一个或多个图层直接拖动

到"新建组"按钮上松开鼠标，Ps将创建一个将选中的图层包括起来的图层组。

步骤③ 分组后的图层面板如下图，建议为每个组起个有意义的名称，这样在点击组前面的折叠按钮将所有图层折叠起来后，仍可以快速知道组内图层的内容，避免操作麻烦。

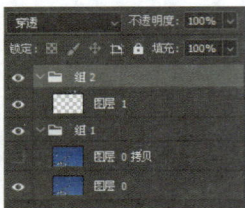

图层组是允许相互嵌套的，也就是说，图层组里边，也可以包含图层组，管理起来比较方便。

删除图层组也是使用右下角的删除按钮进行删除，需特别注意，删除组的时候，将同时删除组内的所有图层，一定要慎重操作。

技巧34 如何将多个图层链接起来？

技巧难度： 简单

在前面我们讲过，尽量通过分开多个图层进行独立操作，使得修改部分内容时不影响图层内的其他无需操作的内容。但是，不同图层之间的内容可能有一定的关联性，当确定好位置之后，不希望两个或多个相关联的图层之间的相对位置发生改变。例如下图，诗的标题和内容的相对位置已经调整

好，但是需要移动位置时，当使用移动工具拖动标题图层时，将改变图层之间的相对位置。如何将两个或多个图层关联起来呢？

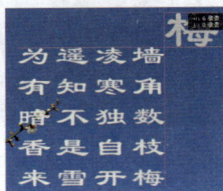

步骤① 打开图层面板，在图层面板中，选择两个或多个需要关联的图层，点击左下角的"链接图层"按钮。

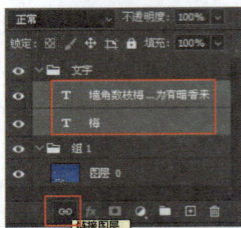

步骤② 此时可以看到被设置链接的图层右侧出现了锁链的标识，表明该组图层处于链接状态，移动组内的一个图层，其他图层会跟着移动，保持相对位置不发生改变。

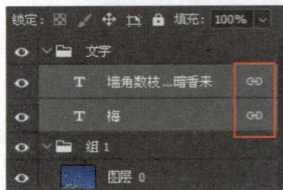

步骤③ 点击具有链接关系的任一图层，组内的其他图层将会显示锁链标记。而当点击其他图层时，由于没有具有链接关系的图层，所以不显示锁链标记。

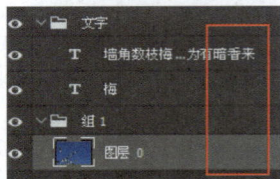

技巧35　如何对齐不同图层的对象？

技巧难度：▰▰▱▱▱ 简单

除了保持相对位置不变之外，有时我们还需要将一组具有一定关联关系的图层进行对齐操作，应当如何实现呢？

步骤①　打开文件，打开图层面板，同时选中两个或多个需要进行对齐的图层。切换到移动工具，在移动工具选项中，可以看到一组对齐的命令，分别是左对齐、居中对齐、右对齐、顶端对齐、垂直居中对齐、底端对齐，以及水平分布。可根据需要进行灵活操作，本例对标题和内容两个图层进行顶对齐。

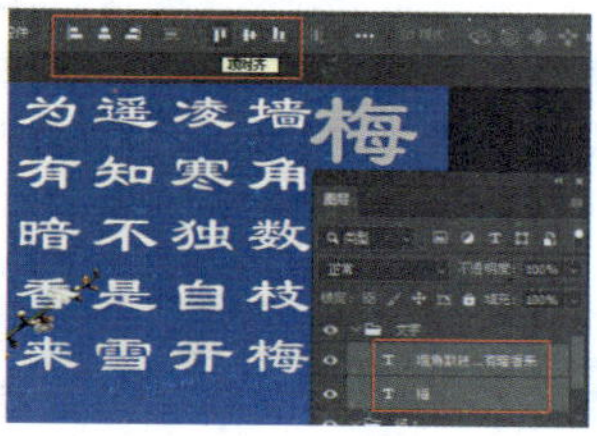

步骤②　或者对两个图层进行垂直居中对齐。

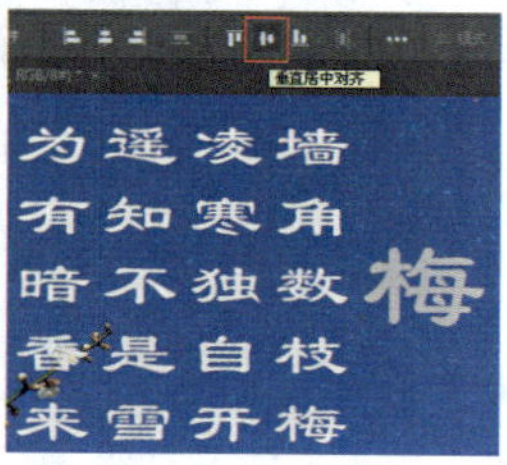

技巧36　如何快速选择对象所在的图层？

技巧难度：▰▰▱▱▱ 简单

随着图层越来越多，在图层面板中选中图层也变得越来越困难。有些图层还被折叠在图层组中，要一个个展开寻找无疑是比较麻烦的。这时候可以借助移动工具来快速定位。

步骤①　打开图片文件，切换到移动工具，

勾选工具选项中的"自动选择"，并在下拉框中选择"图层"。在要选择的图层内容上点击，如图中的红点所示，即可选中该图层。注意，文字图层非内容部分为镂空的，点击无法选中。

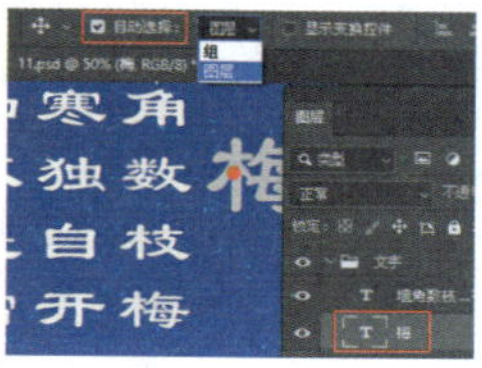

步骤②　如果需要按组进行选择，则可在下拉框中选择"组"，这时点击组内任一图层，即可选中整个组，可对组按一个整体进行移动等操作。

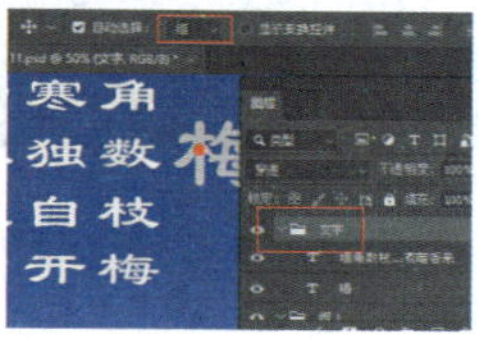

技巧37　如何应用图层样式？

技巧难度：▰▰▰▱▱ 中等

图层样式允许用户将各种视觉效果和效果应用到图层上，而无需创建复杂的图形或使用多个图层，用来快速且非破坏性地添加阴影、发光、斜面、描边、颜色叠加等效果，并且可以随时编辑和调整。

在图层面板下方的第2个按钮fx为图层样式按钮，在下拉菜单中选择一种需要添加的效果。或直接双击图层，如下图中红点区域。接下来对各种图层样式进行详细讲解。

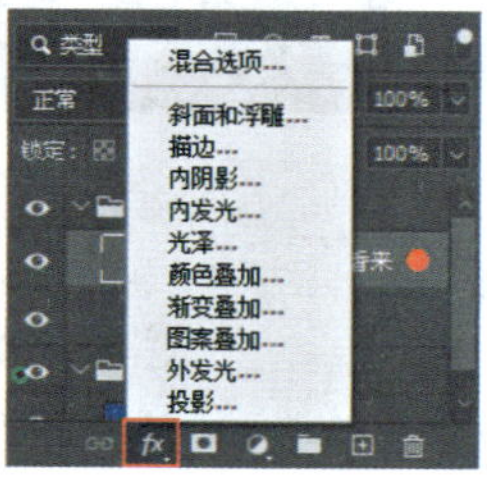

步骤① 双击一个需要进行效果添加的图层，注意图层需要有内容，即使是填充为0。打开"图层样式"对话框。初始对话框是"混合选项"设置，常用的选项与图层面板上的差不多，主要有混合模式、不透明度、填充等设置。勾选对话框右侧的"预览"复选框，则可在修改参数的同时，在画布上能实时看到参数修改造成的效果变化。左侧的样式前面都有复选框，勾选生效，修改完参数后不勾选也不会起效果。

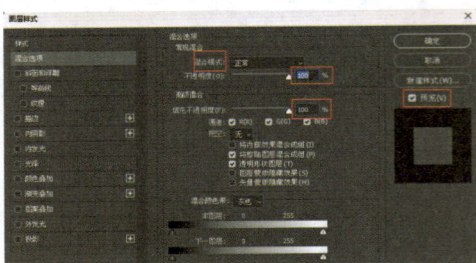

步骤② 勾选"斜面与浮雕"，应用斜面浮雕效果。主要的选项设置有样式、方向、大小、软化、阴影角度和高度等。可通过预览，观察不同浮雕样式的区别。等高线和纹理为高级应用，此处略去。如下图，为文字添加了枕状浮雕效果，营造出一定的雕刻立体感。

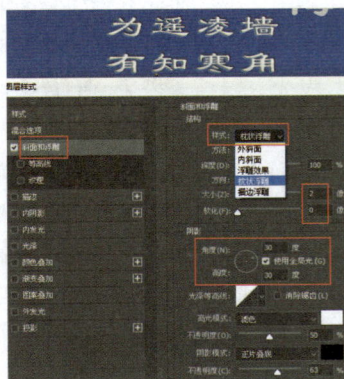

步骤③ 勾选"描边"可直接为图层有内容的部分进行描边。主要的选项有描边的粗细（大小）、描边位置、颜色等。描边不仅为图层的外轮廓进行描边，还会对所有镂空部

分进行准确识别，只要是图像内容的边界，都将准确应用描边。如下图，为文字描了一个4像素、外侧、黑色的边，使得文字更为凸显。

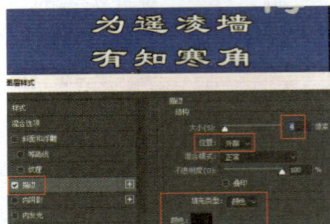

步骤④ 勾选"内阴影"应用内阴影效果，它可以在图层内容的边缘内部添加阴影，从而增强图层的立体感和深度，通常用于模拟光线从某个角度照射到图层上时产生的内部阴影效果。常用的选项有阴影颜色及不透明度、阴影的距离和大小等，可通过调整不同的参数进行预览。

步骤⑤ 勾选"内发光"可以在图层的内部边缘添加发光效果，通常用于模拟内部光源的效果，使对象看起来像是从内部发光。常用的颜色有黄色和白色等亮色调的颜色。主要的选项有叠加颜色的不透明度、色彩范围的大小等，一般通过实时预览来进行微调。

步骤⑥ 勾选"颜色叠加"来为整个图层统

一颜色，通常用于临时改变颜色，或者有需要变换不同颜色观看效果的图层。相比直接使用油漆桶工具进行填充，使用"颜色叠加"可随时更改颜色，而不改变原来图层的信息。可用的选项有颜色、颜色叠加的混合模式和颜色不透明度。

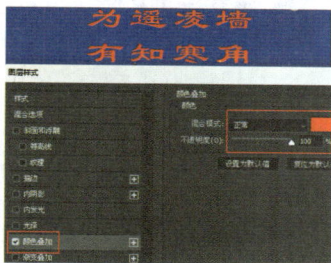

步骤⑦ 勾选"渐变叠加"可为整个图层有内容的部分直接应用选定的渐变。可通过类似渐变工具的设定方式进行参数的设定，设置渐变颜色、样式、角度等参数。

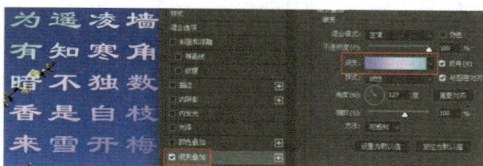

步骤⑧ 勾选"图案叠加"则类似使用油漆桶工具的图案填充效果，进行图层的填充。可选择一种合适的图案，如果图案与图层内容部分的比例不合适，还可以通过调整"缩放"参数，选择一个合适的比例，让图层的填充效果更为明显。

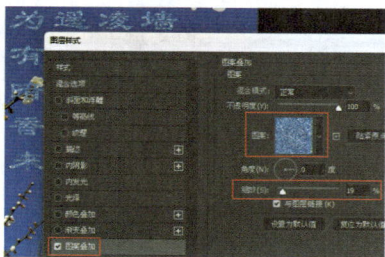

步骤⑨ 勾选"外发光"则可让图层所有轮廓部分有一种向外发光的效果。默认的混合模式为"滤色"，一般不需更改。可更改颜

色、不透明度、扩展、大小等参数，来达到较好的显示效果。

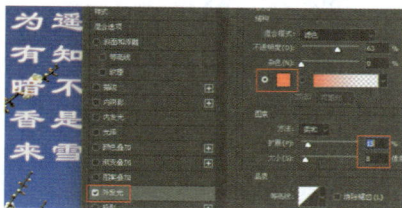

步骤⑩ 勾选"投影"则可以在图层内容的下方添加阴影，从而增强图层的立体感和深度，它模拟光线从某个角度照射到图层上时产生的阴影，使得图层看起来像是悬浮在背景之上。可通过更改颜色、距离、扩展、大小等参数进行设置，调整到较为自然的投影效果。

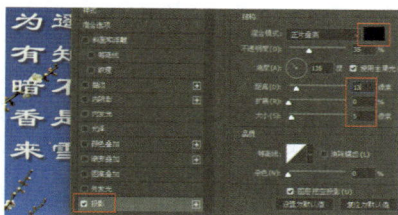

步骤⑪ 设置完成后，点击对话框的"确定"按钮，即可为图层应用设置好的样式。在图层面板的该图层右侧将显示fx与下拉展开按钮，表示该图层设置了图层样式，在下拉中可以看到相应的效果，如果需要暂时屏蔽某种效果，直接点击对应效果前面的眼睛按钮即可，如果想停用所有效果，则点击效果前面的眼睛。

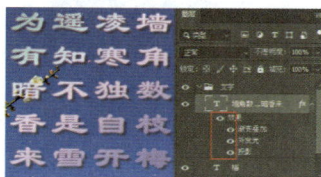

步骤⑫ 设置好的图层样式，如果想直接应用到其他图层，则可在图层面板中的该图层上右键，在弹出的菜单中选择"拷贝图层样式"。

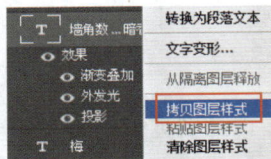

步骤⑬ 然后在要复制到的图层上右键，选择"粘贴图层样式"，即可完成样式的复制。

第2节 颜色面板

Ps的颜色面板提供直观的方式选择和调整颜色，支持RGB、CMYK等多种色彩模式，通过色轮、滑块或数值输入，精确控制前景色和背景色。

技巧38 如何使用RGB颜色模式拾取颜色？

技巧难度： ▇▇▇ **简单**

Ps中的颜色面板如下图，可快速拾取颜色。

其中，最左侧为前景色和背景色的切换按钮，点击对应的按钮，拾取的颜色就设置对应的颜色。可点击右上方的选项按钮，在弹出的菜单中选择不同的色彩模式，按操作习惯进行色彩的拾取，例如选择"色轮"，

外圈控制色相，内部三角形左右调整饱和度，上下调节亮度。

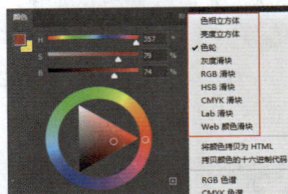

有时我们看到一种以三个分量指定的颜色值，比如（251, 0, 109）或者#fb006d，这种模式一般是RGB模式，它使用红色（Red）、绿色（Green）和蓝色（Blue）三种基本颜色的不同组合来表示各种颜色。RGB模式是一种加色模式，意味着当这三种颜色以不同强度叠加时，会产生新的颜色。在RGB模式下，颜色的强度通常用0到255之间的数值来表示，其中0表示没有该颜色，255表示该颜色的最大强度。如何设置这种颜色呢？

步骤① 点击颜色面板右上角的选项按钮，在弹出的下拉菜单中选择"RGB滑块"，颜色面板切换为RGB滑块模式：

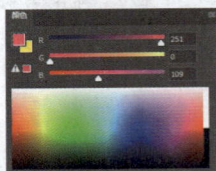

步骤② 依次在三个分量中输入251、0、109，即可获取对应的颜色。

步骤③ 而如果给定的是以#号开头的6位字符，则需要点开前景色，在对话框下方的#号后面，直接输入或粘贴入颜色值（不分大小写），点击"确定"即可。

技巧39　如何使用HSB模式拾取颜色？

技巧难度：　简单

　　HSB模式是一种基于人眼感知颜色的方式来定义颜色的模式。HSB代表色相（Hue）、饱和度（Saturation）和亮度（Brightness），这种模式提供了一种直观的方式来选择和调整颜色。

　　色相通常用一个角度值来表示，范围从0到360度，其中每个角度对应一种特定的颜色。例如，0度或360度通常代表红色，120度代表绿色，240度代表蓝色。饱和度描述了颜色的纯度或灰度。饱和度越高，颜色越鲜艳；饱和度越低，颜色越接近灰色。饱和度的值通常从0%（灰色）到100%（完全饱和的颜色）。亮度描述了颜色的明暗程度。亮度越高，颜色越亮；亮度越低，颜色越暗。亮度的值通常从0%（黑色）到100%（白色）。

步骤①　点击颜色面板右上角的选项按钮，在弹出的下拉菜单中选择"HSB滑块"，颜色面板切换为HSB滑块模式。

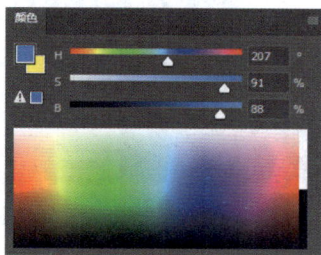

步骤②　拖动H滑块改变颜色，拖动S滑块可改变色彩的鲜艳程度，拖动B滑块则改变颜色的明暗程度。

技巧40　如何使用CMYK模式拾取颜色？

技巧难度：　简单

　　CMYK模式主要用于印刷和打印领域，包含青色（Cyan）、品红色（Magenta）、黄色（Yellow）和黑色（Key/Black），这四种颜色是印刷中的基本颜色，通过它们的混合可以产生各种颜色。CMYK模式是一种减色模式，意味着当这四种颜色以不同比例混合时，会吸收（减去）某些波长的光，从而产生新的颜色，与RGB模式的加色原理相反。CMYK模式能够表示的颜色范围比RGB模式小，因为它主要用于印刷，而印刷油墨的色彩表现能力有限。因此，某些在屏幕上显示鲜艳的颜色在印刷时可能无法准确再现。

　　如果作品将用于印刷用途，例如彩页、海报、KT板等，则需要使用CMYK进行设计，避免由于颜色缺失导致印刷效果与设计效果相差较大。

步骤①　在新建画布之后，需要先调整色彩模式，点击"图像–模式–CMYK颜色"。

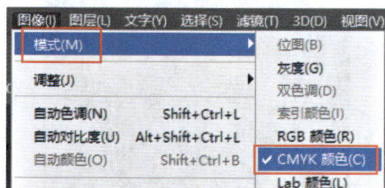

步骤②　在弹出的对话框中直接点击"确定"，图像将切换切换至CMYK模式，能自动避开在该模式下无法显示和打印的颜色。

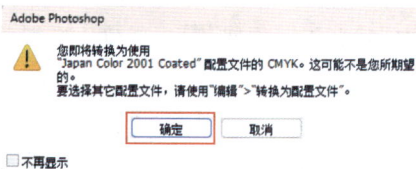

步骤③　点击颜色面板右上角的选项按钮，在弹出的下拉菜单中先点击"CMYK色谱"，再选择"CMYK滑块"，颜色面板切换为CMYK滑块模式。可以对比整个颜色区域相比RGB模式的暗淡了一些，上面可通过CMYK四个分量进行颜色设置。

技巧41　如何将定义的颜色添加到色库？

技巧难度： ■■■■　简单

与颜色有关的面板还有一个色板面板，色板面板记录我们最近使用过的颜色，也可在下方分类中获取Ps推荐的颜色。右下角的按钮分别是"新建组""新建颜色""删除组/颜色"按钮。

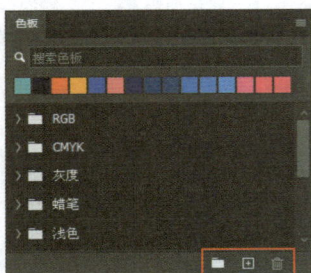

在设计作品时，有时我们会先定下包含几个颜色的配色方案，这时我们可以点击"创建新组"按钮 ，新建一个配色方案组。

按预设的配色方案，设置好一个前景色，就点击一次"创建新色板"按钮 ，依次将颜色加入配色方案。

可以新建属于自己的配色库，这样以后做相关设计，色彩搭配的选择也得心应手，平时也可多逛相关的设计网站，将好的配色方案收藏起来。

技巧42　如何将色板恢复到默认状态？

技巧难度： ■■■■　简单

如果对添加的配色方案不满意，想恢复到原始状态，应该如何操作呢？

步骤① 在色板中，点击第一个组，按住键盘上的Shift键，点击最后一个组，点击右下角的删除按钮。

步骤② 点击色板面板右上角的选项按钮，在弹出的下拉菜单中选择"追加默认色板…"，即可将色板恢复到默认状态。

第3节　样式面板

Ps的样式面板允许快速应用预设的综合图层样式，如阴影、发光和描边，通过调整参数，用户也可以自定义样式，增强图层效果，提升设计质感。

技巧43　如何为元素应用已有样式？

技巧难度： ▰▰▰ 简单

寻找并打开样式面板。新版Ps提供的默认样式不多，可先将旧版的默认样式追加到样式面板中。

步骤①　点击样式面板右上角的选项按钮，在在弹出的下拉菜单中选择"旧版样式及其他"，将加载旧版的样式。

步骤②　新建画布，在画布中画一个自己想要的形状，例如使用椭圆选框工具画一个正圆，填充任意颜色。

步骤③　在样式面板中，找到"旧版样式及其他-所有旧版默认样式-Web样式-蓝色凝胶"，或其他喜欢的颜色，点击即可应用默认样式。

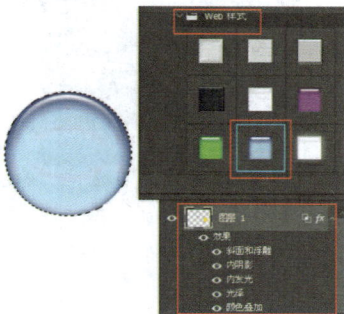

步骤④　可以看到，是通过一系列的图层样式来实现的，双击可查看相应的参数，达到学习的目的。

步骤⑤　还可以为文字图层应用其他效果，例如选择"旧版样式及其他-2019样式-铬黄-铬黄"，为文字应用不错的金属效果。

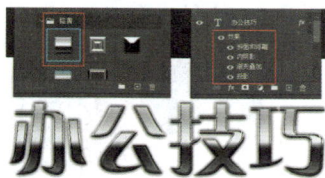

第4节　历史记录面板

Ps的历史记录面板记录用户的操作步骤，允许回溯到任一历史状态，撤销或重做操作，帮助用户在编辑过程中恢复或探索不同效果，提高工作效率和创作灵活性。

技巧44　如何撤销某几步操作？

技巧难度： ▰▰▰ 简单

使用鼠标进行绘制的时候难免会手抖。有时也可能因选区选择不准确，多选了选区，到后面才发现失误，这时候就需要使用撤销功能了。在我们操作每一步时，Ps会自动帮我们记录快照，可以在历史记录面板中看到每一步。

步骤①　如果想临时撤销一步，可使用Windows通用的方法，按下Ctrl + Z快捷键来撤销一步。

步骤②　然而，再次按下Ctrl + Z，并不是撤销多步的操作，而是撤销"撤销上一步"

这个操作，即还原了操作。如果在操作了若干步之后，想撤销多步，需要在历史记录面板中，一步步往上点，当看到想要撤销回的状态，就不需要再往上点了。

步骤③ 此时如果再对画布作任何修改，包括作选区、涂画、使用滤镜等，将会覆盖之前已经撤销的所有步骤。

步骤④ Ps中一次能撤销的步数，在Ps的选项中可以进行设置，通过菜单中的"编辑-首选项-常规..."，或者按Ctrl + K快捷键，打开"首选项"对话框。

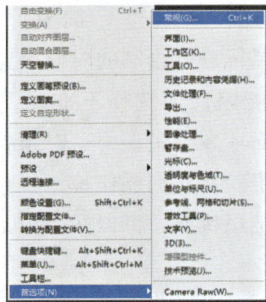

步骤⑤ 在打开的"首选项"对话框中，点击左侧的"性能"，在右边找到"历史记录状态"，通过拖动滑块或输入一个数值，点击"确定"即可。当历史记录满了之后，会自动清除较早的历史记录，被清除的历史记录则无法还原，建议根据计算机的性能，设置一个较大的数值，例如"50"。

技巧45 如何恢复原始图片区域中间步骤效果？

技巧难度： 中等

有时我们在设计时，做到后面发现前面中间有操作步骤发生失误。而如果使用历史记录面板撤销到那一步时，在那一步之后的步骤又将作废。如何还原特定的步骤呢？

例如，我们在调整头发颜色时，错误地将眉毛也作为选区一起调整了，直到若干步之后才发现，这时还能否将眉毛恢复原状呢？此时需要结合历史记录画笔工具和历史记录面板来完成。

步骤① 在工具中找到历史记录画笔工具。经过分析，眉毛是在设置"色相/饱和度"一步后变颜色的，也就是在该步之前是正常的，则在历史记录面板中，点击"色相/饱和度"的上一步"魔棒"左侧"设置历史记录画笔的源"按钮，设置一个源状态。

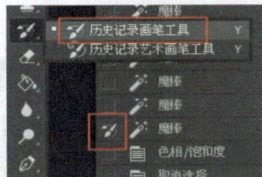

步骤② 调整画笔大小，在眉毛上涂画，可以使眉毛恢复到这一步的状态，即局部撤销了"色相/饱和度"的调整效果，可以跟另外一侧眉毛作效果对比。

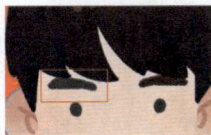

当选区无法精确获取时，也可以使用此方法，先做出效果，再用历史记录画笔来消除或减淡效果。这个方法比较灵活，因为即使涂画到脸部其他区域，由于设置了源，在该步骤之前所作的修改不会被擦除，脸部的细节也不会被还原，只要不涂画到头发区域，都可以放心涂画，容错较高。

第5节　动画面板

Ps的动画面板专为创建和编辑动画而设计，支持帧动画和时间轴动画，用户可以添加、删除、调整帧，设置过渡效果，实现动态图像的制作，满足多媒体设计需求。

技巧46　如何制作GIF动图？

技巧难度： ▮▮▯▯▯ **困难**

可以使用Ps提供的动画功能来制作APP的动态图标，或者微信、网站的动图等。一般思路是通过建立不同的图层，在每隔一定时间，设置当前画布中图层的可见性来实现。例如我们制作一个倒计时的动画，该如何操作呢？

步骤①　新建一个宽高400×400像素的画布，由于是在屏幕上显示，分辨率使用72像素/英寸即可。背景内容选择"透明"，可以去除白色的背景。

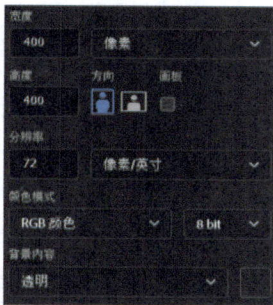

步骤②　使用文字工具，选择合适的字体、

字号、颜色，在画布正中间输入"10"，再次调整大小和位置。

步骤③　将该图层拖动到"新图层"按钮 ⊞，复制一个图层，使用文字工具将新图层的内容调整为"9"，使用对齐功能，将两个图层水平和垂直对齐。图层"9"制作好后，依次复制新图层，分别修改内容为"8~1"，确保图层都是对齐的。

步骤④　在菜单中选择"窗口－时间轴"，打开时间轴动画面板。初始状态下在面板正中间显示的是"创建视频时间轴"，点击下拉按钮，选择"创建帧动画"，并点击"创建帧动画"按钮，面板将切换到帧动画模式。

步骤⑤　点击面板右上角的选项按钮，在弹出的菜单中，选择"从图层建立帧"。

步骤⑥ Ps自动将我们创建好的图层，按顺序创建好每一帧。该操作其实是通过分别设置每一帧的图层可见性来完成，每一帧都只有一个数字图层是可见状态。

步骤⑦ 可以看到每一帧下面有一个"0秒"，为该帧的持续时间。由于是倒计时，所以每一帧持续1秒，可点击第1帧，按Shift点击第10帧，同时选中所有帧，在任一帧的"0秒"下拉菜单中，选择"1.0"。如果需要设置其他数值，例如0.75，可点击"其它…"，在弹出的"设置帧延迟"对话框中直接输入数值即可统一设置。

步骤⑧ 设置完后，可点击下方的"播放动画"按钮进行动画预览，如果有需要调整的，例如顺序、位置、延迟等，可继续调整。

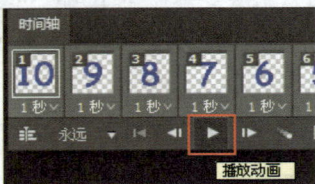

步骤⑨ 保持左下角为"永远"，让动画循环播放。

步骤⑩ 制作完成之后是动画的输出。在菜单中点击"文件-导出-存储为Web所用格式…"。

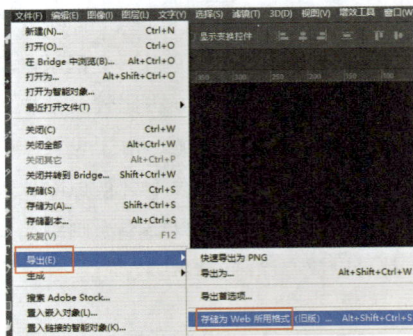

步骤⑪ 在弹出的对话框中，在右侧格式下拉菜单中选择"GIF"，只有GIF格式支持动图，其他选项一般保持默认即可，点击最下面的"存储"按钮，选择一个路径进行存储。

步骤⑫ 导出完毕后，在电脑中找到该动图，可以观看动画效果。

步骤⑬ 或者直接拖动到电脑微信聊天框，将动图发送出去。

步骤⑭ 可在手机端的微信中长按该动图，选择"添加"，将动图保存到"我的表情"中。

可使用该方法，制作个人专属的微信表情包。

第31章　滤镜篇

Photoshop中的滤镜提供丰富的图像处理效果，包括模糊、锐化、扭曲、艺术效果等。这些滤镜能够快速改变图像外观，增强视觉冲击力，或模拟各种摄影和艺术风格，是设计师和摄影师创意表达的重要工具。

第1节　锐化滤镜

Ps的锐化滤镜通过增强图像边缘对比度来提升清晰度，包括锐化、进一步锐化、锐化边缘和智能锐化等选项，用户可根据需要调整参数，优化图像细节，增强视觉效果。

技巧47　如何提升图片的清晰度？

技巧难度： 简单

比如由于某种原因，拍照的时候主体失焦了，例如下图中的狗，整体模糊了，可以

利用锐化滤镜来让图片变得更清晰。该如何实现呢？

步骤①　打开图片，在菜单中找到"滤镜-锐化-智能锐化..."。

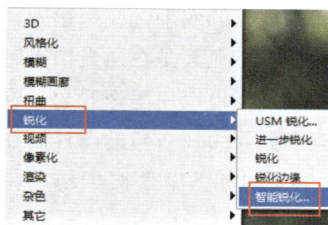

步骤②　在打开的"智能锐化"对话框中，调整合适的参数，可通过数量、半径、减少杂色等参数进行不同的调节。可在左边的预览框中看到实时的变化。

步骤③　修改到满意的结果后，点击对话框中的"确定"按钮即可。可以看到主体的边缘已经变得非常清晰锐利了。

第2节　渲染滤镜

　　Ps的渲染滤镜提供多种创造性效果，如云彩、光晕、纤维和镜头光晕等，用于模拟自然现象和特殊光照效果，增强图像的艺术感和视觉冲击力，是设计师创意表达的强大工具。

技巧48　如何制作镜头光晕的效果？

技巧难度： ▮▮▯　中等

　　镜头光晕可用来模拟相机镜头在强光源下产生光晕现象的效果，在摄影中，镜头光晕是自然现象，尤其是在逆光拍摄时。添加镜头光晕效果，可以使图像看起来更加自然和真实。例如要为技巧47的图片添加镜头光晕效果，可通过如下步骤来实现。

步骤①　打开图片，在菜单中找到"滤镜–渲染–镜头光晕…"。

步骤②　在打开的"镜头光晕"对话框中，可在下方的"镜头类型"选择不同的镜头效果。可在"亮度"调节光晕的亮度。可通过拖动预览框中的镜头光晕，改变光晕的位置。调节到满意的效果之后，点击对话框的"确定"按钮。

步骤③　可以看到画面中出现了镜头光晕的效果，而且在左下角出现了由于多片镜片反射产生的效果。

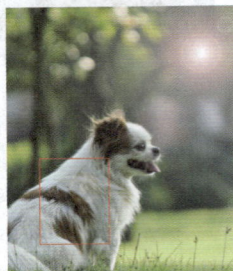

技巧49　如何制作烟雾缭绕效果？

技巧难度： ▮▮▯　中等

　　有时候我们需要添加一些烟雾缭绕的效果，例如在一些焚香或者水雾的场景。该如何做到呢？我们可利用云彩与图层叠加效果来实现。

步骤①　打开图片，新建一个图层，并将前景色调整为黑色，背景色调整为白色（可按键盘上的D键快速将前景色/背景色调整为黑白）。

步骤②　点击菜单中的"滤镜–渲染–云彩"。

步骤③　为新建的空白图层加上云彩的随机效果。如果对效果不满意，可通过执行多次云彩命令，来达到想要的效果。

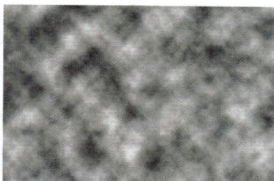

步骤④　在图层面板中，将图层的混合模式改为"滤色"，将不透明度调整到合适的数值，观看效果，调整到满意为止。

第3节　模糊滤镜

　　Ps的模糊滤镜用于柔化图像，减少细节，包括高斯模糊、动感模糊、径向模糊等，适用于创建景深效果、减少噪点或作为创意设计元素，提升图像整体美感。

技巧50　如何营造速度感效果？

技巧难度： ▮▮▮▯▯　中等

　　可以利用动感模糊滤镜来为除了主体部分的背景图像添加动感模糊的效果，来凸显主体在奔跑、运动的效果，该如何实现呢？

步骤①　打开图片，切换到快速选择工具 🖌，在上方的工具选项中找到"选择主体"按钮并点击，Ps将通过算法，找到当前图片的主体。可以看到，智能算法仍存在一定的缺陷，例如多选择了旁边的水管，少选择了嘴里的球。

步骤②　再通过快速选择工具，选择合适的画笔大小，通过"添加到选区" 🖌，将嘴里的球加入选区，通过"从选区减去" 🖌，将旁边的水管排除。

步骤③　做好选区之后，按键盘上的Ctrl + J，Ps将自动从选区建立一个新的图层。

步骤④ 在图层面板中选择背景图层，点击菜单中的"滤镜−模糊−动感模糊..."。

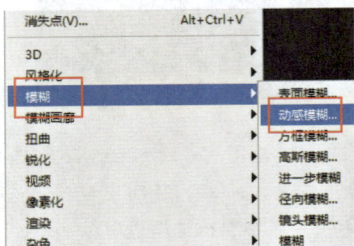

步骤⑤ 在弹出的"动感模糊"对话框中，将"角度"设置为与主体运动方向一致的角度，将"距离"参数调整为合适的数值，在预览框中可看到实时的模糊效果。

步骤⑥ 调整到合适的参数后，点击"确定"按钮，即可为背景添加与运动方向一致的模糊效果，而主体部分是清晰的，模拟由于相机追焦导致的主体运动而背景模糊的动态效果。

技巧51 如何制作光圈模糊效果？

技巧难度： 中等

用手机拍的照片往往没有单反那种浅景

深的感觉，我们也可以通过Ps后期来模拟这个浅景深的效果。比如下图的主体为荷花，如何以荷花为焦点，来模拟景深效果呢？

步骤① 打开图片，在菜单中找到"滤镜−模糊画廊−光圈模糊..."。

步骤② 画面上将出现一个对焦点加一些控制点。

步骤③ 将对焦点放在被摄主体上，同时拖动周围的控制点并观察画面其他地方失焦虚化的效果。同时也可在"模糊工具"面板中调整"模糊"参数。

步骤④　修改到满意的效果之后，点击上方工具选项中的"确定"按钮，提交修改。

步骤⑤　制作完的光圈模糊效果如下。

第4节　艺术效果滤镜

Ps的艺术效果滤镜提供多种风格化处理，如油画、水彩、铅笔画等，模拟传统艺术媒介效果，增强图像的艺术表现力。这些滤镜帮助用户快速实现创意视觉转换，适用于设计、插画和艺术创作。

技巧52　如何将图像转为黑白线稿？

技巧难度：　简单

有时候我们想得到一张照片中主体部分的黑白线稿图，该如何操作呢？

步骤①　打开图片，在菜单中依次点击"滤镜–风格化–查找边缘"。

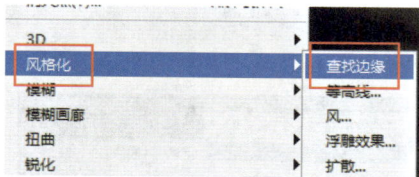

步骤②　Ps将通过一定的边缘查找算法，将画面中有颜色差别的地方作为边缘提取出来。

步骤③　执行菜单中的"图像–调整–去色"命令，可快速将图片调整为黑白模式。

步骤④ 再执行菜单中的"图像–调整–阈值…"。

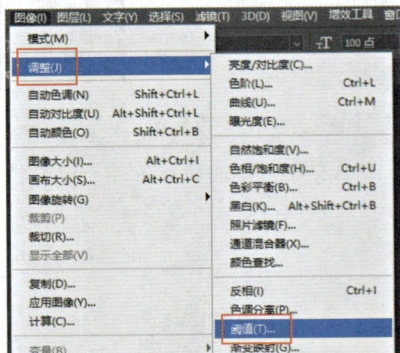

步骤⑤ 在打开的"阈值"对话框中，调节滑块位置，达到较好的效果，即可得到主体的线框图。对画面中其他多余物体和线条，只需要使用橡皮擦工具擦除即可。

第32章　案例篇

　　在案例篇中，我们将深入探讨如何利用Ps强大的工具和功能解决实际设计挑战。通过分析不同项目，如制作特效字、海报等，揭示Ps在提升创意和效率方面的关键作用，为设计师提供实战经验和灵感。

第1节　调色技术

　　Ps的调色技术，包括色阶、曲线和色彩平衡，允许用户精确调整图像的色彩和亮度，创造或优化视觉效果，是提升图像质量和表达创意的重要手段，广泛应用于摄影和设计领域。

技巧53　如何制作黑白照片？

技巧难度：▮▮▮▮▯▯▯ 简单

　　有时候我们想对一些照片进行黑白化处理，强调年代感与艺术感，例如下图的铁轨，该如何做到呢？

步骤① 打开图片，在菜单中找到"图像–调整–黑白"。

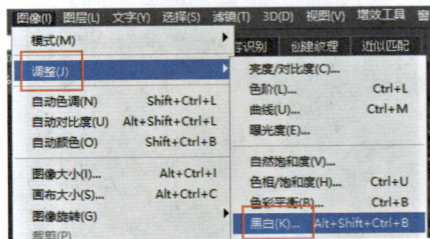

步骤② 在打开的"黑白"对话框中，对原图像中各个色彩分量的明暗进行精细调整，例如使用下图所示参数。

步骤③ 调整完毕，点击"确定"按钮，即可得到黑白的图像。

　　该方法与以前技巧介绍的"去色"有很大不同的是，使用"黑白"是可以单独调整各个色彩分量的明暗，更加精细地控制局部。而"去色"没有参数，使用默认的算法直接变为黑白，虽然简单，但是效果不佳。

技巧54 如何修复过亮或太暗的图像？

技巧难度： 简单

　　使用过单反相机进行拍照的读者可能有所体会，拍的照片不是过亮，就是太暗，比较难以得到准确曝光的照片。我们可使用Ps后期来调整回来。例如下图是一张过曝的图片，如何调整呢？

步骤① 打开图片，在菜单中找到"图像－调整－亮度/对比度…"。

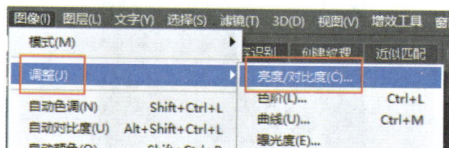

步骤② 在打开的"亮度/对比度"对话框中，调整亮度和对比度的参数。如果图片太亮，则降低亮度，如果图片太暗，则适当提高亮度。可增大对比度，使亮部更亮，暗部更暗，使图片更加鲜明和生动，从而使细节更加突出。

步骤③ 调整后的图片如下，亮部和暗部的分布更加均匀，画面更加和谐。

技巧55　如何修复逆光图像？

技巧难度：▭▭▭▭　中等

迎着光拍摄的照片，由于光源过亮，使得整体测光容易出现偏差，导致拍出来的照片曝光不准，例如下图。可以使用Ps进行修复。

步骤①　打开需要修复的图片，在菜单中找到"图像–调整–阴影/高光…"。

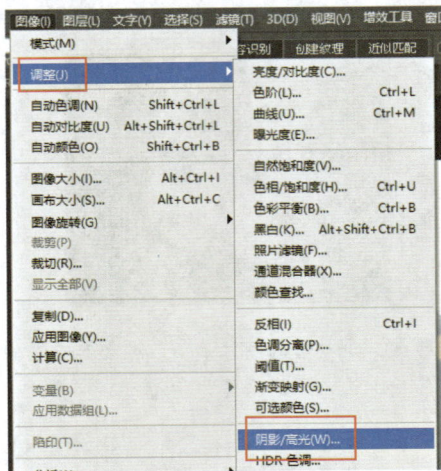

步骤②　在打开的"阴影/高光"对话框中，首先勾选对话框底部的"显示更多选项"复选框，展示更多的选项。接下来可针对阴影、高光的数量、色调、半径等参数进行不同的调整，例如图中所示的参数。还可以在下方调整组中进行相应调整。

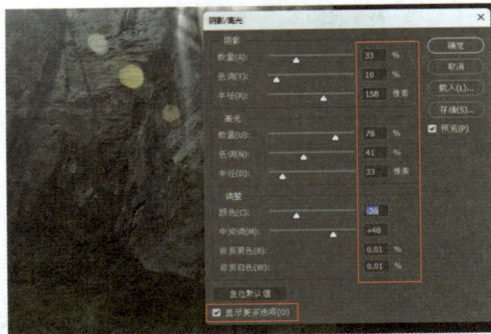

步骤③　调整完毕后点击"确定"按钮，即可得到比原图更为理想的曝光的图片。

技巧56　如何单独修改图像中的一种颜色？

技巧难度：▭▭▭▭　中等

有时我们想修改图中部分区域的颜色，而需要保持明暗、细节一致，这时候需要使用"色相/饱和度"来更改颜色。例如为下图中的红花修改颜色。

然而，如果只是单纯修改图片的色相，可以看到主体的红花是更改颜色了，而背景的绿叶也跟着变颜色了，失真了。而每次都作选区，有时候选区也没有办法比较精确地选择整个主体。如何解决这个问题呢？

步骤①　打开图片，在菜单中找到"图像–调整–色相/饱和度…"。

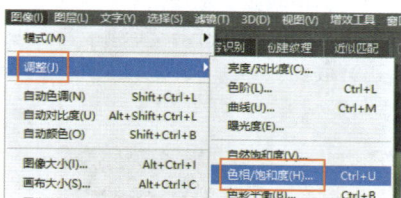

步骤②　在打开的"色相/饱和度"对话框中，默认为对"全图"进行调整，可在其下拉框中选择一种颜色，只对一定颜色范围的像素作修改。图中的主体部分为红色，而画面中没有其他地方有红色，所以可以在下拉框中选择"红色"，然后拖动色相滑块，修改到一种目标颜色，比如黄色。

步骤③　点击"确定"提交修改，可以看到，在不作选区的前提下，画面中其他区域并不会更改颜色。而如果其他区域也有少部分不想被修改的红色，只需要使用历史记录画笔工具作适当涂抹即可。

技巧57　如何精修人像？

技巧难度：　　　　　困难

很多时候我们需要对拍摄的素材进行优化，例如对人像进行修整。下图是使用手机拍摄的图片。

不难看出，图片存在若干问题，例如偏色（白平衡不准）、偏暗（曝光不足）、脸部需要精修等。总体修复的思路是，先校正整体图像，再局部精修，达到最佳效果。

步骤①　打开图片，先校正曝光。点击菜单中的"图像–调整–色阶…"或按快捷键 Ctrl+L。

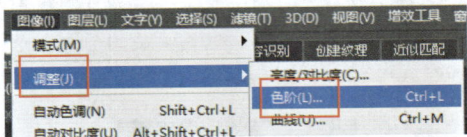

步骤② 将最靠右的滑块向左拖动到柱形图具有明显变化的点，再慢慢向左拖动中间的滑块，调节图片亮度到比较理想的效果。而最左的滑块由于附近已经堆积了较多像素，不需要作任何调整。这一步使图片的灰阶直方图尽量均衡排布。

步骤③ 下一步校正白平衡。在菜单中点击"图像–调整–色彩平衡…"或按快捷键 Ctrl+B。

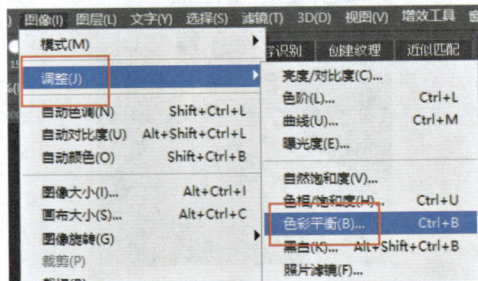

步骤④ 在打开的"色彩平衡"对话框中进行校正。可以看到原片偏红，则往红色的相反反向，即青色方向调整，拖动到最佳效果，其他滑块也可作一定调节，直到图片的色彩观感比较接近正常视觉。

步骤⑤ 下一步修复局部瑕疵，可以看到人物手臂、脸部存在一些小瑕疵。

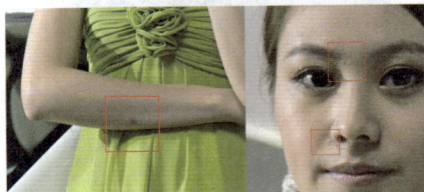

步骤⑥ 切换到修污点修复画笔工具，选择略大于瑕疵的画笔进行局部涂抹，如下图。对脸上的瑕疵，可缩小画笔，采用点的方式来消除。

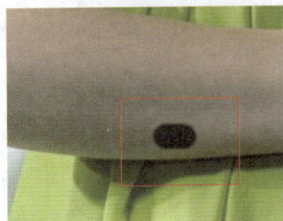

步骤⑦ 修复完的效果如下，尽量修复所有能看到的瑕疵。

步骤⑧　下一步锐化图片，使图片更清晰。点击菜单中的"滤镜-锐化-智能锐化…"。

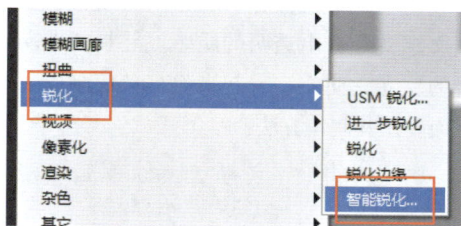

步骤⑨　在打开的"智能锐化"对话框中，通过观察预览框的变化，适当拖动数量、半径参数，达到既不夸张、又使得图片细节更为锐利的效果，例如下图预览框中衣服的花纹边缘明显锐利了不少。

步骤⑩　再点击菜单中的"图像-调整-色相/饱和度"或按快捷键Ctrl + U，打开"色相/饱和度"对话框，适当增大饱和度，使图片色彩看起来更鲜艳。

步骤⑪　至此，整体色彩方面已经校正完毕，接下来对人物进行精修。点击菜单中的"滤镜-液化…"。

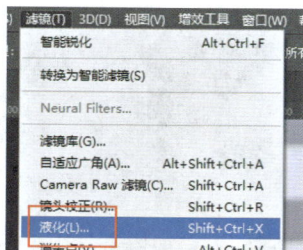

步骤⑫　在打开的"液化"对话框中，左上角第一个按钮为"向前变形工具"，可使用鼠标按住，从人的轮廓外面往里推，达到瘦脸、瘦手臂的效果，例如下图的夸张效果。

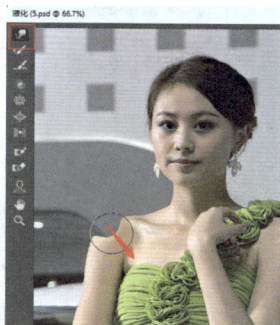

步骤⑬　一般只需微调、局部小调整即可。对大臂进行微调，调整前后的对比如下图（该模特本身已经较瘦，无需过多调整）。

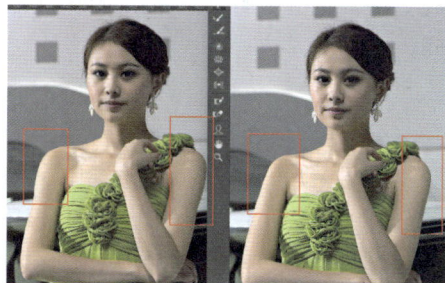

步骤⑭　接下来利用液化工具对脸部进行智能调节。可适当增大"眼睛大小"，增加"鼻子高度"，调整"微笑"效果，减少"嘴唇宽度"，提高"下巴高度"，减少

"脸部宽度"等，其他参数可根据人物实际情况进行微调。调整完毕后点击"确定"按钮，提交修改。

步骤⑮ 精修后的效果如下图。

对图片进行精修，可根据该技巧介绍的一般性方法来完成，即修复明暗、色差、锐化、提高饱和、修复瑕疵、精修局部等步骤。

第2节 制作特效字

Ps的特效字功能，通过图层样式、滤镜和文字变形工具，能创造出立体、金属、光影等多种视觉效果的文字，增强设计的视觉冲击力和创意表达，是广告和艺术设计中的常用技巧。

技巧58 如何制作玻璃字效果？

技巧难度： ▬▬▬ **困难**

Ps可以通过调整图层样式来制作玻璃特效文字，营造出透明的质感，并具有玻璃独特的反光，使文字看起来像是玻璃制成的。下面介绍其制作方法：

步骤① 新建一个宽高800×600像素、分辨率72像素/英寸、白色背景的画布。

步骤② 为了突出玻璃质感的晶莹剔透，宜采用深色背景。找一张深色调的背景图片，或在背景图层中填充一个渐变，例如选择渐变灰色组里的一种样式，按箭头方向进行填充。

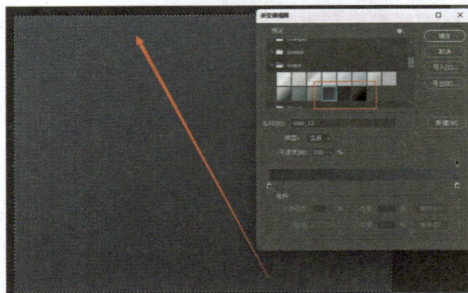

步骤③ 切换到文字工具，在画布中按一定比例的字号，选择合适的字体，选择任意颜色，打上任意的字，例如230点的字号。

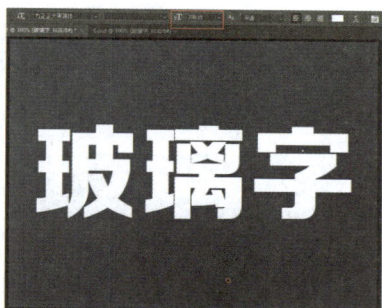

下拉选择。高光模式为滤色、白色，不透明度100%，阴影模式为正片叠底、黑色，不透明度为3%，完成斜面与浮雕的设置。也可根据实际字体大小进行参数的灵活调整。

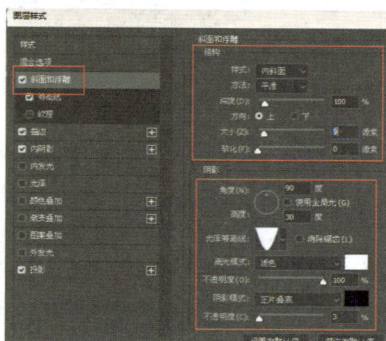

步骤④　由于玻璃是透明的，在图层面板中，将新增的文字图层的填充修改为0%。

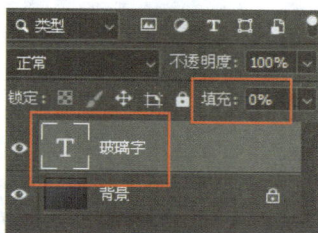

步骤⑤　整体的制作思路为，一层底层的玻璃效果，上面叠加多层的光泽，所以我们将文字图层拖动到图层下方的"创建新图层"按钮 回 ，复制出多个图层。

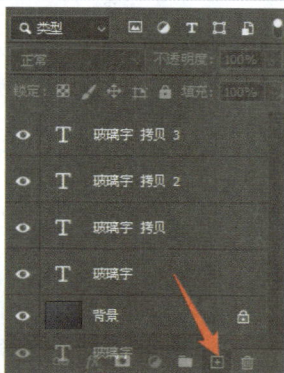

步骤⑦　勾选"等高线"，保持默认即可。

步骤⑧　勾选"描边"，设置大小为1像素、外部，填充类型为颜色，选择一种合适的灰色，例如#A6A6A6，或者选择一种灰色调的渐变。

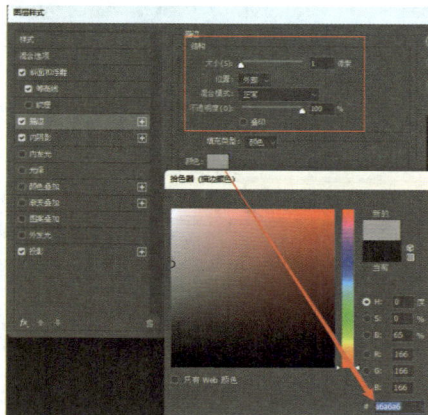

步骤⑥　双击第一个图层（最底下的图层），进入图层样式设置对话框。勾选"斜面与浮雕"，按下图进行结构和阴影的设置。将样式调整为"内斜面"，大小9像素，软化0。取消"使用全局光"，我们准备模拟光线从各个方向投射过去。将角度和高度设置为90、30。光泽等高线按图中进行

步骤⑨　勾选"内阴影"，将混合模式设置为正片叠底、黑色，不透明度为25%，取消"使用全局光"，将角度调整为90°，距离、阻塞、大小分别为5、0、5。

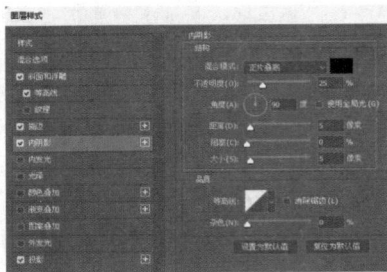

步骤⑩ 勾选"投影"，将混合模式调整为正片叠底、黑色，不透明度为21%，角度为−136°，取消"使用全局光"。距离、扩展、大小分别为19、6、8。注意，这些参数的调节是根据当前字体大小进行最优化设置的，可根据实际情况进行灵活调整。

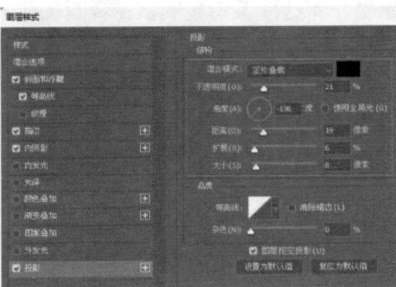

步骤⑪ 设置完后点击"确定"按钮，退出图层样式的编辑，对最底下图层的调整效果如下，由于其上面的图层填充均为0，所以可以直接看到最底下的图层，根据不同字体大小，调整到接近如下效果即可，可以看到玻璃的初步效果已经有了。

步骤⑫ 接下来再对上方的几个图层增加浮雕效果，来给玻璃增加反光的光泽。双击倒数第2个图层，勾选"斜面与浮雕"，将样式调整为"内斜面"，大小16像素，软化0。取消"使用全局光"，将角度和高度设置为−135、69。光泽等高线保持默认。

高光模式为滤色、白色，不透明度100%，阴影模式为正片叠底、黑色，不透明度为3%。

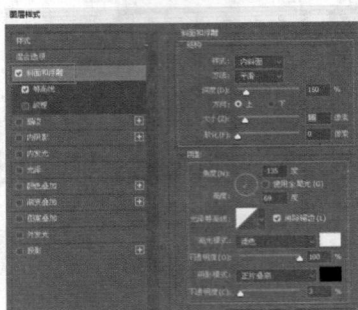

步骤⑬ 勾选"等高线"，按图中进行下拉选择，将范围改为50%，完成第2个图层的设置。

步骤⑭ 选择倒数第3个图层，勾选"斜面与浮雕"，将样式调整为"内斜面"，深度150%，大小20像素，软化0。取消"使用全局光"，将角度和高度设置为−129、58。高光模式为滤色、白色，不透明度100%，阴影模式为正片叠底、黑色，不透明度为3%。点击光泽等高线右侧的图案，如下图中的红点。

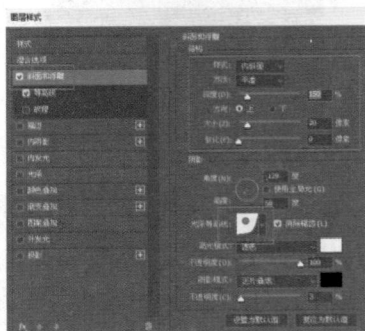

步骤⑮ 在打开的"等高线编辑器"中，点击方格区域，为映射关系添加2个点，并

将2个点拖动到如图所示的大致位置。

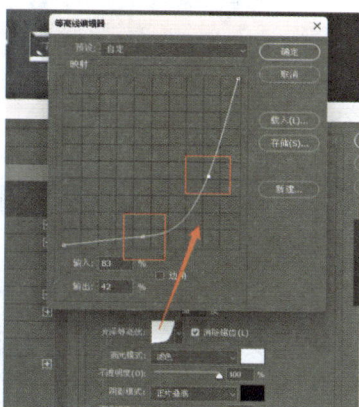

步骤⑯ 勾选"等高线"，按图中进行下拉选择，将范围改为50%，完成第3个图层的设置。

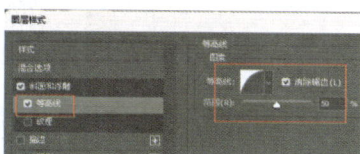

步骤⑰ 选择最顶上的图层，勾选"斜面与浮雕"，将样式调整为"内斜面"，深度100%，大小4像素，软化0。光泽等高线保持默认，取消"使用全局光"，将角度和高度设置为63、69。高光模式为滤色、白色，不透明度100%，阴影模式为正片叠底、黑色，不透明度为3%，完成第4个图层的设置。

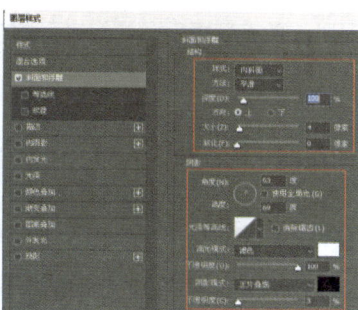

步骤⑱ 最终的设置效果如下，利用上面3个图层添加了不同角度的反光效果。

该技巧中的等高线设置，可以通过控制效果的渐变方式，改变这些效果的亮度分布，使得效果在图层上的表现更加多样化和精细。允许创建非线性的亮度变化，例如在中间部分增加亮度，而在边缘部分减少亮度，这样可以产生更加复杂和有趣的效果。

本技巧全程通过设置图层样式来完成，具有通用性。设置完特效字效果后，如果需要迁移到其他案例，可通过拷贝、粘贴图层样式，然后再对参数进行微调来完成。

技巧59　如何制作可爱字体效果？

技巧难度： ▣▣▣ **困难**

在某些海报上我们可能需要使用一些比较可爱的卡通字，也可以通过图层样式来制作。

步骤① 新建一个宽高800×600像素、分辨率72像素/英寸、白色背景的画布。

步骤② 为特效字加个背景，除了可直接使用油漆桶、渐变工具进行填充外，还可以通

过图层样式进行非破坏性的修改。由于背景图层默认为锁定状态，在图层面板中，双击背景图层，在弹出的"新建图层"对话框中直接点击"确定"即可，将背景图层转化为普通图层。

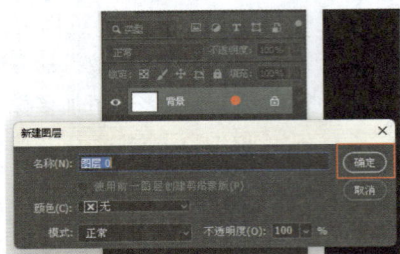

步骤③ 再次双击该图层，勾选"渐变叠加"，选择一种合适的渐变进行填充。由于我们的特效字是橙色调，选择一种相近色，或其他对比色均可。

步骤④ 切换到文字工具，选择合适的字体和字号，选择任意颜色，输入任意文字，例如"Comic Sans MS"、270点。

步骤⑤ 双击图层面板中的文字图层，勾选"斜面与浮雕"，将样式改为"内斜面"，深度80%，大小11像素，软化0。取消勾选

"使用全局光"，将角度和高度分别改为90、70，将光泽等高线修改为图中样式。高光模式为"线性减淡（添加）"、白色，不透明度100%，阴影模式为颜色减淡、白色，不透明度为5%。

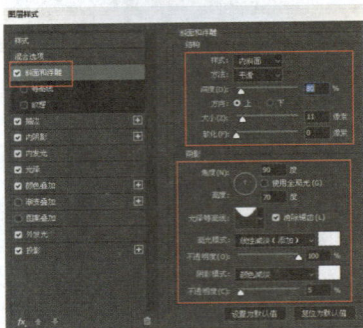

步骤⑥ 勾选"描边"，大小1像素，填充类型为"渐变"，样式为线性，角度90°，点击渐变条。

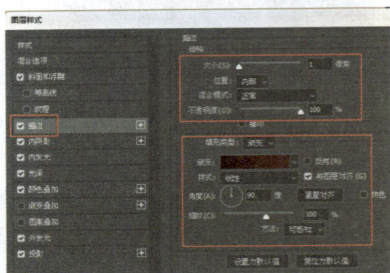

步骤⑦ 在弹出的渐变编辑器中，将左边色块的颜色设为#4F0000，右边色块的颜色为#7710200，完成描边的设置。

步骤⑧ 勾选"内阴影"，将混合模式设为正片叠底、黑色，不透明度20%，取消"使用全局光"，角度为-90°，距离、阻塞、大小分别为3、21、3。点击等高线右侧下

拉，选择如下图所示图案。

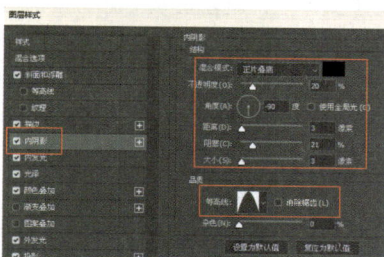

步骤⑨ 勾选"内发光"，将混合模式设为"正片叠底"，颜色值为#6A300B，阻塞和大小设为3、16。

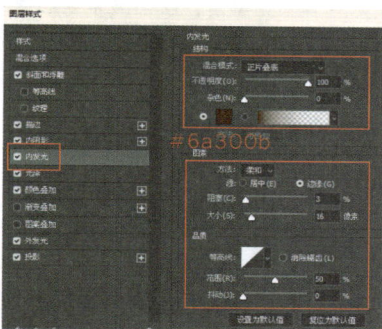

步骤⑩ 勾选"光泽"，将混合模式设为叠加、白色，不透明度30%，角度为82度，距离、大小为11、35，等高线按下图设置。

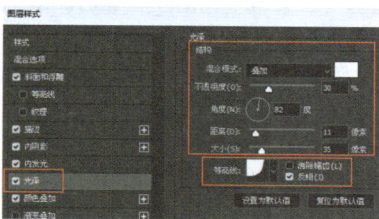

步骤⑪ 勾选"颜色叠加"，将颜色设为#D97B1F。

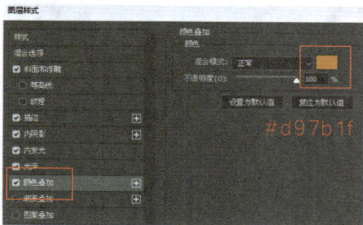

步骤⑫ 勾选"外发光"，将混合模式设为正片叠底，不透明度20%，颜色为#6A300B，扩展0%，大小10像素。

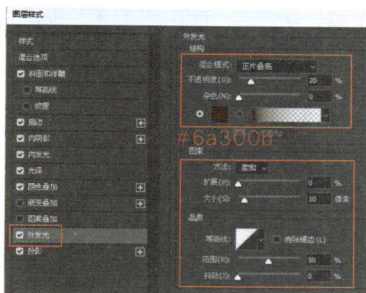

步骤⑬ 勾选"投影"，混合模式为正常，颜色值为#440803，角度90°，距离、扩展、大小分别为3、0、2。

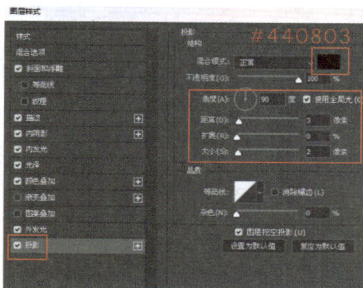

步骤⑭ 点击"确定"，完成图层样式的编辑，最终效果如下。

该技巧也是完全通过图层样式来完成。可通过拷贝、粘贴图层样式，将效果复制到其他的文字或其他类型的图层之上。

技巧60 如何制作印章字效果？

技巧难度： ■■■■ 困难

有时候我们想在论坛签名，用自己的图

253

片等制作一些类似印章的效果，该如何通过Ps来模拟呢？

步骤① 新建一个宽高800×800像素、分辨率为72像素/英寸、白色背景的画布。

步骤② 新建一个图层，切换到椭圆选框工具，在工具选项中将样式设置为固定大小，宽度和高度均设为611像素，在画布中点击鼠标，生成一个圆形选框。

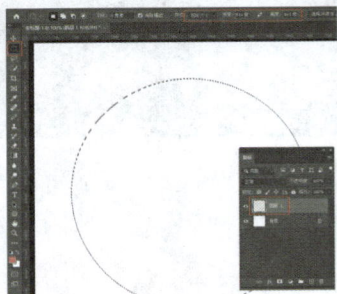

步骤③ 在菜单中点击"编辑—描边…"。

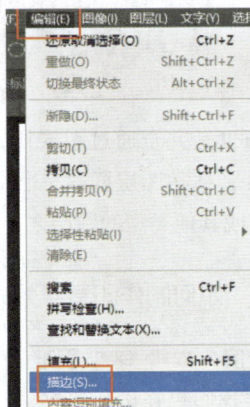

步骤④ 在弹出的"描边"对话框中，将宽度设为20像素，颜色值修改为#D34A5D，位置为居中，点击"确定"。

步骤⑤ 新建一个图层，将椭圆选框的大小修改为336×336像素，点击画布生成选框，再利用Ps的对齐功能，将新的选框与大的圆中心对齐。

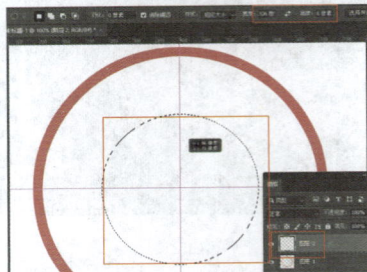

步骤⑥ 再次执行描边命令，为小圆描边。

步骤⑦ 在菜单中找到"窗口—路径"，打开"路径"面板，点击面板底部的"从选区生成工作路径"按钮，创建一个内层的封闭圆形路径。

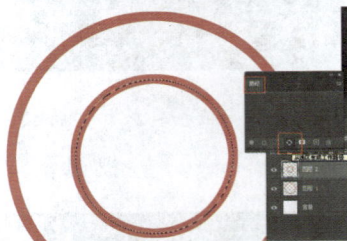

步骤⑧ 切换到横排文字工具，将鼠标移动到内层圆圈上，鼠标光标将变成样式，在下图蓝色点附近点击，出现输入光标，此时输入的文字将沿着路径外部弯曲排列。

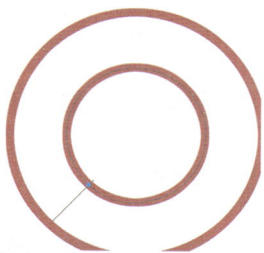

步骤⑨　选择一个合适的字体、字号，打开字符面板，设置文字的宽高比，例如将字号设为90，文字间距-160，宽度-79%，高度129%，基线偏移25点，文字颜色为#D34A5D，输入想要的文字，文字将沿着路径排列。

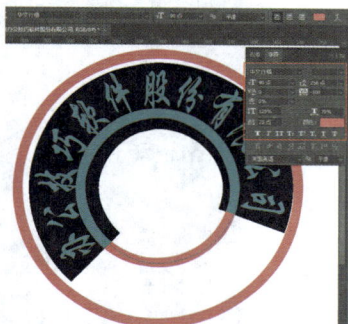

步骤⑩　可以看到文字两边位置不对称。按快捷键Ctrl + R，打开标尺，可以看到画布的上部跟左边出现了标尺，切换到移动工具，从上标尺开始往下拖，拖动到字体的下方合适区域，作一条参考线，如果位置不合适，可以使用移动工具对参考线进行移动。

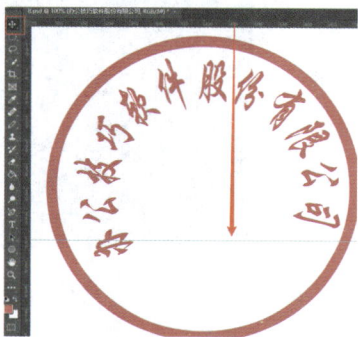

步骤⑪　在图层面板中选择现有的3个图

层，按快捷键Ctrl + T，执行自由变换，将鼠标移动至控制点附近，当光标出现旋转时，拖动光标，借助参考线，将文字旋转正，使其下部大致平齐。

步骤⑫　切换到文字工具，设置合适的字体和字号，比如100点，在下方合适区域输入文字。

步骤⑬　在工具中找到"多边形工具"。

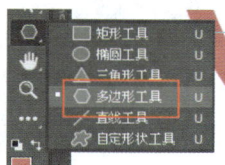

步骤⑭　在其工具选项中，将填充设置为前景色，描边设置为无，在右侧多边形的边数输入6，也可根据实际需要进行更改。

步骤⑮　在图层面板中隐藏内层的辅助圆，在画面正中间拖动画出一个合适大小的六角星，再使用移动工具将其与外层的圆中心对齐，印章基本制作完毕。

步骤⑯ 接下来为印章增加一些模拟印泥的斑驳效果。一般对图层进行破坏性操作前，最好将其备份。在图层面板中选中所有图层，拖动到下方新建组按钮上松开鼠标，新建一个组。

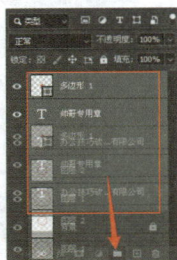

步骤⑰ 再将新建的组拖动到新建图层按钮上松开鼠标，复制一个备份。

步骤⑱ 隐藏原始的组作为备份。对新复制的组，选择所有图层，右键，选择合并图层，将几个图层合并为一个整体。这一步为不可逆操作，所以如果后续需要修改字或其他元素将比较麻烦，这时候我们的备份就可以派上用场。

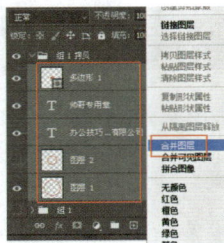

步骤⑲ 点击菜单中的"滤镜－滤镜库…"。

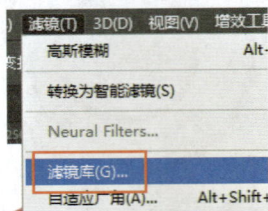

步骤⑳ 点击"画笔描边"组中的"喷溅"，添加喷溅效果，将半径设为25，平滑度设为15。点击对话框底部的"新建效果图层"按钮。

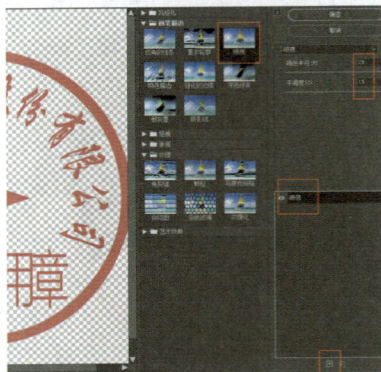

步骤㉑ 在效果图层中点击新建的第二个图层，在滤镜库中点击"纹理－颗粒"，添加颗粒效果，将强度设为100，对比度设为5，颗粒类型选择"点刻"，也可结合左侧的预览框，对参数及想要的效果进行微调。

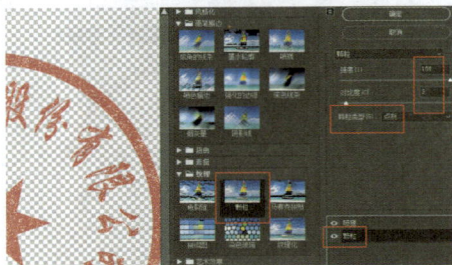

步骤㉒ 设置完后，点击"确定"按钮，可以看到基本的斑驳效果已经出现，参考线可按快捷键Ctrl＋H来隐藏。

可根据实际需要来调整参数，例如将字体更改为宋体等，可做出个性化的专属LOGO。

第3节　图像拼合

Ps的图像拼合技术，利用图层蒙版、混合模式和变换工具，能无缝拼接多张图片，创建全景图或复杂合成图像，是实现高难度视觉创意和广告设计的必备技能，极大地扩展了图像编辑的可能性。

技巧61　如何更换人像背景？

技巧难度： ■■■□□　困难

例如需要将下图的人物背景更换景色，该如何实现呢？

步骤①　打开人物图片，切换到快速选择工具，点击工具选项中的"选择主体"按钮。

步骤②　Ps将自动运算，找到图片中的主体，即人物。如果边缘不准确，可通过快速选择工具的加减选区来调整选区范围，选择完后，按Ctrl + C复制选区内容。

步骤㉓　由于使用印泥一般都会比较模糊，我们为印章继续添加模糊效果，点击"滤镜-模糊-高斯模糊..."。

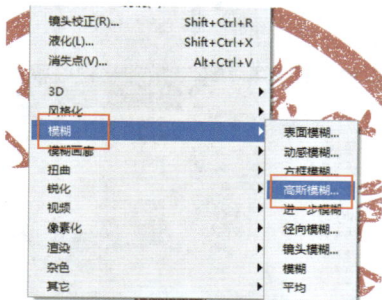

步骤㉔　在"高斯模糊"对话框中，将半径设为0.3，点击"确定"。

步骤㉕　最终的印章效果字如下。

步骤③ 打开风景图片，按快捷键Ctrl + V，将抠出的人物图片粘贴进去。

步骤④ 按Ctrl + T执行自由变换，将人物调整大小，拖动到合适的位置，按回车键确认。

步骤⑤ 切换到裁剪工具，选择合适的比例，拖动出裁剪框，裁剪掉图片多余的部分。

步骤⑥ 可以看到在背景中有一些其他的游客，选中背景图层，切换到污点修复画笔，对其他游客进行涂抹。

步骤⑦ 涂抹后的效果如下，使得画面更为纯净。

步骤⑧ 人物与风景的色调有些不搭，选中人物图层，点击菜单中的"图像–调整–色彩平衡…"或按快捷键Ctrl + B。

步骤⑨ 在打开的"色彩平衡"对话框中进行相应调节，可以看到图片偏青色，则往青色的相反方向，即红色方向调节。其他色彩分量也可适当调节，达到较佳的效果。

步骤⑩ 由于被摄主体是人物，背景应当模糊、虚化，选中背景图层，点击菜单中的"滤镜–模糊–镜头模糊…"。

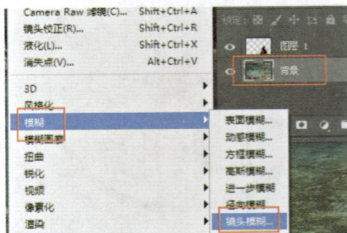

步骤⑪　在"镜头模糊"对话框中，将光圈形状设为"六边形"，半径为8，为背景应用模糊效果。

步骤⑫　点击"确定"，即可得到合成后的图片。

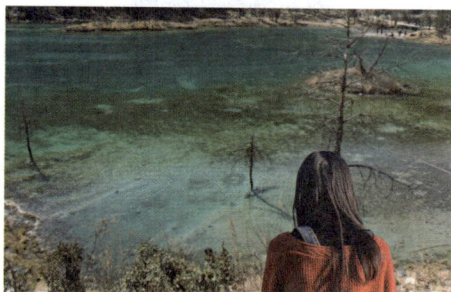

第4节　制作海报

Ps是广告和宣传材料设计的核心工具。使用Ps强大的图像编辑和设计工具，如文字、图层样式和滤镜，能高效创建引人注目的视觉元素，实现创意和信息的有效传达。

技巧62　如何制作电商主页横幅海报？

技巧难度：▉▉▉▉ **困难**

在电商平台经常需要制作一些横幅海报等，一般使用Ps来制作，准备好产品图片，在底色的基础上，通过输入文字、放上产品图、增加点缀等来进行完善。

步骤①　某电商网站的海报尺寸为1920×600像素，所以新建一个宽高1920×600像素的画布，分辨率为72像素/英寸。

步骤②　切换到渐变工具，选择一种合适的蓝色调渐变。

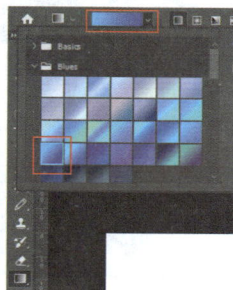

步骤③　在背景图层中，从左上角往右下角拖动，填充线性渐变。

步骤④　按快捷键Ctrl + R，打开标尺。从上标尺往下拉，在画布的顶部和底部适当位置各拉出2条参考线。

步骤⑤　新建一个图层，使用矩形选框工具

选择最顶部的横条，按住Shift增加选区，框选最底部的横条。

步骤⑥ 将前景色设为#238CF7、背景色设为#5227FB，切换到渐变工具，选择"Basic 基础"组中的前景色到背景色渐变，或直接通过指定颜色来编辑渐变。

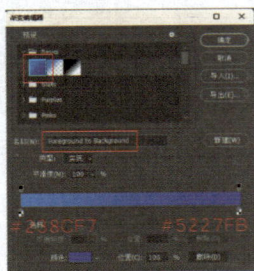

步骤⑦ 按住Shift，使用鼠标在画布中横向拖动，为新建的图层绘制水平渐变。

步骤⑧ 再次新建一个图层，使用同样方法，框选内层的2个横条。

步骤⑨ 设置一个从#099FFE到#4D43CF的渐变。

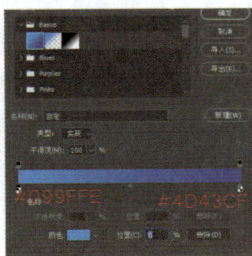

步骤⑩ 水平填充选框，即可得到顶部和底部的色条小装饰。

步骤⑪ 切换到画笔工具，选择硬边圆画笔，将画笔大小设置为与装饰条宽度大致相同的大小，例如15像素，颜色为白色。在画笔设置面板中，将间距调整为180%，可以画出离散排列的圆形。

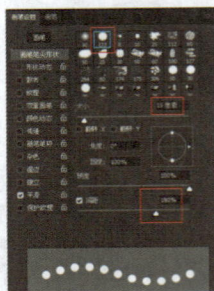

步骤⑫ 按Ctrl + H暂时隐藏参考线（否则画笔会自动吸附到参考线之上），使用鼠标在底部左侧的色条内，先点击并按住左键，再按住Shift，同时鼠标往右拖动，绘制一些离散的装饰点。

步骤⑬ 复制该图层，使用移动工具将新复制的图层移动到合适的位置。

步骤⑭ 按Ctrl + H显示参考线，合并这两个图层，再复制这个合并的图层，拖动到画布右上角合适的位置，使两个图层大致中心

对称，基础画布基本设计完毕。

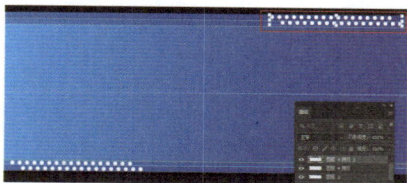

步骤⑮　切换到文字工具，使用合适的字体、字号，在适当位置输入需要的文案，可为文字图层添加一些图层样式，使画面整体更活泼生动。

步骤⑯　打开准备好的各个商品图，可使用各种抠图方法，例如快速选择工具的"选择主体"，然后再确认细节、边缘。再通过拖动或复制的方式，粘贴到海报中。

步骤⑰　每个加入的商品图会自动创建一个图层，在图层面板中点击右键，将每个图层转换成智能图层，使得缩放无损。

步骤⑱　对每个商品图层按Ctrl + T快捷键执行自由变换，设置为合适的大小，拖动到合适位置，根据需要，在图层面板中，将顶部和底部的装饰条往上拖动到商品图之上，

以盖住商品的下沿。

步骤⑲　将装饰图片拖动到画布中，移动到合适为止，擦除不需要的部分。

步骤⑳　为其设置一个投影的图层样式。

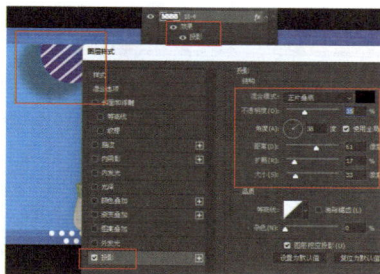

步骤㉑　使用同样的方法，在画面其他地方也增加装饰。

步骤㉒　整体制作的完成效果如下图，保存文件，再另存为png或者jpg格式，上传到电商平台。

第五篇章 ◀◀◀◀◀◀

Windows
使用技巧

　　作为计算机硬件之上的关键角色，操作系统是用户和计算机之间的沟通桥梁，所有应用软件也都依赖于其运行。熟练掌握操作系统的基本操作，是充分利用计算机各项应用的前提。本部分将对 Windows 系统的基本操作以及网络操作进行介绍。

第 33 章　基本操作篇

第1节　资源管理器

在资源管理器中，Windows将所有计算机软硬件资源呈现为文件或文件夹。本小节在资源管理器中介绍文件和文件夹的基本概念，并简述如何对它们进行重命名、剪切、复制和粘贴等操作。

技巧1　什么是文件？

技巧难度：▰▱▱▱　简单

在Windows操作系统中，文件指的是存储在计算机上的数据单元。文件是文本文档、图像、音频、视频、程序等各种类型的信息载体，通常以文件名加文件扩展名的形式来表示和区分，比如".txt"表示文本文件，".jpg"表示图片文件，".exe"表示可执行文件等。

文件以二进制形式存储在硬盘或其他存储设备上，每个文件都有其独特的文件路径，可通过文件路径在文件系统中找到和操作文件。Windows提供资源管理器方便用户查看、创建、复制、移动、重命名和删除文件。此外，Windows还通过文件关联功能将特定类型的文件与默认程序关联，使用户可以直接双击文件打开相应的程序进行编辑或查看。

技巧2　什么是文件夹/目录？

技巧难度：▰▱▱▱　简单

文件夹（也称为目录）是用于组织和存储文件的容器。每个文件夹可以包含文件和其他文件夹，形成了一个层次结构的文件系统，用户通过文件夹在计算机中创建、组织和管理文件，以便更好地管理文件的访问和存储。

Windows操作系统提供了资源管理器等工具，帮助用户浏览文件系统中的文件夹和文件，进行文件夹和文件的管理操作。可以通过双击打开文件夹，查看其中的文件和子文件夹，并在文件夹中创建新文件夹、复制、移动、重命名、删除文件或文件夹，以及对文件进行分类和整理。文件夹的路径表示了文件在文件系统中的位置，用户可以通过路径方便地找到特定的文件或文件夹。

技巧3　如何新建文件夹？

技巧难度：▰▱▱▱　简单

在资源管理器中，新建文件夹的步骤如下：

步骤①　在资源管理器中导航到你希望新建文件夹的位置，比如D盘。在空白区域右键点击，将弹出一个菜单。

步骤②　在弹出的右键菜单中，选择"新建"，会弹出一个子菜单，如图。

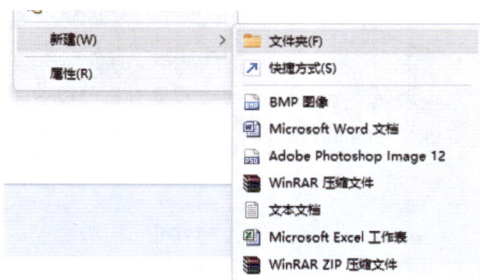

步骤③　在"新建"子菜单中，选择"文件夹"，系统会自动在选定位置为你创建一个新文件夹。

步骤④　系统自动为新文件夹命名为"新建文件夹"，输入你想要的文件夹名称，例如

"办公软件8合1"，按下回车键即可完成重命名。

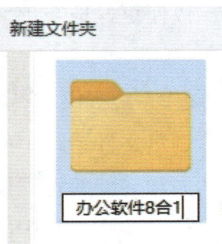

新建文件夹

办公软件8合1

完成以上步骤后，将成功在资源管理器中新建一个文件夹。

技巧4 如何新建文件？

技巧难度： 简单

在资源管理器中，新建文件的步骤如下：

步骤① 在资源管理器中，导航到想要新建文件的位置。可以选择一个已有的文件夹，比如D盘下的"办公软件8合1"文件夹，也可以新建一个文件夹。

步骤② 在选定要新建文件的位置后，在资源管理器中的空白区域右键点击，会弹出一个右键菜单。

步骤③ 在右键菜单中，选择"新建"，会弹出一个子菜单。

步骤④ 在"新建"子菜单中，选择想要新建的文件类型，比如"文本文档""Word文档""Excel工作表"等，如下图。

新建(W)	>	📁 文件夹(F)
属性(R)		↗ 快捷方式(S)
		🖼 BMP 图像
		📄 Microsoft Word 文档
		📄 Adobe Photoshop Image 12
		📦 WinRAR 压缩文件
		📄 文本文档
		📊 Microsoft Excel 工作表
		📦 WinRAR ZIP 压缩文件

步骤⑤ 选择文件类型后，资源管理器会

自动为你新建一个类型的文件，并要求你输入文件名。输入文件名后按下回车键，如下图。

Data (D:) > 办公软件8合1

打印　　新建文件夹

我的第一个文件.txt

完成上述步骤后，将成功在资源管理器中新建一个文件。

技巧5 如何移动/复制文件/文件夹？

技巧难度： 简单

在资源管理器中，移动和复制文件或文件夹是两种不同的操作：移动文件或文件夹意味着将其从一个位置移动到另一个位置，原始位置的文件或文件夹会被删除并转移到目标位置。复制文件或文件夹是在原始位置保留一份文件或文件夹的拷贝，并将其粘贴到另一个位置，这样，不仅在原始位置保留了一份文件或文件夹的拷贝，同时也在目标位置创建了一个相同的文件或文件夹。

文件和文件夹的操作相同，下面以文件为例，介绍移动/复制文件的步骤。

步骤① 在资源管理器中找到并选中你想要移动/复制的文件。

步骤② 在文件或文件夹上右键点击，弹出一个菜单。

步骤③ 在弹出的右键菜单中选择"剪切"以移动选定的文件，或选择"复制"以复制选定的文件，如下图。

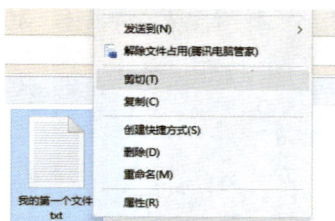

步骤④　导航到目标位置，在空白区域右键点击，选择"粘贴"，将需要移动或复制的文件粘贴到目标位置，完成文件的移动/复制。

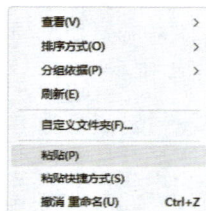

技巧6　如何重命名文件/文件夹?

技巧难度： ▮▮▯▯▯▯ **简单**

重命名是指修改文件或文件夹的名称，使其更符合用户的需求或方便管理。在Windows系统中，通过资源管理器可以方便地进行文件或文件夹的重命名操作。文件和文件夹的操作相同，下面以文件为例，介绍重命名文件的步骤。

步骤①　在资源管理器中找到想要重命名的文件，单击文件使其处于选中状态。

步骤②　右键单击选中的文件，从弹出的菜单中选择"重命名"，或者直接点击文件名或按快捷键功能键F2，进入编辑状态。

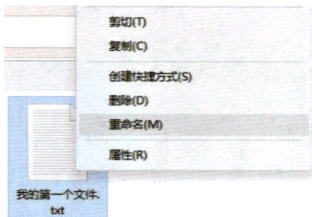

步骤③　在文件名处输入新的名称，可以包括字母、数字、空格以及一些特殊字符，不可以包含以下字符：反斜杠（\）、斜杠（/）、冒号（:）、星号（*）、问号（?）、双引号（"）、尖括号（<和>）、竖线（|）。

步骤④　完成输入后，按下回车键或者单击其他空白位置，系统会保存新的文件名，文件名将被修改为输入的新名称。

技巧7　如何设置文件/文件夹的属性?

技巧难度： ▮▮▮▯▯▯ **中等**

在Windows中，文件和文件夹具有以下属性。

（1）只读（Read-only）：只读属性表示文件或文件夹只能被读取，而不能被修改或删除，这个属性可以防止意外的修改或删除操作。

（2）隐藏（Hidden）：隐藏属性会将文件或文件夹隐藏起来，在普通情况下不会显示在资源管理器中，这个属性常用于隐藏一些系统文件或私密文件。

（3）其他常见的文件和文件夹属性包括：存档（Archive）、系统（System）、压缩（Compressed）、加密（Encrypted）等，但这些属性不是每个文件或文件夹都具备。

文件和文件夹的操作相同，下面以文件为例，介绍设置文件属性的步骤：

步骤①　在资源管理器中找到你想要设置属性的文件，单击文件使其处于选中状态。

步骤②　右键点击已选择的文件，在弹出的快捷菜单中，选择"属性"选项。

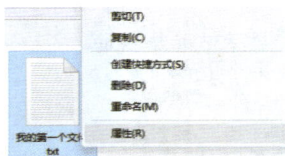

步骤③ 在属性对话框的"常规"选项卡中，勾选"只读"复选框，可以使文件变为只读状态，从而防止未经授权的修改；勾选"隐藏"复选框，可以将文件隐藏起来，使其在资源管理器中不可见。

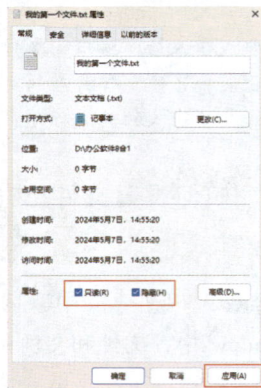

步骤④ 在设置完文件属性后，点击属性对话框底部的"应用"按钮，然后点击"确定"按钮来保存设置。

注意，系统文件或关键文件可能已经具有特定的属性设置，不建议随意更改。

技巧8 如何新建快捷方式？

技巧难度： 简单

快捷方式是一个指向文件、文件夹或程序的链接，可以方便地访问目标项而无需打开其原始位置。创建快捷方式可以让你更便捷地访问常用的文件、文件夹或程序。

创建快捷方式的步骤如下：

步骤① 找到你想要创建快捷方式的应用程序、文件或文件夹。

步骤② 右键点击目标项，然后从弹出菜单中选择"创建快捷方式"选项。

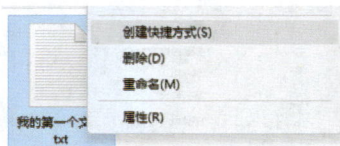

步骤③ 快捷方式将会立即创建，并且会显示在原始项目的同一目录中。

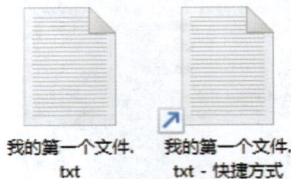

步骤④ 如果希望将快捷方式放置在其他位置，可以将其拖动到目标位置，或者通过剪切/复制功能进行移动。

特别地，如果需要在桌面创建快捷方式，可采取如下步骤：

步骤① 找到需要创建快捷方式的应用程序、文件或文件夹。

步骤② 右键点击目标项，然后从弹出菜单中选择"发送到"，再选择"桌面快捷方式"，桌面上将会出现一个新的快捷方式图标，方便快速访问相关资源。

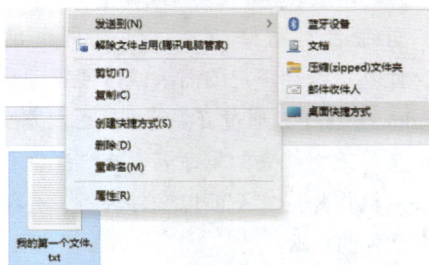

第2节　显示调节

本小节三要介绍Windows中关于显示的设置，包括分辨率、投影仪、缩放大小等。

技巧9 如何调整屏幕的分辨率？

技巧难度： 简单

显示分辨率是指显示器在显示图像时的分辨率，它用像素点来衡量，即显示器上水平像素和垂直像素的数量，通常以宽×高的形式表示。例如，1920×1080的分辨率意味着整个屏幕上水平方向有1920个像素，垂直方向有1080个像素。

调节Windows的显示分辨率的步骤如下。

步骤①　右击在桌面的任意空白位置，在弹出的菜单中，选择"显示设置"选项。

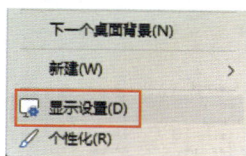

下一个桌面背景(N)
新建(W)
显示设置(D)
个性化(R)

步骤②　在"系统-屏幕"设置中，向下滚动到"缩放和布局"部分，找到"显示器分辨率"一栏。

步骤③　点击"显示器分辨率"的下拉菜单，选择合适的分辨率选项。通常情况下，最好是选择标记了"（推荐）"的选项，这是系统根据你的显示器最佳分辨率推荐的。

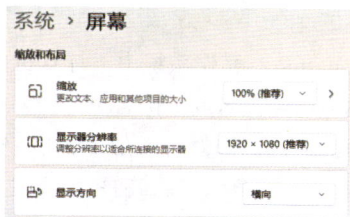

系统 › 屏幕
缩放和布局
缩放
更改文本、应用和其他项目的大小　　100%（推荐）
显示器分辨率
调整分辨率以适合所连接的显示器　　1920 × 1080（推荐）
显示方向　　横向

步骤④　修改之后立即生效，此时系统会提示是否保留这些显示器设置。如果满意，就选择"保留更改"，如果不满意，就选择"恢复"，为了防止误操作，在倒计时结束之后也将恢复原来的分辨率设置，避免因为选择不合适的分辨率导致某些窗口显示不全。

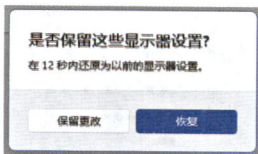

是否保留这些显示器设置？
在 12 秒内还原为以前的显示器设置。
保留更改　　恢复

另外，在显示设置中，"缩放"指的是调整屏幕上的图像和文本的大小。通过调整缩放设置，可以使显示的内容更加适合屏幕大小，以便更清晰地阅读和浏览。可在"缩放"的下拉框中选择合适的缩放百分比。

Windows默认的DPI为96，即1英寸里显示96个像素点。设置高的缩放百分比，如96×125%=120 DPI，由于系统字体是以固定大小（宋体10号字，物理尺寸为10/72英寸）设计的，高DPI意味着字体占有更多的点（像素），所以文本、应用等看起来也变大了。需要注意的是，人为调节DPI，可能影响部分软件的正常显示及运行。

技巧10　如何设置多屏幕／投影仪？

技巧难度： ▮▮▮　简单

设置多屏幕／投影仪功能允许将电脑屏幕的内容扩展到另一个或多个显示器或投影仪上，从而实现更广泛的显示范围或方便的分屏操作。以下是设置多屏幕／投影仪的详细步骤：

步骤①　确保投影仪或额外显示器已正确连接电源并已打开，使用适当的线缆将电脑与投影仪或额外显示器连接。

步骤②　按下键盘上的"Windows徽标键＋P"，在屏幕右下角弹出的菜单中，选择你想要的显示模式。

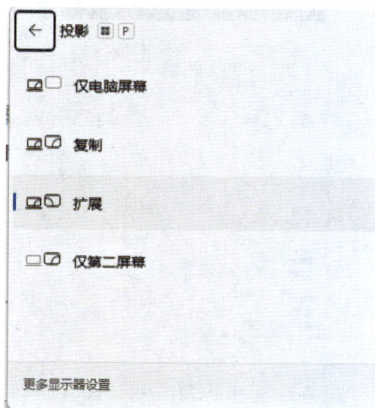

← 投影
仅电脑屏幕
复制
扩展
仅第二屏幕
更多显示器设置

步骤③ 选项的含义为：仅电脑屏幕，仅显示在电脑屏幕上；复制，在电脑屏幕和投影仪/额外显示器上显示相同的内容；扩展，将电脑屏幕的内容扩展到投影仪/额外显示器上，可以在两个屏幕上看到不同的内容；仅第二屏幕，仅在投影仪/额外显示器上显示内容，电脑屏幕将变黑。

连接投影仪时，如果需要边观看自己电脑边操作，并且想要其他用户观看到操作，一般选择"复制"。特别地，如果需要播放 PPT，则可以选择"扩展"，此时在电脑上可以看到下一页的预览界面，在投影仪上可以看到呈现给用户的幻灯片。此外，在使用多屏幕设置时，请注意不同显示器之间的分辨率和缩放设置，以确保最佳的显示效果。

技巧11 如何显示桌面图标？

技巧难度： ▇▇▯▯▯▯ 简单

在Windows系统安装完毕后，桌面一般只显示主目录，如果要显示其他桌面的图标，可采用以下步骤：

步骤① 右击桌面的空白区域，在弹出的快捷菜单中选择"个性化"。

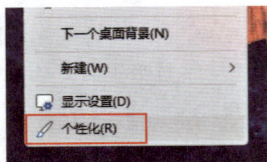

步骤② 弹出"个性化设置"窗口，下拉选择"主题"选项。

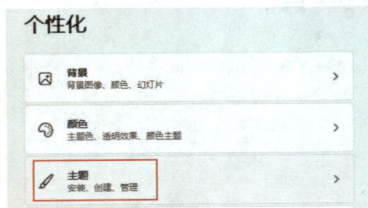

步骤③ 再往下拉找到"相关设置"，然后

点击"桌面图标设置"。

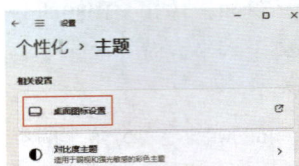

步骤④ 弹出"桌面图标设置"对话框，在"桌面图标"下勾选需要显示在桌面的图标，点击"确定"按钮即可。

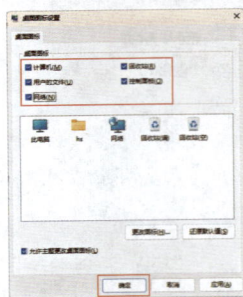

技巧12 如何更改计算机的名称？

技巧难度： ▇▇▇▯▯▯ 中等

在Windows操作系统中，计算机的名称（也称为计算机名或主机名）是计算机在网络中的唯一标识符，用于在网络上进行通信和管理。它由字母、数字和短横线组成，长度通常不超过15个字符。每台计算机都必须有一个独特的名称，以便其他计算机和用户可以识别和访问它。以下是在Windows系统中更改计算机名称的详细步骤。

步骤① 右击桌面的"此电脑"并选择"属性"。

步骤②　在弹出的系统设置对话框中，在左侧窗格点击"高级系统设置"，在弹出的"系统属性"对话框中，选择"计算机名"选项卡。点击下方"更改"按钮，在计算机名中输入新名称并单击"确定"。

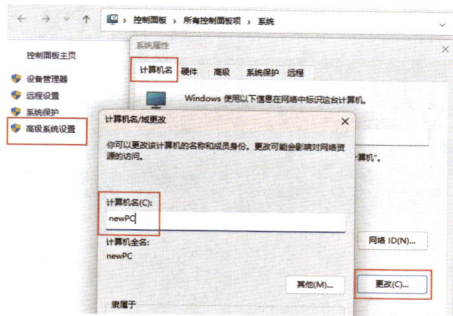

步骤③　重新启动计算机后，计算机名将成功更改。

第3节　安全防护

Windows系统的安全中心提供了最新的病毒和威胁防护，定期扫描恶意程序、病毒和各种安全威胁。本小节将主要介绍如何在Windows系统中开启病毒和威胁防护，以及如何启动网络防火墙等常见的安全防护操作。

技巧13　如何开启"病毒和威胁防护"？

技巧难度：　　　　中等

"病毒和威胁防护"是指Windows系统中的一种安全功能，用于保护计算机免受恶意软件、病毒和其他安全威胁的侵害。该功能由Windows Defender提供，并包括实时保护、病毒和威胁扫描、防火墙等功能。下面是开启"病毒和威胁防护"的详细步骤：

步骤①　点击Windows开始按钮，然后选择"设置"（齿轮图标），在设置窗口中，选择"隐私和更新性"，并点击右侧的

"Windows安全中心"。

步骤②　在"Windows安全中心"中点击"病毒和威胁防护"。

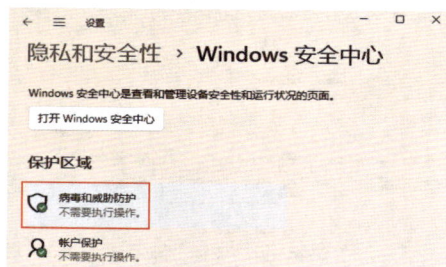

步骤③　在"病毒和威胁防护"设置中点击"管理设置"。

步骤④　在"病毒和威胁防护设置"部分，确保"实时保护"开关是打开状态。

技巧14　如何开启网络防火墙？

技巧难度： 中等

防火墙是一种网络安全设备或软件，用于监控和控制网络流量，以保护计算机免受未经授权的访问、恶意软件和网络攻击。防火墙可以根据预先设定的规则来过滤和阻止进出网络的数据包，增强计算机系统的安全性。开启防火墙的详细步骤如下。

步骤① 打开系统控制面板，在"查看方式"中选择"大图标"，在所有控制面板项中点击"Windows Defender 防火墙"。

步骤② 在弹出的"Windows Defender 防火墙"对话框中点击左侧的"启用或关闭 Windows Defender 防火墙"。

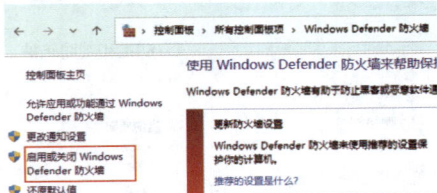

步骤③ 在打开的"自定义设置"窗口中，选中"专用网络设置"和"公用网络设置"两栏中的"启用 Windows Defender 防火墙"，点击"确定"。

开启Windows Defender防火墙，可以有效地保护计算机免受网络威胁和恶意攻击。需要注意的是，合理配置防火墙规则可以提高计算机系统的安全性，但也要避免阻止合法流量造成网络连接问题。

第 34 章　网络篇

第1节　网页浏览

网页浏览是指通过互联网浏览器访问网页的过程。用户在浏览器中输入网页地址或点击链接，浏览器向服务器请求相应网页内容，服务器将网页数据发送给浏览器，最终在用户的设备上显示网页。常见的网页浏览器有Chrome、Firefox、Safari等。

技巧15　什么是浏览器？

技巧难度： 简单

浏览器是一种软件应用程序，用于访问、浏览和查看互联网上的各种信息资源，例如网页、图像、视频、文件等。浏览器通过网络协议（如HTTP、HTTPS）与互联网通信，将用户输入的网址或搜索关键词转换成可视化的网页内容，让用户可以方便地浏览互联网信息。浏览器的主要功能包括：

页面呈现：浏览器能够解释HTML、CSS、JavaScript等网页语言，将网页内容以可视化形式展示给用户，通过渲染引擎，浏览器可以正确显示网页的布局、文本、图片、视频等内容，这是浏览器的核心功能。

导航功能：用户可以在浏览器中输入网

址或搜索关键词，进行网页访问和搜索。浏览器会根据用户输入的信息，请求相应的网页资源并将其呈现给用户。

下载管理：浏览器允许用户下载文件、图片、视频等资源，部分浏览器还提供下载管理功能，让用户方便查看和管理下载的内容。

其他辅助功能：主流浏览器还提供标签页管理、书签和历史记录管理、扩展和插件等，从各方面增强浏览器的功能和定制化体验。

技巧16　主流的浏览器有哪些？

技巧难度：▉▉▉　　　简单

目前，主流的浏览器有：

微软Edge：微软Edge是Windows 10系统默认的浏览器，具有快速的页面加载速度和良好的兼容性。最新的Edge基于Chromium引擎，支持Chrome扩展，并有跨设备同步功能。

谷歌Chrome：作为目前最受欢迎的浏览器之一，Chrome以其快速、稳定和强大的扩展生态系统而闻名。它有着简洁的界面和强大的同步功能，支持多平台使用。

Safari：Safari是苹果公司的浏览器，专为Mac和iOS设备优化。它具有出色的性能，紧密集成了苹果生态系统，提供流畅的用户体验。

其他浏览器：例如搜狗浏览器、360安全浏览器等，均基于其他浏览器内核（如Chromium内核、WebKit内核等）进行功能扩展。

技巧17　如何使用浏览器浏览网页？

技巧难度：▉▉▉　　　简单

使用浏览器浏览网页，通常按照以下步骤进行：

步骤①　在计算机或移动设备上找到并点击浏览器应用程序图标（例如Edge浏览器），启动浏览器。

步骤②　在浏览器的地址栏中输入您要访问的网址（如www.baidu.com），然后按下回车键，如下图。

步骤③　如果不知道具体网址，也可以在地址栏中输入搜索关键词，比如"天气预报"，浏览器会使用默认搜索引擎显示搜索结果页面。

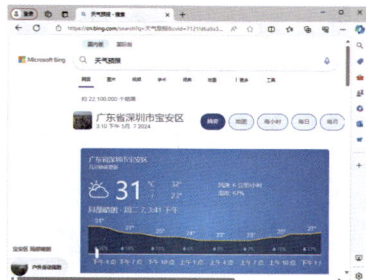

步骤④ 浏览器会向服务器发送请求，获取网页内容，并将其呈现在浏览器上。可通过鼠标滚轮或触摸屏幕上下滚动浏览网页内容。如果网页包含链接，用户可以点击链接跳转到其他页面。

第2节 搜索引擎

搜索引擎是一种用于在互联网上搜索信息的工具，根据提供的关键词，搜索引擎会根据算法匹配相关网页，并按相关性排序呈现给用户。目前，百度、必应等搜索引擎为用户提供了便捷的信息检索服务。

技巧18 如何使用搜索引擎？

技巧难度： ▮▮▮ 简单

以百度搜索引擎为例，使用搜索引擎的详细步骤如下。

步骤① 打开一个网络浏览器，例如Google Chrome、Microsoft Edge等，在浏览器的地址栏中输入"www.baidu.com"，然后按下回车键，等页面加载完成后，你将看到百度的首页。

步骤② 在搜索框中输入你想要搜索的关键词或问题并按下回车键，例如"office技巧"。

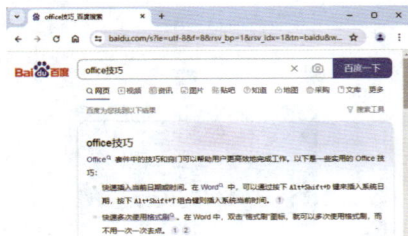

步骤③ 在搜索框下方可以选择搜索的范围，如"网页""视频""资讯"等。默认情况下会搜索全部类型的内容，搜索引擎将显示与搜索关键词相关的搜索结果页面。

步骤④ 在搜索结果页面中可看到一系列网页链接、摘要和相关信息，可点击其中一个链接来访问该网页，以获取更详细的信息。

技巧19 如何限定特定网址进行搜索？

技巧难度： ▮▮▮▮ 中等

在搜索引擎中使用"site"操作符可以只获取来自某个特定网站的搜索结果。例如，如果你只希望在百度网站上搜索相关信息，你可以在搜索框中输入"site:baidu.com"，然后加上你想要搜索的关键词。

步骤① 接技巧18，例如我们想只观看哔哩哔哩网站的搜索结果，可在搜索引擎的搜索栏中，在"office技巧"后增加内容，使其成为"office技巧 site:bilibili.com"。

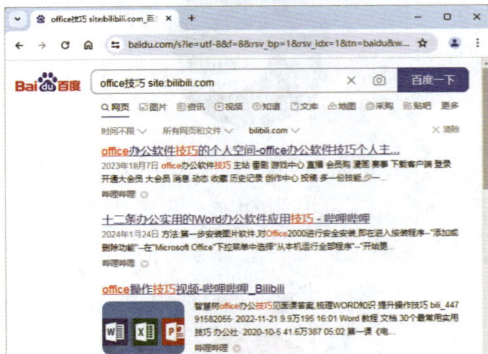

步骤② 注意"site"和冒号都必须是英文半角输入法下输入，网址需要加上后缀，如".com"等。

从搜索结果可以看出，使用"site"操作符，可以更加精确地搜索特定网站的内容，节省时间并快速找到需要的信息。

技巧20　如何搜索特定格式的文档？

技巧难度： ▢▢▢　中等

在搜索引擎中，可通过在搜索关键词后面加上"filetype"操作符来搜索特定格式的文档。

步骤①　例如，如果想搜索PDF格式的《红楼梦》，可在搜索引擎的输入框中输入"红楼梦 filetype:pdf"。

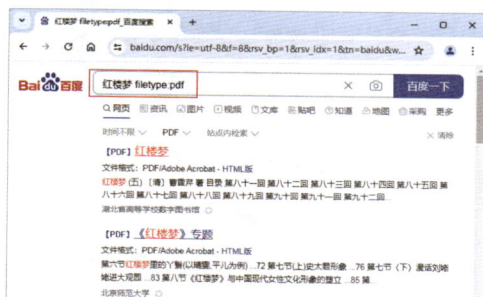

步骤②　注意"filetype"和冒号都必须是英文半角输入法下输入。常用的格式可能有：doc、xls、txt等。

从搜索结果可以看出，通过使用"filetype"操作符，可以更加精确地搜索特定格式的内容，节省时间并快速找到需要的信息。

需要注意的是，不同搜索引擎可能对操作符的支持有所不同。此外，搜索结果的准确性也取决于网页内容的标记和搜索引擎的索引方式。因此，如果你无法找到特定格式的文档，可以尝试其他搜索引擎或使用更具体的操作符来优化搜索结果。

第3节　文件下载

文件下载是指从互联网或其他网络上将文件保存到本地的过程。用户通过浏览器或特定下载工具输入文件的URL或通过点击链接触发下载操作，服务器将文件数据传输到用户设备，用户设备接收完整文件后保存到本地存储介质中。

技巧21　如何进行文件下载？

技巧难度： ▨▨▨　简单

文件下载的具体步骤会因文件类型、设备和操作系统而异，一般有以下方式。

第一种：在超链接上使用右键—"另存为"方式，选择文件保存的位置。

第二种：使用浏览器自带的下载功能，下载完成后可在浏览器中的下载列表找到下载完成的文件。

第三种：如果计算机上已安装下载软件，比如迅雷等，在点击下载时一般会自动弹出下载软件进行下载。

以下载电脑版微信为例，步骤如下：

步骤①　使用搜索引擎搜索"微信Windows版"，找到腾讯官方网站的搜索结果并打开。

步骤②　右键点击"下载3.9.10"，在弹出的菜单中选择"链接另存为…"，在弹出的另存为对话框中选择保存的路径，自动开始下载。

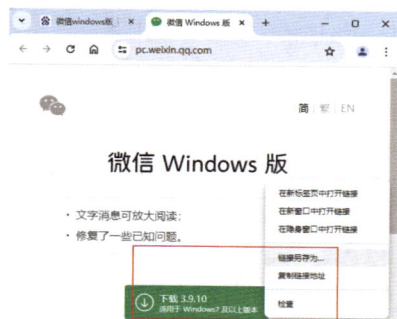

步骤③　或者直接点击"下载3.9.10"，浏览器一般会自动开始下载，可找到浏览器的下载列表查看。

技巧22　如何使用下载工具进行下载?

技巧难度： ▮▮▯▯▯ 简单

使用下载工具进行下载的好处在于:

1.下载工具通常支持多线程下载和文件分块下载技术，可以加快下载速度，节省用户时间。

2.下载工具支持HTTP、FTP、BT等多种下载协议，用户可以方便地下载各种类型的文件。

3.下载工具支持断点续传功能，即使下载过程中意外中断，用户可以随时恢复下载，避免重新下载整个文件。

4.下载工具支持批量下载，用户可以同时下载多个文件或任务，提高下载效率。

5.下载工具通常还配有下载加速器，可以优化网络连接，提高下载速度。

以迅雷下载"微信Windows版"为例，介绍使用下载工具进行下载的方法:

步骤①　下载并安装迅雷，安装完成后，打开迅雷软件。

步骤②　在微信Windows版下载页面右键点击"下载3.9.10"，在弹出的菜单中选择"复制链接地址"，此时迅雷软件将自动弹出下载确认对话框，选择保存路径后点击"立即下载"。

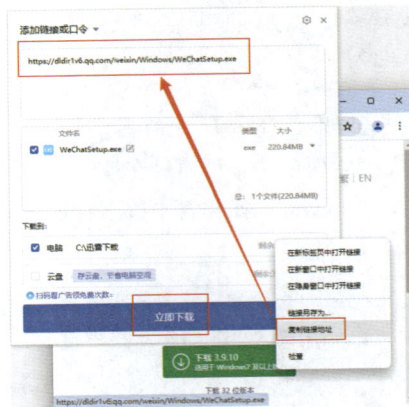

步骤③　迅雷自动开启软件的下载，可打开迅雷软件主界面查看下载进程。

技巧23　如何进行文件夹共享?

技巧难度： ▮▮▮▮▮ 困难

在Windows中通过文件夹共享，可以将文件、文件夹和其他资源共享给其他计算机或用户，使其能够方便地访问和使用这些资源，多个用户可以同时访问和编辑共享文件夹中的文件，实现协作工作。这对于团队合作、共享项目文件以及多人编辑文档非常有用。共享文件夹也可以快速传输大型文件或文件夹，而无需使用U盘或通过电子邮件发送。

在Windows系统中设置文件夹共享的步骤为:

步骤①　选择要共享的文件夹，右键点击该文件夹，然后选择"属性"，在属性对话框中，切换到"共享"选项卡，点击"共享"按钮。

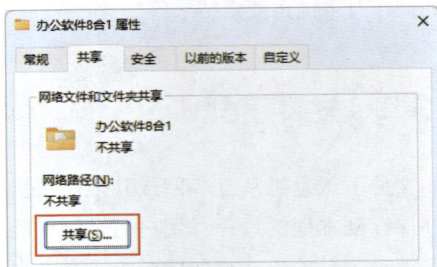

步骤② 在"网络访问"对话框中，在用户下拉框中选择"Everyone"，点击右侧"添加"按钮，再在"权限级别"下，将默认的"读取"更改为"读取/写入"，表示允许其他用户在该共享文件夹下新增文件、重命名、删除等操作，完成设置后，点击下方的"共享"按钮，完成共享。

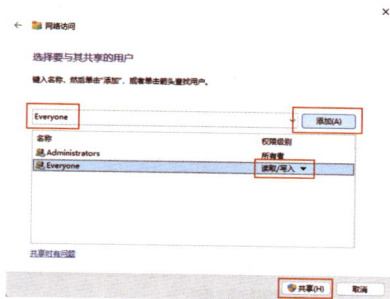

经过如此设置之后，文件夹共享部分设置完毕，但是其他计算机或用户仍需通过输入本机的用户名密码进行共享访问，需作进一步设置，去除这个限制。

步骤③ 右击"此电脑"，选择"管理"菜单项。

步骤④ 在弹出的"计算机管理"对话框中，在左边的树中，依次展开"计算机管理—系统工具—本地用户和组—用户"，在右边窗格中找到Guest，在右键弹出菜单中选择"属性"。

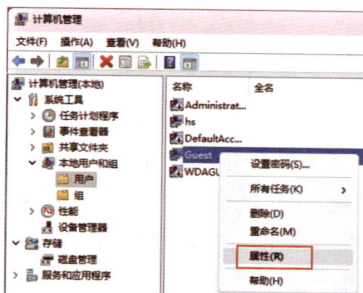

步骤⑤ 在弹出的"Guest属性"对话框中，取消"账户已禁用"的复选框，开启Guest用户。

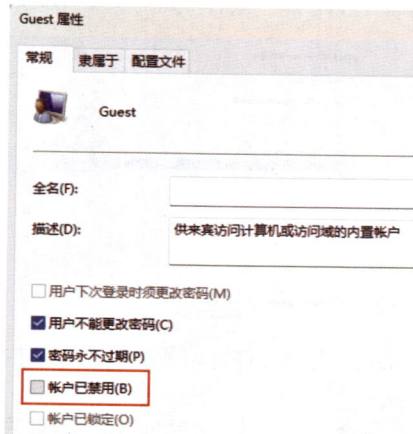

步骤⑥ 按"Windows + R"打开系统运行对话框，输入"gpedit.msc"后点击"确定"，打开系统组策略编辑器。

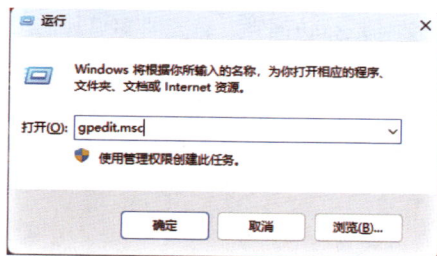

步骤⑦ 在弹出的"本地组策略编辑器"对话框中，在左边的树中，依次展开"计算机配置—Windows设置—安全设置—本地策略—用户权限分配"，在右侧窗格中找到"拒绝从网络访问这台计算机"，双击打开。

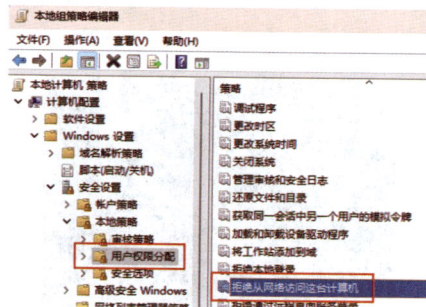

步骤⑧ 在弹出的"拒绝从网络访问这台计算机 属性"对话框中，点击"Guest"，再点击下方的删除按钮，移除限制Guest用户对本机的访问限制，点击"确定"按钮退出。

至此，共享文件夹相关配置设置完毕。

技巧24 如何访问其他用户的共享文件夹？

技巧难度： 中等

在知道其他用户已经共享出来文件夹之后，如何进行访问呢？首先要知道其他用户电脑的IP。

步骤① 按下"Windows + R"打开系统运行对话框，输入"cmd"并点击"确定"按钮：

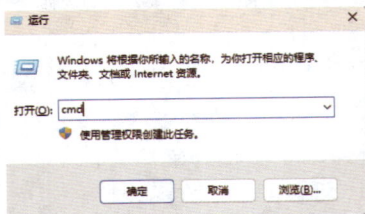

步骤② 在命令行窗口中输入"ipconfig"然后按回车，查看命令行输出。

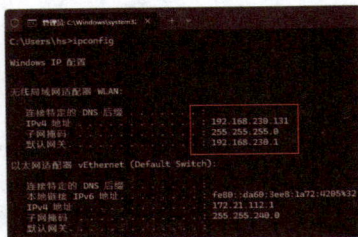

步骤③ 找到一个通常是"192.168"开头的4组数字，即为该用户电脑的IP地址，例如图中的192.168.230.131。

也可以通过计算机属性中，得知该用户的计算机名。在获取该用户电脑的IP地址或计算机名后，就可以访问该用户的共享文件夹了。

步骤④ 按下"Windows + R"打开系统运行对话框，输入"\\<IP地址或计算机名>"并点击"确定"按钮。

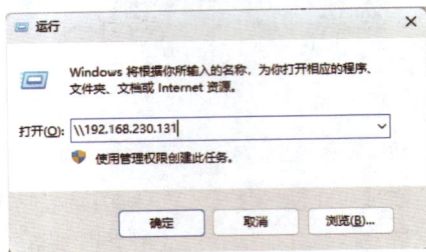

步骤⑤ 在打开的资源管理器窗口中，即可用访问自己电脑目录的方式，来查看其他用户共享的文件夹。

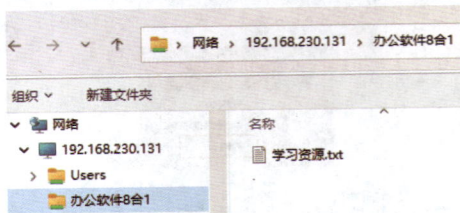

在步骤④中，也可以通过其他用户的计算机名进行共享文件夹的访问，如"\\newPC"。需确保和该用户处在同一个局域网，可以理解为，连接同一个路由器。

第4节 安全上网

安全上网是指在使用互联网时采取一系列措施，确保个人信息、设备和网络的安全。安全上网的方法包括使用强密码保护账户、定期更新操作系统和软件补丁、谨慎点击陌生链接和下载文件、安装和更新杀毒软件和防火墙等，以此降低个人信息泄露、遭受网络攻击或感染恶意软件的风险，从而安全地在互联网上浏览、通信和进行在线交易。

技巧25　如何安装安全软件?

技巧难度：▮▮▮ 简单

安全软件是指一类专门设计和开发用于保护计算机系统和用户数据免受恶意软件、网络威胁和安全漏洞的软件。其主要目标是提供实时保护、检测和修复安全威胁，以确保计算机和网络的安全性和隐私。如何安装安全软件呢?

步骤① 选择适合需求和操作系统的安全软件。常见的安全软件包括防病毒软件、防火墙、反间谍软件等，确保选择具有良好声誉和正版授权的安全软件，如360安全卫士、腾讯电脑管家等。

步骤② 访问官方网站或授权渠道，从可靠的来源下载安全软件的安装程序，避免从不可信的网站或未知来源下载安装程序，以免遭受恶意软件或病毒感染。

步骤③ 在安全软件安装完成后，立即更新软件以确保拥有最新的病毒定义和安全补丁。启动安全软件，查找更新选项并运行更新程序。

技巧26　应当从哪些方面保障上网安全?

技巧难度：▮▮▮ 简单

要保障上网安全，可以从以下几个方面着手：

步骤① 安装并定期更新安全软件，如防病毒软件、防火墙和反间谍软件等，以提供实时保护和检测恶意软件和网络威胁。

步骤② 及时安装操作系统和应用程序的安全补丁和更新，以修复已知漏洞和弱点，以及提高系统的整体安全性。

步骤③ 创建强密码，并定期更改密码，并避免使用相同的密码。

步骤④ 避免点击来自未知来源的链接和附件，尤其是通过电子邮件、社交媒体和即时消息传输等途径，警惕伪装的网站和欺诈行为。

步骤⑤ 避免使用不安全的公共Wi-Fi网络，尤其是用于敏感事务（如在线银行、购物和访问个人账户），优先选择加密的Wi-Fi网络，并使用VPN进行加密通信。

步骤⑥ 定期备份重要的文件和数据，以防止数据丢失或被勒索软件攻击，将备份存储在离线和安全的位置。

步骤⑦ 只访问受信任和安全的网站，避免下载和安装不明来源的软件，通过官方渠道获取应用程序和软件，避免盗版和未经授权的来源。

步骤⑧ 进行定期的系统和网络安全评估，包括扫描病毒、检测恶意软件和漏洞、监测网络流量等，确保及时发现和应对潜在的安全威胁。

第六篇章 ◂◂◂◂◂◂◂
PDF 使用技巧

PDF（便携文档格式）是一种跨平台的电子文档格式，其保留原始文档格式、内容不易修改、易于共享传播，跨平台兼容性强、占用空间小、安全性高，以及支持密码保护、数字签名等功能，适用于文档阅读、打印、存档。PDF 擅长处理各种文档内容，如合同、报告、简历等，用户可以将文档转换为 PDF 格式以保留原始样式，确保文档在不同设备上显示一致，便于分享和传播。

第35章　PDF 浏览

PDF浏览，可轻松阅读电子文档，高清显示，流畅翻页，支持多格式；随时随地查阅，便捷分享，助力高效工作学习。

第1节　使用Adobe软件

技巧1　如何使用Adobe软件浏览PDF文件？

技巧难度： ▮▮▮ 简单

Adobe Reader（现名为Adobe Acrobat Reader）是Adobe公司开发的一款免费PDF阅读器。它提供查看、打印和批注PDF文档的基本功能，可以打开、浏览PDF文件，支持打印功能，可以将任何PDF文档打印成纸质版，可在PDF文件中搜索特定文本，并支持在文档中添加注释、评论和高亮标记等。

Adobe Reader支持Windows、macOS、Android和iOS等多个操作系统。

Adobe Acrobat是Adobe公司开发的一款功能更强大的PDF解决方案软件，它不仅包含Adobe Reader的所有功能，还增加了更多高级功能。使用Acrobat可以直接编辑PDF文本、图片和页面，可从多种文件格式创建PDF，如Word、Excel、PowerPoint等，可将多个文件合并为一个PDF，或将一个PDF拆分成多个文件，反过来也可以将PDF转换为其他文件格式，如Word、Excel、PowerPoint等。

它还支持设置密码、权限和数字签名来保护PDF文件，支持光学字符识别（OCR），将扫描的文档和图片转换为可编辑的文本。

Adobe Reader适合需要基本PDF查看和注释功能的用户，主要用于个人日常使用，如阅读电子书、查阅PDF文件等。Adobe Acrobat适合需要高级PDF编辑和管理功能的专业用户，主要用于企业和专业工作环境，如创建和编辑PDF文档等需要进行PDF修改的场合。

Adobe Reader是免费的，任何人都可以下载和使用。Adobe Acrobat需要购买许可证，根据版本和使用情况，有不同的定价策略（如一次性购买或订阅模式），目前采用订阅模式，按月或按年收费。

如上所述，如果只想浏览PDF文件，下载使用免费版的Adobe Reader即可。

步骤①　可在Adobe Reader官网https://get.adobe.com/cn/reader/otherversions/进行下载，选择合适的操作系统、语言，点击下载按钮。

全球值得信赖的免费 PDF 阅读器

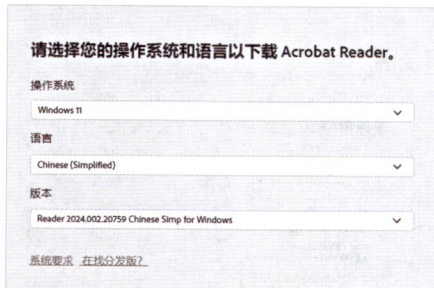

请选择您的操作系统和语言以下载 Acrobat Reader。

操作系统
Windows 11

语言
Chinese (Simplified)

版本
Reader 2024.002.20759 Chinese Simp for Windows

系统要求　在找分发版？

下载 Acrobat Reader，在桌面上的 Acrobat 和 Google Chrome 浏览器中处理 PDF 文件。
单击"下载 Acrobat Reader"按钮，即表示您确认已阅读并接受所有 条款和条件。

下载 Acrobat Reader

步骤②　下载得到的是一个自动安装程序，双击打开。

今天

Reader_cn_install.exe

步骤③　安装程序将自动下载最新的版本并安装，只需等待即可。

步骤④ 安装完毕将自动打开软件，Adobe Reader的主界面如下图所示。

步骤⑤ 同时也会自动将电脑上的PDF文件与该Adobe Reader软件相关联，双击打开一份PDF文件，即可使用Adobe Reader软件来浏览。

第2节　使用WPS Office软件

技巧2 如何使用WPS Office软件浏览PDF文件？

技巧难度： ▮▮▮▮▯ 简单

使用WPS Office软件浏览PDF文件的操

作相对简单，WPS Office是一款多功能办公软件，除了支持处理文字、表格和演示文稿外，还支持PDF文件的查看和编辑。

步骤① 首先是WPS Office的安装，可访问WPS官网https://www.wps.cn，选择适合操作系统（Windows、macOS、Linux）的安装包进行下载。

步骤② 下载完成后，双击安装包文件启动安装程序，按照提示完成安装过程，通常只需要点击"下一步"和"安装"按钮。

步骤③ 安装完成后，WPS程序自动设置PDF文件的默认打开方式为WPS程序，即双击PDF文件时自动调用WPS进行打开，同时，PDF文件的图标发生改变。

步骤④ 双击PDF文件，即可使用WPS软件打开。如果系统仍自动调用Adobe相关软件打开，可右键文件，在弹出的菜单中选择"打开方式-WPS Office"即可使用WPS软件来打开PDF文件。

步骤⑤ 或者找到并双击桌面上的WPS

Office图标，或在"开始"菜单中找到并启动该软件。启动WPS Office后，在主界面点击左上角的"打开"按钮，弹出文件浏览对话框，导航到存放PDF文件的文件夹，选择需要浏览的PDF文件并点击"打开"。

步骤⑥　PDF文件打开后即可正常浏览。在页面左侧有缩略图面板，可快速跳转到特定页面。

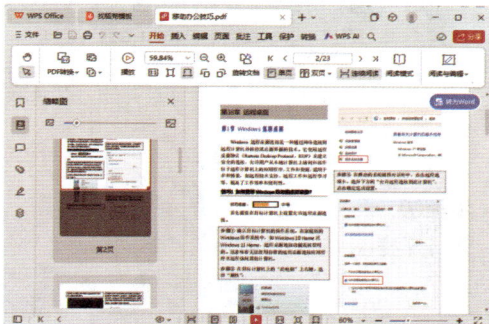

通过以上步骤就可轻松使用WPS Office浏览PDF文件。无论需要简单的阅读还是进行复杂的编辑，WPS Office都能提供相应的功能满足用户的需求。

相比Adobe Reader来说，WPS Office在专业性和细节功能上不如Adobe Reader强大，并且某些高级功能需要升级到专业版才能使用。此外，WPS在文档保护和数字签名功能上稍显不足。读者可进行灵活选择。

第 36 章　PDF 编辑与创建

PDF编辑与创建，一站式解决方案；轻松修改、添加内容，自定义样式布局；快速创建新文档，满足个性化需求；高效便捷，提升工作效率。

第1节　创建PDF文件

技巧3　如何从图片文件生成PDF文件？

技巧难度： ▇▇▇　简单

从上一章我们得知，Adobe Reader软件仅提供常规阅读PDF文件功能，要想创建、编辑PDF文件，必须借助Adobe Acrobat软件。本章以Adobe Acrobat Pro DC为例，讲解Acrobat各方面的应用。

例如我们有一批文件扫描而成的图片文件，想要合并生成一份PDF文件，供传输、阅读、存档使用，怎么实现呢？

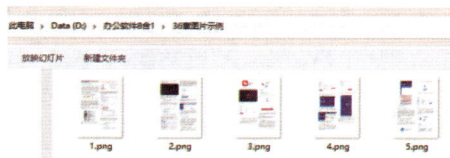

步骤①　打开Adobe Acrobat软件，在菜单中依次选择"文件-创建-从文件创建PDF..."，或者按快捷键Ctrl + N。

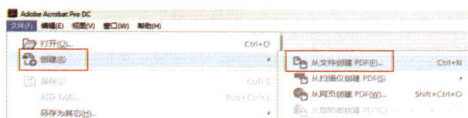

步骤② 在弹出的"打开"对话框中，选择我们需要生成PDF文件的图片文件，只能选择一个文件，所以选择要生成的第一个图片文件，点击"打开"。

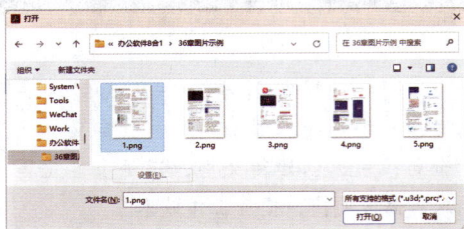

步骤③ 稍等片刻，选中的图片文件将自动转换为PDF文件。

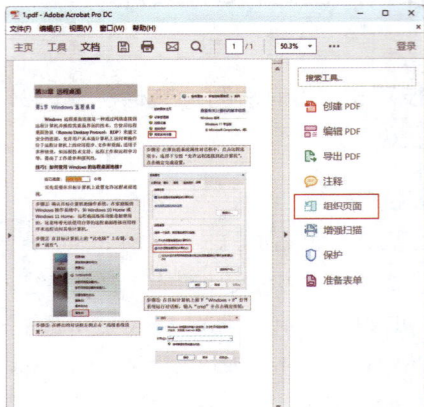

步骤④ 接下来继续添加其他图片，点击右侧工具栏中的"组织页面"按钮，切换到页面组织的视图，在上方"页面组织"工具栏中，依次点击"插入–从文件…"，将选择的文件中插入到PDF文件中。

步骤⑤ 按住Shift或者Ctrl进行文件的多

选，选中剩余要插入的图片文件，点击"打开"。

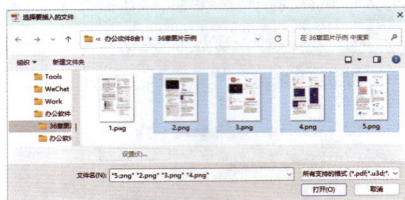

步骤⑥ 在弹出的"插入页面"对话框中，在"页面"组中选择"最后一页"，点击"确定"，将选中的图片依次插入到最后一页之后。

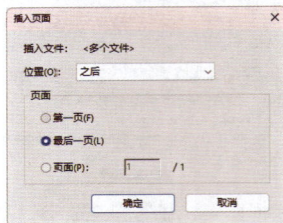

步骤⑦ 稍等片刻，Acrobat将自动将每一张图片转换成PDF的页面，转换完毕的文件如下图，可点击工具栏中的"保存"按钮，保存新创建的PDF文件。

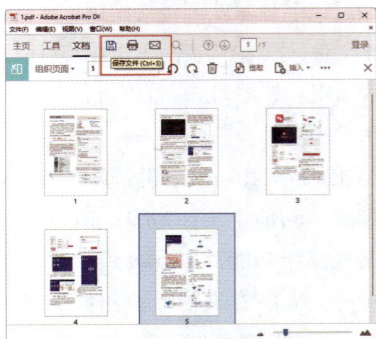

至此完成从图片创建PDF文件的操作。

技巧4 如何将多个PDF文件合并成一个PDF文件？

技巧难度： ▇▇▇ 简单

在工作中我们可能需要将若干份PDF文

件合并成一份完整的PDF文件，比如多份招标文件、合同、营业执照等PDF文件，如何使用Acrobat来实现呢？

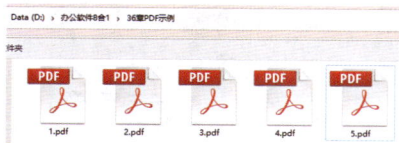

步骤① 打开Adobe Acrobat软件，在菜单中依次选择"文件–创建–将文件合并为单个PDF…"。

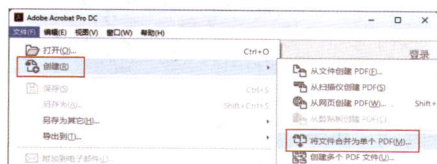

步骤② 在弹出的"合并文件"对话框中，依次点击"添加文件–添加文件夹…"。

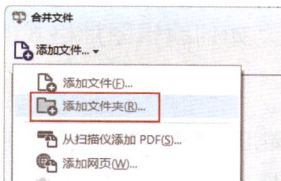

步骤③ 在弹出的"浏览文件夹"对话框中，定位到我们需要进行合并PDF的文件夹，点击"确定"。

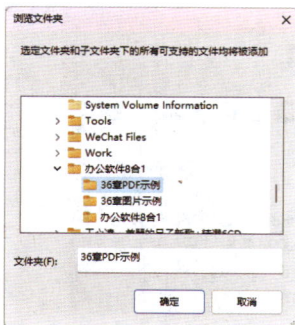

步骤④ 在弹出的"合并文件"对话框中，可以预览到插入的效果，可以拖动页面调整顺序，满意之后点击"合并文件"按钮。

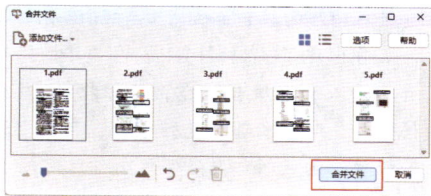

步骤⑤ Acrobat将自动把所有的PDF都合并到同一份PDF文件中，可点击工具栏中的"保存"按钮，保存新创建的PDF文件。

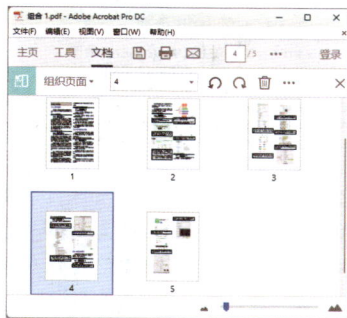

第2节 编辑PDF文件

技巧5 如何编辑文本格式的PDF文件？

技巧难度： 中等

文本格式的PDF文件，特点为使用鼠标可直接选中文本，表明该PDF文件是从文本格式（非整张图片格式）转换过来的，包含了文本的字体，所以可以直接进行文字的编辑，比较方便。

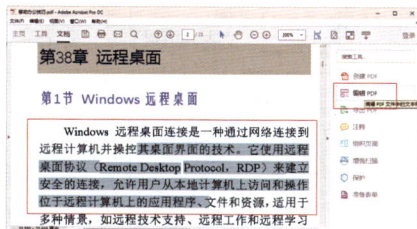

步骤① 点击Acrobat右侧的"编辑PDF"按

钮，进入PDF的编辑界面。这时可以看到在软件上方出现了"编辑PDF"的工具栏，默认直接进入文本编辑状态，可像操作Word文档一样，对文本部分进行增加、替换、删除等操作，由于PDF内嵌字体文件，可对插入的文字自动套用插入点的字体。

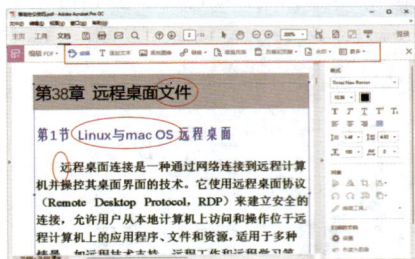

步骤② 也可以点击"添加文本"按钮，在想要添加文本的位置，通过文本框的方式添加文本，或点击"添加图像"按钮，选中一个图片文件，插入到文件中想要的位置，插入后可调整图片的大小。

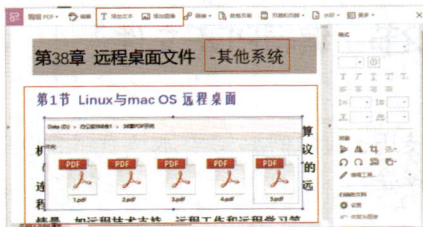

步骤③ 有时为了显示方便或打印等目的，需要裁剪掉页边距，可点击"裁剪页面"按钮，在页面中框选一个范围。

步骤④ 在弹出的"设置页面框"对话框中进行相关设置，比如勾选"页面范围"组中的"所有页面"，进行所有页面的裁剪。

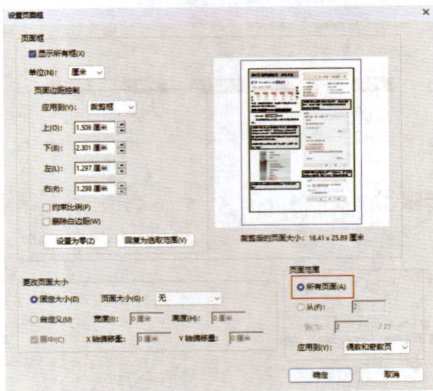

步骤⑤ 编辑好文件之后，可点击"保存"按钮，保存对PDF文件的修改，也可以在文件菜单中选择"另存为"菜单项，将修改保存至新文件中。

技巧6 如何编辑图片格式的PDF文件？

技巧难度： ■■■■ 困难

图片格式的PDF文件，特点为使用鼠标点击正文部分，选中的是整个页面，一般这样的PDF文件是由一张张的图片文件合成，比如扫描的图片文件。

由于只是图片，没有内嵌字体，所以想要对PDF进行编辑，一般只能通过图片处理软件来完成，以达到较好的效果。

步骤①　在这样的PDF文件中，点击右侧的"编辑PDF"按钮，Acrobat将尝试将图片转换成文本和图像，在页面右下角有进度提示窗口。

步骤②　基于OCR（光学字符识别）技术，Acrobat将图像上的文字识别成文本，点击文本框可进入文本编辑模式。但是由于没有嵌入字体，例如我们在标题后面输入"与向日葵远程桌面章节"，由于"与""向日葵""章"字没有出现，所以无法沿用插入点的字体，造成突兀的改动（"远程桌面""节"由于在标题中出现，所以Acrobat可以"照搬"）。

步骤③　特别是类似扫描、拍照的图片，文字可能是倾斜的，直接编辑文字往往达不到理想的效果，这时候需要点击右下方的"恢复为图像"，取消OCR效果，将页面还原为图像，点击图像，在右侧"编辑工具"下拉，选择一个合适的图像编辑工具，例如"Adobe Photoshop"。

步骤④　该页面的图像自动在Photoshop中打开。我们可以看到标题中的文字字体为

"方正姚体"，选择合适的字号与颜色，设置加粗，在标题后面追加文字"与向日葵远程桌面"字样，可以看到融合得比较和谐。

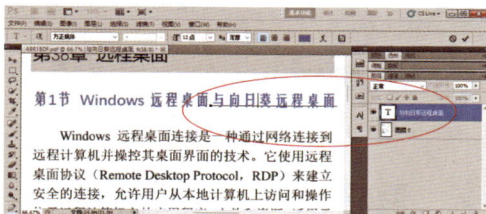

步骤⑤　编辑完后，合并图层，保存文件，关闭文件，改动自动同步到PDF文件中，页面仍然是一张图片。

如果是扫描或拍照造成的文字倾斜的图片，可在Photoshop中先将图片旋转至水平，再使用文字工具进行修改。

技巧7　如何组织PDF的页面？

技巧难度：▮▮▮　简单

Acrobat软件提供的"组织页面"功能，除了能进行页面顺序调整以外，还可以插入、删除、导出页面，使用非常方便。

步骤①　使用Acrobat软件打开一份PDF文件，点击右侧的"组织页面"按钮。

步骤② 点击任意一个页面，可在页面上的悬浮按钮或在上方"组织页面"工具栏中进行页面的旋转或删除，页面3为已经旋转的效果。

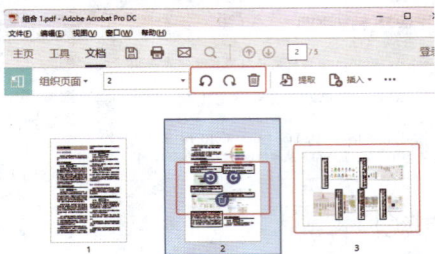

步骤③ 可同时选中多个页面，点击"提取"按钮，勾选"将页面提取为单独文件"，可将部分或全部页面提取为单独的PDF文件。

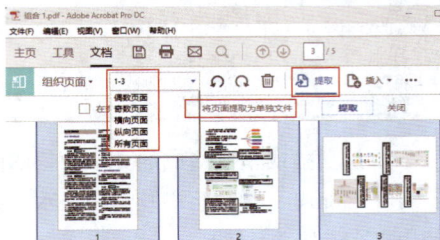

步骤④ "插入"操作我们在前一小节使用图片创建PDF中已经演示过。"拆分"按钮可将整份PDF文件按照设定的页数进行拆分，例如文档有5页，每2页拆分为一个PDF，设置完成后点击"拆分"按钮。

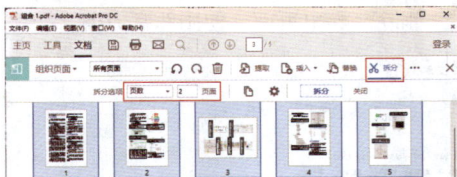

步骤⑤ 打开PDF文件所在的文件夹，即可看到拆分的结果。

第3节　批注PDF文件

通过使用Acrobat的注释工具，如文本标记、高亮、下划线、删除线、添加便签和图形标记等，可以突出显示重要信息、提出修改建议或分享反馈。这些功能对于团队协作、审阅文档、教学反馈等场景非常有用，提高了沟通效率和文档处理的准确性。

技巧8 如何使用Acrobat进行读书笔记？

技巧难度： ▓▓▓▓▓░░░░ 简单

在使用Acrobat阅读PDF文件时，可以使用软件自带的注释工具进行读书笔记。

步骤① 打开一份PDF文件，点击右侧的"注释"按钮，进入注释视图。

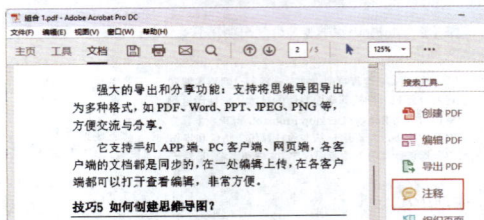

步骤② 可使用第1个按钮"添加附注"，在文中指定位置添加一些标记，如下图第3条注释"已学完"。

步骤③ 可使用第2个按钮"高亮文本"，模拟荧光笔勾画指定的文本内容，如下图第1条注释，右击该注释，可在属性里设置高亮的颜色及不透明度，可以选择一个喜欢的颜色。

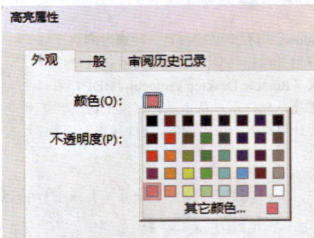

步骤④　可使用第3个按钮"为文本加下划线"来为指定文本作标记，如下图第4条注释，右击该注释，可在属性里设置线型、颜色、不透明度等。

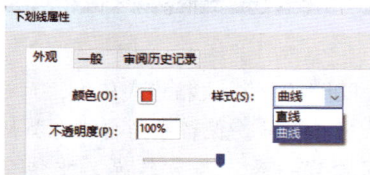

步骤⑤　可使用第4个按钮"添加附注到文本"，为某些段落、语句作读书心得，如下图第2条注释，当鼠标移动到被标注的文本上方，可看到添加的附注。

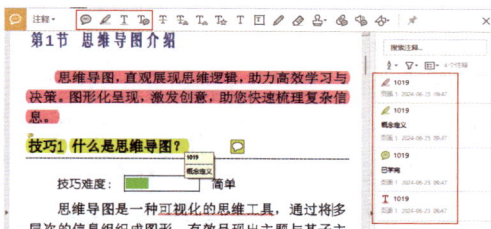

阅读电子书时，可以综合运用各种注释工具，非常方便。

技巧9　如何进行PDF文件的审阅与批注？

技巧难度：　简单

Acrobat的注释功能除了做读书笔记外，更重要的用途是审阅、批注。除了可以使用"添加附注到文本"来提出审查意见外，还有若干个实用的文本增删功能。

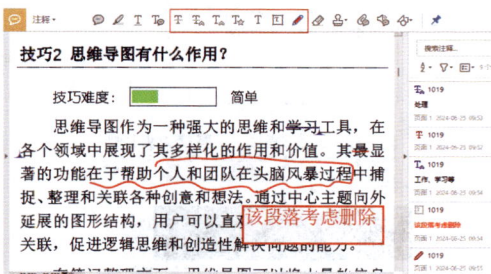

步骤①　可使用第5个按钮"删划线"来直接标注需要删除的字、句，如第2行末尾的"最"字。

步骤②　可使用第6个按钮"添加附注至替换文本"来提出文本更改意见，如第一行末尾的"学习"修改为"处理"。

步骤③　可使用第7个按钮"插入文本"来提出增加文本的建议，如第2行开头的"工作、学习等"。

步骤④　可使用第10个按钮"添加文本框"，为图片、段落等直接添加文本框进行醒目说明，如右下角的的"该段落考虑删除"，可右击该条批注，在属性中设置显示的边框、颜色等。

步骤⑤　可使用第11个按钮"绘制各种形状"，直接使用铅笔工具进行线条、各种形状的标注及绘制。

灵活运用各种标注工具，可在审稿、批阅时达到事半功倍的效果。

技巧10　如何进行批注的处理？

技巧难度：　简单

当接收到其他人为自己的PDF提出的修改意见之后，如何更高效地处理呢？

步骤①　在右侧注释窗格中，可使用"排序"按钮，按照注释在页面中的先后顺序、按作者、按批注日期、按批注类型等进行排序，方便查看。

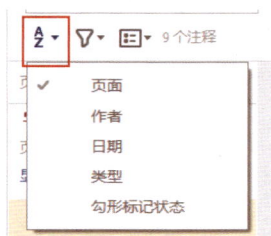

步骤②　可使用"筛选"按钮，根据不同的作者、批注类型等进行筛选。

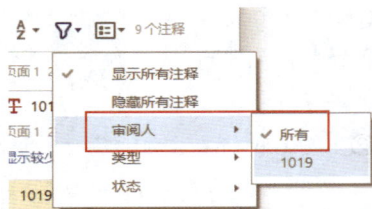

步骤③ 使用"选项"按钮，在弹出的菜单中，可选择将注释导出到文件中。

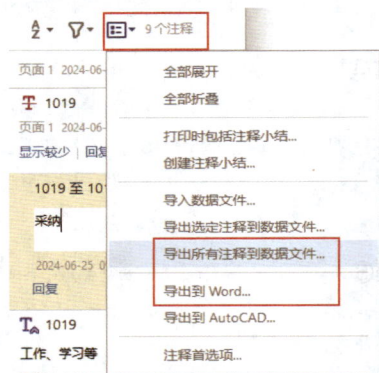

步骤④ 点击某条批注，页面将自动定位到批注在正文中的位置，方便同步查看。可对他人提出的批注意见进行回复。

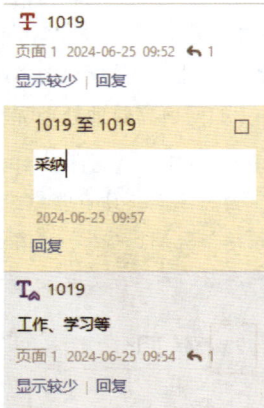

第37章 与其他格式转换

PDF与Office文档格式转换，无缝对接，轻松互转。保留原始格式与排版，确保内容一致。高效转换，支持多格式，满足多样化办公需求。

第1节 Office文档转换成PDF

如果将编辑好的Office文档通过微信发送给好友或领导查看，在不使用专业Office软件打开情况下，直接使用微信打开，格式显示会比较乱。这时候就可以将Office文档转换成PDF文件再发送，以达到最佳的显示效果。

技巧11 如何将Office文档转换成PDF文件？

技巧难度： ▓▓ 简单

例如我们直接将Word或PPT文档通过微信发送给好友，好友打开时将看到凌乱的布局，这时候我们可以先将文档利用各种方法转换成PDF文件再发送出去。

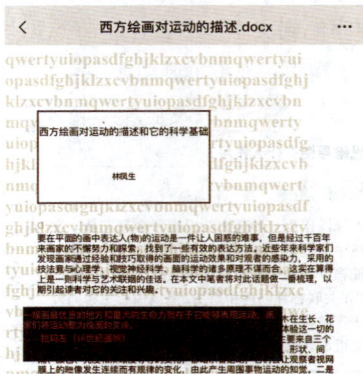

步骤① 在成功安装了Acrobat软件的电脑中，会自动在Word中内嵌进导出PDF功能，在Word的菜单中，点击"文件–导出–创建PDF/XPS文档"。

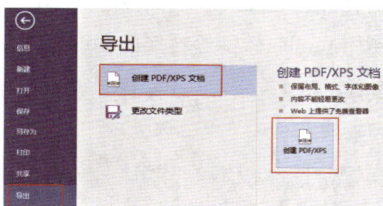

步骤② 在弹出的"发布"对话框中，点击右下方的"选项"按钮，可在弹出的"选项"对话框中进行页范围等的设置，可以只对其中某些页面进行生成。设置完毕之后，选择一个输出文件夹，输入文件名，点击右下角的"发布"按钮，稍等片刻，即可完成PDF文件的创建。

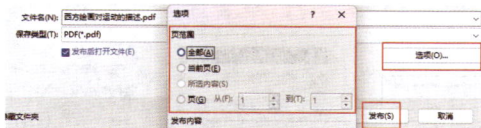

步骤③ PowerPoint的使用方法同理，在菜单中依次点击"文件–导出–创建PDF/XPS文档"。

步骤④ 在弹出的"发布"对话框中，点击右下方的"选项"按钮，可在弹出的"选项"对话框中进行幻灯片范围的设置，可以只对其中某些幻灯片进行生成。设置完毕之后，选择一个输出文件夹，输入文件名，点击右下角的"发布"按钮，稍等片刻，即可完成PDF文件的创建。

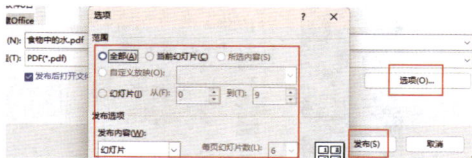

步骤⑤ 还可以使用"另存为"功能进行转换。以Word文档为例，依次点击菜单中的"文件–另存为"，在"另存为"对话框中，保存类型中选择"PDF（*.pdf）"，此时右下角将会出现"选项"按钮。

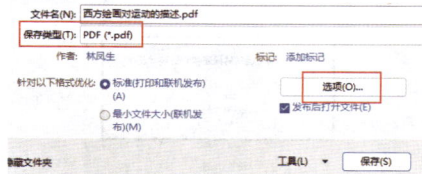

步骤⑥ 点击"选项"按钮，将会弹出"选项"对话框，与前面的设置一样，点击"确定"，再点击"保存"，即可完成PDF文件的生成。

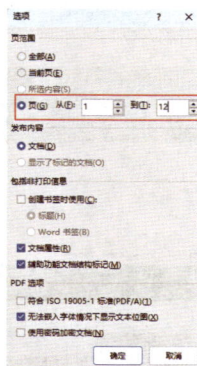

步骤⑦ 此外，还可以利用打印功能来实现转换。仍以Word文档为例，在菜单中依次

点击"文件–打印"，在打印机中下拉选择"Microsoft Print to PDF"选项，在下方设置好要打印的页范围，也可以进行PDF文件的生成。

步骤⑧ 生成好的PDF文件再发送给微信好友，打开之后将会看到与Word、PowerPoint编辑界面所见的一致的效果。

本技巧介绍的几个方法可根据实际情况灵活选用，生成出来的文件基本相同，如果有部分机器某个方法不可用，则可选用另外的方法进行生成。

第2节　PDF转换成Office文档

技巧12　如何将PDF文件转换成Office文档？

技巧难度： ▰▰▱▱▱ 简单

对使用Acrobat软件转换成的PDF文件，直接使用Acrobat软件给转换回去即可。

步骤① 使用Acrobat软件打开需要转换的Word文档，在菜单中依次点击"文件–导出到–Microsoft Word–Word文档"。

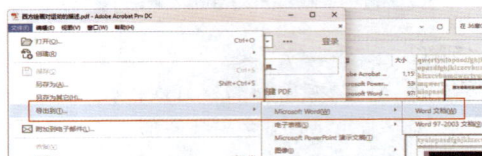

步骤② 在弹出的"保存"对话框中选择文件存放的位置，设置文件名，稍等片刻，软件进行转换，转换完成后自动打开Word文档。

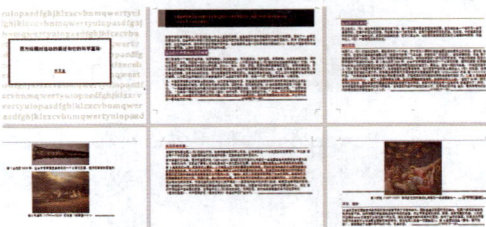

步骤③ 对PPT文档也同理，只需在菜单中依次点击"文件–导出到–Microsoft PowerPoint演示文稿"，选择文件夹进行保存即可，转换完成后同样自动打开PPT文档。

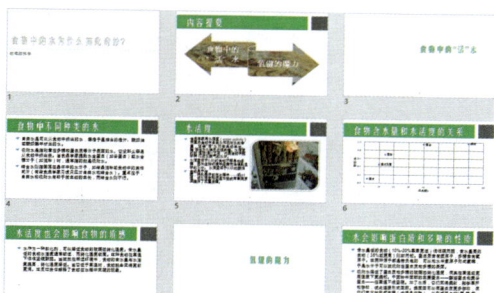

对于其他的文稿，可尝试使用该方法进行转换。而对于那些扫描稿、拍照稿，由于本身是图片格式，则无法使用该方法进行自动转换，需借助其他OCR技术等进行转换，准确度也相对有限。

第3节 PDF转换成图片文件

技巧13 如何将PDF文件转换成图片？

技巧难度： 简单

有时候希望发送出去的PDF文件不允许他人复制内容、进行修改等，则可将PDF文件输出成图片格式，这样他人就不容易复制里边的图片及文字。如何实现呢？

步骤① 使用Acrobat软件打开需要转换的

PDF文件，在菜单中依次点击"文件–导出到–图像–JPEG/PNG"，选择一种格式即可，再选择将图片文件保存到的文件夹。

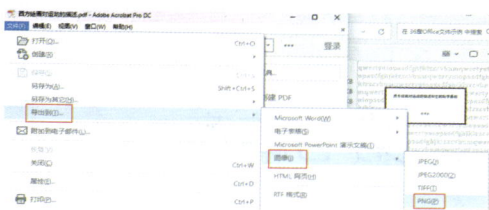

步骤② 等待转换完毕之后，打开保存到的文件夹，即可看到输出的一张张的图片。

名称	分辨率
西方绘画对运动的描述_页面_01.png	2024 x 1441
西方绘画对运动的描述_页面_02.png	2024 x 1434
西方绘画对运动的描述_页面_03.png	2024 x 1434
西方绘画对运动的描述_页面_04.png	1822 x 1290
西方绘画对运动的描述_页面_05.png	2024 x 1434
西方绘画对运动的描述_页面_06.png	2024 x 1434
西方绘画对运动的描述_页面_07.png	1822 x 1290
西方绘画对运动的描述_页面_08.png	1913 x 1355
西方绘画对运动的描述_页面_09.png	2024 x 1434
西方绘画对运动的描述_页面_10.png	1822 x 1290
西方绘画对运动的描述_页面_11.png	2024 x 1434
西方绘画对运动的描述_页面_12.png	1822 x 1290
西方绘画对运动的描述_页面_13.png	2024 x 1434
西方绘画对运动的描述_页面_14.png	2024 x 1434
西方绘画对运动的描述_页面_15.png	2024 x 1434
西方绘画对运动的描述_页面_16.png	2024 x 1434
西方绘画对运动的描述_页面_17.png	2024 x 1434
西方绘画对运动的描述_页面_18.png	2024 x 1434

打开图片查看，用户无法轻易获取里边的高清配图及准确文本。

而该转换的逆操作"图片转PDF文件"我们已在创建PDF时讲解过，不再赘述。

第七篇章 ‹‹‹‹‹‹‹

移动办公

技巧

　　移动办公是指通过移动设备进行工作的方式，其便捷灵活、随时随地可办公、多设备同步，能显著提高工作效率、节约时间成本、促进团队协作，以及便于信息共享、及时沟通，适用于远程办公、出差等场景。移动办公擅长处理各类办公内容，如日程安排、邮件通讯、文档编辑等，用户可以通过移动设备随时处理工作事务，实现高效办公管理。

第38章　远程桌面

第1节　Windows远程桌面

Windows远程桌面连接是一种通过网络连接到远程计算机并操控其桌面界面的技术。它使用远程桌面协议（Remote Desktop Protocol，RDP）来建立安全的连接，允许用户从本地计算机上访问和操作位于远程计算机上的应用程序、文件和资源，适用于多种情景，如远程技术支持、远程工作和远程学习等，提高了工作效率和便利性。

技巧1　如何使用Windows的远程桌面连接？

技巧难度：　　　　中等

首先需要在目标计算机上设置允许远程桌面连接。

步骤①　确认目标计算机的操作系统。在家庭版的Windows操作系统中，如Windows 10 Home或Windows 11 Home，远程桌面连接功能是被禁用的。这意味着无法使用自带的远程桌面连接应用程序来远程访问其他计算机。

步骤②　在目标计算机上的"此电脑"上右键，选择"属性"。

步骤③　在弹出的对话框左侧点击"高级系统设置"。

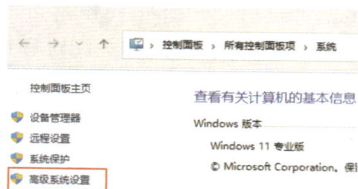

步骤④　在弹出的"系统属性"对话框中，点击"远程"选项卡，选择下方的"允许远程连接到此计算机"，点击"确定"完成设置。

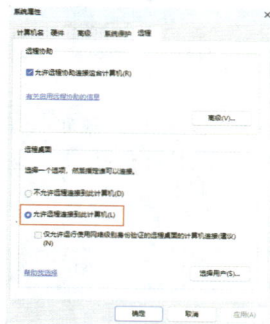

步骤⑤　在目标计算机上按下"Windows + R"打开系统"运行"对话框，输入"cmd"并点击"确定"按钮。

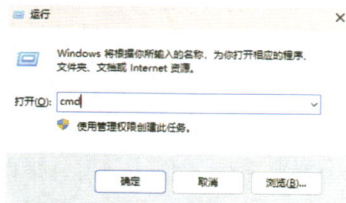

步骤⑥　在命令行窗口中输入"ipconfig"然后按回车，查看命令行输出。

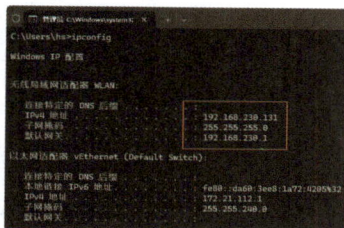

步骤⑦ 找到一个通常是"192.168"开头的4组数字,即为目标计算机的IP地址,例如图中的192.168.230.131。

在完成目标计算机的相关配置和得知IP地址后,可对目标计算机进行远程连接:

步骤⑧ 在目标计算机上按下"Windows + R"打开系统"运行"对话框,输入"mstsc"并点击"确定"按钮。

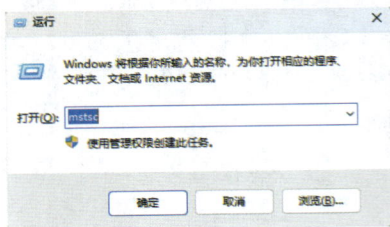

步骤⑨ 在弹出的"远程桌面连接"对话框中,输入目标计算机的IP或计算机名,点击连接。

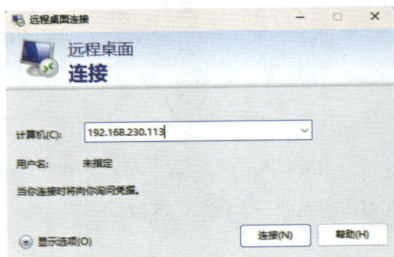

步骤⑩ 在弹出的"输入凭据"对话框中输入目标计算机的用户名和密码,点击"确定"。为确保远程桌面连接安全,Windows不允许空密码进行访问,如果目标计算机没有设置密码,需要在控制面板的用户功能里,为当前用户设置一个密码。

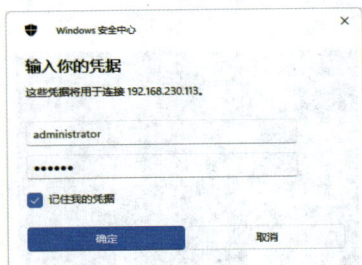

步骤⑪ 成功连接之后,即可像操作自己的电脑一样,操作目标计算机了。

Windows远程桌面连接可以跨越局域网的限制,只需要知道目标计算机的IP地址即可建立连接。为确保成功连接,可能需要关闭目标计算机的防火墙,具体操作可查看以前章节。

第2节 向日葵远程桌面

向日葵远程桌面是一款便捷的远程控制工具,它支持跨平台操作,确保用户可以随时随地通过网络对其他电脑进行访问和管理。该软件以其简单的界面、流畅的控制体验和高级加密技术而著称,非常适合进行远程办公、系统维护或在线协助。

技巧2 如何下载安装向日葵远程控制软件?

技巧难度: ▇▇ 简单

步骤① 对电脑端,可使用浏览器访问向日葵官网https://sunlogin.oray.com/进行下载。打开网站,寻找个人版Windows平台的安装包并下载,得到如下安装包:

步骤② 双击打开安装包,按默认设置进行安装即可。

步骤③　安装完毕后，打开"向日葵远程控制"软件，显示以下界面。

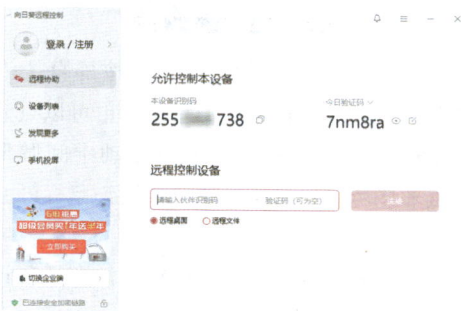

步骤④　点击界面左上角的"登录/注册"，先使用手机号注册一个向日葵账户，以供远程其他计算机使用。

步骤⑤　对手机端，以iOS为例，使用App Store搜索"向日葵远程控制"并打开；安卓手机可在各大应用市场搜索"向日葵远程控制"并打开。

步骤⑥　下载并安装应用，安装完毕后打开应用，显示如下界面。

在手机端，根据提示使用刚才电脑端注册使用的手机号及短信验证码进行登录，方可正常使用手机端的远程功能。

技巧3　如何使用电脑端向日葵远程控制另一台电脑？

技巧难度： ▰▰▱▱▱▱　简单

向日葵远程主要使用9位数的识别码来唯一标识一台在线的计算机。每次远程连接需要指定识别码及验证码。以技巧2的计算机为例，在得知对方的识别码为"255 *** 738"和验证码"7nm8ra"后，我们可在本机同样打开向日葵远程控制软件，在主界面"远程控制设备"输入该识别码及验证码。

输入完毕后，点击连接，即可像操控自己的计算机一样，操控被控制的计算机。

如果需要在本地计算机和远程计算机之间传输文件，只需要对文件、文件夹采用复制粘贴的方式，或者直接将文件、文件夹拖到远程计算机再松开鼠标。

技巧4　如何用手机端向日葵控制电脑？

技巧难度：▭▭▭ 简单

以技巧3的计算机为例，在得知对方的识别码为"255 *** 738"和验证码"7nm8ra"后，我们可打开手机端向日葵，在"远协"里的"远程控制设备"输入该识别码及验证码（截屏无法展示密码，实际有输入密码）。

点击"远程协助"按钮，即可在手机端操控远程计算机。

点击屏幕为单击操作，长按屏幕为右击操作，双击屏幕为双击操作，也可以点开悬浮球，如上图所示，通过拖动中间圆形按钮来移动虚拟鼠标，左右按键为鼠标的左右键。

打开文件，可使用手机输入法向远程计算机输入文字。

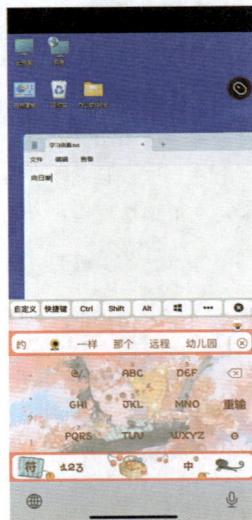

第3节　ToDesk远程桌面

ToDesk是一款轻量级的远程桌面软件，它允许用户远程连接和操控其他计算机。它特别适合远程工作、技术支持和教学。软件提供了简单直观的界面和安全的连接选项，包括端到端加密。ToDesk支持文件传输、远程打印等功能，并能够通过ID和密码快速建立连接，为用户提供了便捷高效的远程访问解决方案。

技巧5　如何下载安装ToDesk远程控制软件？

技巧难度： ▮▮▮ 简单

对电脑端，可使用浏览器访问ToDesk官网https://www.todesk.com/进行下载。

步骤①　打开网站，寻找个人版Windows平台的安装包并下载，得到如下安装包。

步骤②　双击打开安装包，按默认设置进行安装即可。

步骤③　安装完毕后，打开"ToDesk"软件，显示以下界面。

步骤④　点击界面左上角的"立即登录"，先使用手机号注册一个ToDesk账户，以供远程其他计算机使用。

对手机端，以iOS为例，使用App Store搜索"todesk"并打开，安卓手机可在各大应用市场搜索"todesk"并打开。

步骤①　下载并安装应用，安装完毕后打开应用，显示如下界面。

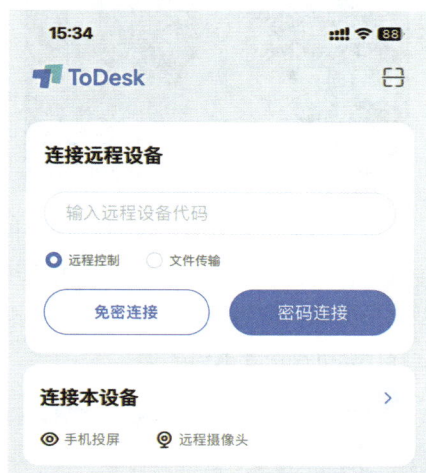

步骤②　在手机端，根据提示使用刚才电脑端注册使用的手机号及短信验证码进行登录，即可正常使用手机端的远程功能。

297

技巧6 如何使用电脑端ToDesk远程控制另一台电脑？

技巧难度： ▮▮▮ 简单

ToDesk远程主要使用9位数的识别码来唯一标识一台在线的计算机。每次远程连接需要指定识别码及验证码。以技巧5的计算机为例，在得知对方的识别码为"868 *** 872"和验证码"vd98vkp0"后，我们可在本机同样打开ToDesk远程控制软件，在主界面"远程控制设备"输入该识别码及验证码如下：

输入完毕后，点击连接，即可像操控自己的计算机一样，操控被控制的计算机。

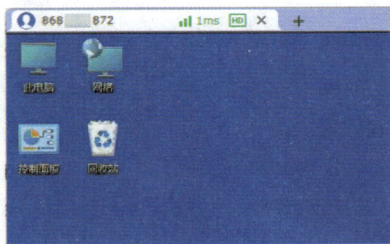

如果需要在本地计算机和远程计算机之间传输文件，只需要对文件、文件夹采用复制粘贴的方式，或者直接将文件、文件夹拖到远程计算机再松开鼠标。

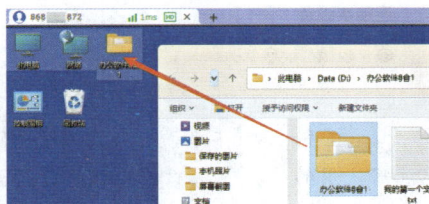

技巧7 如何用手机端ToDesk控制电脑？

技巧难度： ▮▮▮ 简单

仍以技巧6的计算机为例，在得知对方的识别码为"868 *** 872"和验证码"vd98vkp0"后，我们可打开手机端ToDesk，在"连接"里的"远程控制设备"输入该识别码及验证码（截屏无法展示密码，实际有输入密码）。

点击"密码连接"按钮，即可在手机端操控远程计算机。

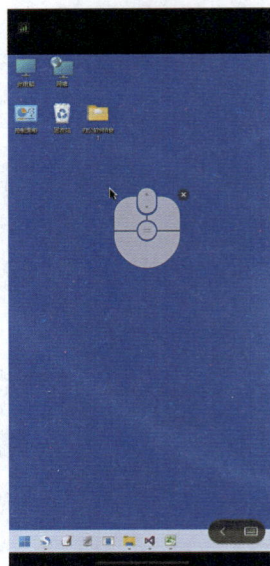

点击屏幕为单击操作，双击屏幕为双击操作，也可以点开虚拟鼠标图标，如上显示，通过拖动下方环形区域来移动虚拟鼠标，左右按键为鼠标的左右键。

打开文件，可使用手机输入法向远程计算机输入文字。

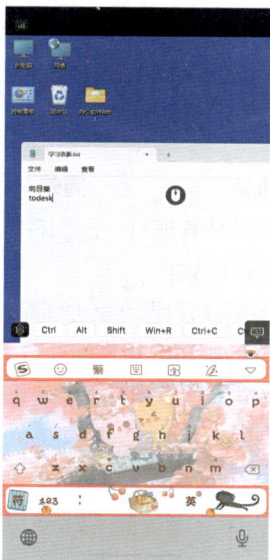

第 39 章　电子邮件

电子邮件是一种通过电子通信系统进行信息交换的方法，允许用户发送和接收文本、图片、附件等数据。自20世纪60年代末首次出现以来，电子邮件已成为全球通讯的基石，适用于个人、商业和学术用途。它的主要优势包括即时发送、低成本、广泛访问性和易于存档管理。用户只需注册一个电子邮件地址，就能在任何支持电子邮件的设备上使用这项服务，极大地提高了人们的沟通效率。

第1节　收发件服务器的设置

电子邮件系统依赖于两种主要的服务器来处理邮件：收件服务器和发件服务器。

技巧8　什么是收件服务器和发件服务器？

技巧难度： ▉▉▉　简单

电子邮件的传输涉及两种关键的服务器：收件服务器和发件服务器，它们共同确保邮件能够被正确地发送和接收。

收件服务器，又称为邮件存储服务器，主要使用邮局协议第3版（POP3）和互联网信息访问协议（IMAP）两种协议。POP3协议设计简单，主要用于下载邮件到本地电脑，邮件一旦下载通常会从服务器上删除，这适合单一设备访问邮件。而IMAP提供更复杂的控制，允许用户在多个设备上远程访问和管理邮箱，邮件会保留在服务器上。这意味着用户可以在任何地方，通过任何设备访问邮件，实现了更灵活的邮件管理方式。

发件服务器即简单邮件传输协议（SMTP）服务器，负责处理用户发送的出站邮件。当用户发送邮件时，邮件客户端会将邮件传送到SMTP服务器，该服务器随后将邮件路由到收件人的邮件服务器。SMTP服务器在传输过程中可能会与其他邮件服务器交互，以确保邮件能够到达最终目的地。如果目标服务器不可达，SMTP服务器通常会尝试在一段时间内重新发送邮件，失败后会返回一个错误消息给发件人。

两者的合作是电子邮件通信的基础。收件服务器确保用户能够接收邮件，而发件服务器则确保用户能够发送邮件。为了安全起见，这些服务器通常会要求用户进行身份验证，以防止未经授权的访问和垃圾邮件的发送。此外，现代邮件服务器还会采用各种加密技术来保护数据的安全性和隐私性。

技巧9　常用邮箱提供的接收、发送服务器分别是什么？

技巧难度： ▮▮▮　中等

在使用非网页版的第三方电子邮件管理应用时，需要对电子邮件进行收发件服务器及端口号的设置。不同邮箱采用的服务器地址不同，以下列举一些常见邮箱的收发服务器地址。

1. QQ邮箱

QQ邮箱的收取邮件支持POP/IMAP两种协议，发送邮件采用SMTP协议，收件和发件均使用SSL协议来进行加密传输。

POP3：pop.qq.com

IMAP：imap.qq.com

SMTP：smtp.qq.com

2. 网易163邮箱

网易163邮箱的收取邮件支持POP3/IMAP两种协议，发送邮件采用SMTP协议。

POP3：pop.163.com

IMAP：imap.163.com

SMTP：smtp.163.com

3. 新浪sina邮箱

POP3：pop.sina.com

IMAP：imap.sina.com

SMTP：smtp.sina.com

此外，企业自建的邮箱一般也有POP、SMTP，相应的格式一般为"pop.company.com"及"smtp.company.com"，具体可咨询所在企业的网管。收发服务器一般在使用客户端邮箱软件比如Outlook、Foxmail等软件，及使用后面技巧介绍的邮箱APP时提供。

第2节　邮箱APP

邮箱APP使用户能够通过移动设备（手机、平板、智能手表等）随时随地发送、接收和管理电子邮件，提供了便捷的邮件通信接口，支持附件上传下载，同时推送通知确保即时更新。

技巧10　常见的邮件管理APP有哪些？

技巧难度： ▮▮　简单

常见的邮件管理APP主要有：

1. QQ邮箱APP

支持多帐号管理，除QQ邮箱外，还可添加其他品牌的邮箱。提供邮件收发、同步管理、智能聚合、附件预览等多种功能。

2. 网易邮箱大师APP

网易邮箱官方应用，品质保证，拥有庞大的用户群体。支持添加QQ、Gmail、139等其他品牌邮箱，支持跨帐号查看邮件。

3. 139邮箱APP

中国移动提供的电子邮件业务，具备互联网基础的邮箱功能。用户可以方便地通过手机客户端、短信、Web或WAP等方式收发和管理邮件。

4. Foxmail APP

基于Internet规范的电子邮件客户端管理软件，由腾讯收购并维护。支持电子邮件收发、数字签名、邮件加密及反垃圾邮件等多种功能。

5. Microsoft Outlook

微软开发的邮件管理应用，可帮助用户连接所有电子邮件帐户、日历和文件。

6. Apple Mail:

预装在iOS和macOS设备上，支持多种邮件服务和简洁的用户界面。

技巧11　如何在QQ邮箱APP中添加邮箱账户?

技巧难度： ▬▬▬▭▭ **中等**

接下来以QQ邮箱APP为例，介绍移动端电子邮件的使用。首先进行账户的添加：

步骤①　在各大APP应用市场下载并安装QQ邮箱APP。

步骤②　打开QQ邮箱APP，可看到添加账号界面。

关闭

添加账号
请选择要添加的邮箱

- QQ邮箱　mail.qq.com
- 腾讯企业邮
- 163 163邮箱
- 126 126邮箱
- Gmail
- Outlook
- Microsoft 365
- Exchange
- 其他邮箱

微信注册邮箱账号 ＞

步骤③　我们先添加一个QQ邮箱账号，点击"QQ邮箱"，将弹出"用户协议与隐私政策"页面。

用户协议与隐私政策
请仔细阅读以下内容，并做出适当的选择

用户协议与隐私政策

用户协议概要
主要内容包括：协议适用范围、服务内容及形式、软件使用及许可、用户信息保护用户权利与义务、用户行为规范、知识产权声明、终端安全责任等，请点击阅读《用户协议(完整版)》。

隐私政策概要
主要向你说明：我们收集哪些信息、我们收集信息的用途、你所享有的权利等，请点击阅读《QQ邮箱隐私保护指引》。

为使用更多功能，你可以自主选择是否开启部分系统敏感权限并进行权限管理。查看详情。

你设置的第三方邮箱，该账号将被留存，以确保邮件收取成功。

☑ 我已阅读并同意《QQ邮箱服务协议》和《QQ邮箱隐私保护指引》。

同意

取消

步骤④ 点击底部的同意按钮，来到输入邮箱的页面。

取消　　　　　　　　　帮助

Moil QQ邮箱
mail.qq.com

输入邮箱地址

添加账号

注册新邮箱

微信登录　　　　　QQ登录

步骤⑤ 这里直接点击页面下方的"QQ登录"，跳转到手机QQ进行登录，登录成功后，自动回到QQ邮箱APP，并成功进入邮箱。

@qq.com　　　+

🔍 搜索

我的收件箱

✉ 收件箱　　　　　　　　880

🔖 重要联系人

⭐ 星标邮件

📎 附件管理

我的应用

👤 通讯录

📗 记事本

📅 日历

📁 文件中转站

🎴 贺卡

📄 在线文档

📖 每日悦读

🧾 发票助手

文件夹

📤 已发送

📋 草稿箱

QQ邮箱APP不仅可以添加QQ邮箱账户，还可以添加其他电子邮件服务商的账户，接下来以163邮箱为例，介绍添加的过程。

步骤① 点击界面右上方的+号，在弹出的菜单中点击设置。

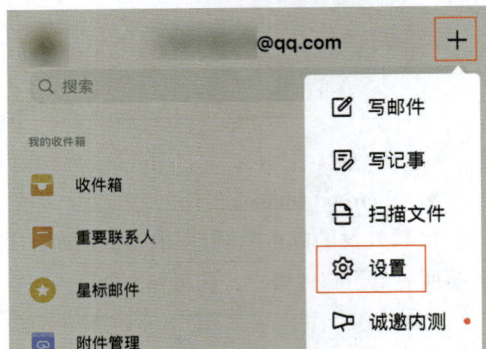

@qq.com　　　+

🔍 搜索

✏ 写邮件

📝 写记事

🖨 扫描文件

⚙ 设置

📣 诚邀内测

我的收件箱

✉ 收件箱

🔖 重要联系人

⭐ 星标邮件

📎 附件管理

步骤② 在设置页面中，点击"添加账号"。

关闭　　　　　设置

@qq.com　　　›

＋　添加账号

新邮件提醒　　　　›

步骤③ 在添加账号界面中，选择"163邮箱"后点击同意协议，进入163邮箱账号密码填写界面。

取消　　　163邮箱

账号密码登录

账号　nfs_nl@163.com

密码

登录

步骤④　一般的电子邮箱服务商为了安全起见，默认都关闭了第三方的收发件服务，需手动开启。在网页版https://mail.163.com/进行邮箱登录，登录完成后，点击上方的"设置"，点击左侧的"POP3/SMTP/IMAP"，点击右侧"IMAP/SMTP服务"右边的"开启"，按提示进行开启，并得到授权码。

步骤⑤　开启完成后，回到QQ邮箱APP，输入刚才获得的授权码完成登录，登录完成后，可以在主界面看到新添加的邮箱账户。

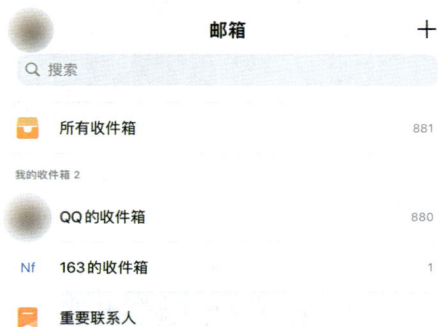

技巧12　**如何在QQ邮箱APP中收发邮件?**

技巧难度: ▰▰▱▱▱ **简单**

在QQ邮箱APP中完成邮箱账号添加之后，即可在收件箱中收取最新的邮件，如果没有收到，可在对应收件箱界面下拉进行刷新，APP会自动到相应的收件服务器获取最新的邮件，完成收取邮件操作。

想要发送邮件，只需点击界面右上方的+号，在弹出的菜单中点击"写邮件"，即可弹出写邮件页面。输入相应的收件人，选择发件人，并填写主题和正文，再点击右上角的"发送"即可。

取消	**写邮件**	发送

收件人: hr@163.com　　　　　　　　抄送/密送

发件人: nfs_nl@163.com<nfs_nl@163.com>

主题: 下周工作计划及安排

发自我的iPhone

第 40 章　移动办公软件

移动办公软件是专为移动设备（手机、平板等）设计的应用程序，它们使用户能够在任何地点进行工作和管理工作任务。这类软件通常包括文档编辑、日程安排、在线存储、即时通讯等功能。通过移动办公软件，可以实现远程协作、文件共享和高效的任务管理，极大提升了工作效率和灵活性。这类软件已成为现代远程工作和灵活工作安排的关键工具，特别适合经常出差或需要在多地点工作的职场人士。

第1节　WPS Office APP

　　WPS Office APP是一款集成了文字处理、表格、演示和PDF功能的办公软件应用，支持多种文件格式，允许用户在移动设备上创建、编辑、查看和分享办公文档，非常适合需要在外办公或远程工作的人员使用。

技巧13　如何用手机新建、编辑文档?

技巧难度： 简单

步骤①　首先在App Store或安卓的各大应用市场搜索WPS Office并下载安装。

步骤②　安装完成后，打开WPS APP，点击界面右下角的+号。

步骤③　在弹出的窗口中，选择一种Office文档类型。

快速创作

新建

Office 文档

在线智能文档

应用服务

步骤④　以创建Excel表为例，点击"表格"，即可创建一个新的表格，可使用手机输入法进行内容的输入。

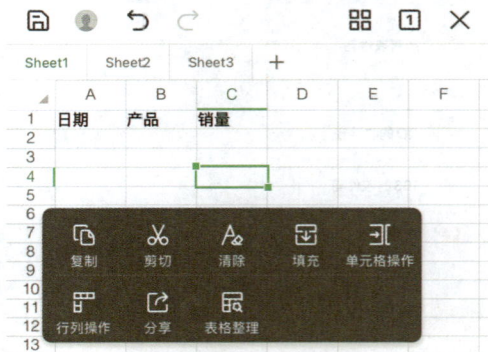

步骤⑤　双击单元格进入编辑模式，单击两次单元格可弹出快捷菜单，还可以输入公式、设置格式等，非常方便。

步骤⑥　新建的文件编辑完成之后，点击界面左上角的保存图标，在弹出的页面中输入文件名，点击保存。

取消　　　　另存为　　　　保存

文档名称

销量记录表格　　　　　ⓧ　xlsx ▾

保存路径

路径：文档　　　　　　　更改路径

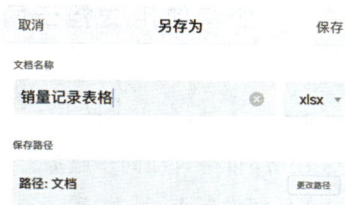

步骤⑦　下次再进入主界面，即可看到刚才保存的文件，点击即可打开，再次进入编辑状态。

1019
个人账号

🔍 搜索

最近　共享　星标　标签

今天

S　销量记录表格
1分钟前　10.1KB　来自 文档 ☆

技巧14　如何使用WPS APP打开其他应用的文档？

技巧难度： ▉▉▉▢▢ 简单

WPS APP可以打开其他应用的文档，以常用的微信APP为例，在接收到Office文档后，可采用如下方法，使用WPS APP来打开。

步骤①　在微信中打开接收的Office文档，以Word和Excel文档为例，点击右上角的"…"，在弹出的窗口中选择"用其他应用打开"。

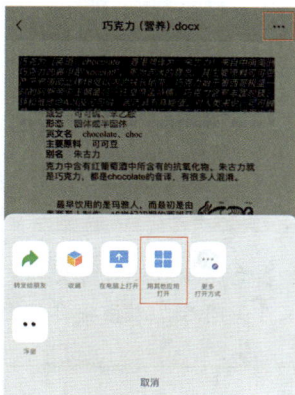

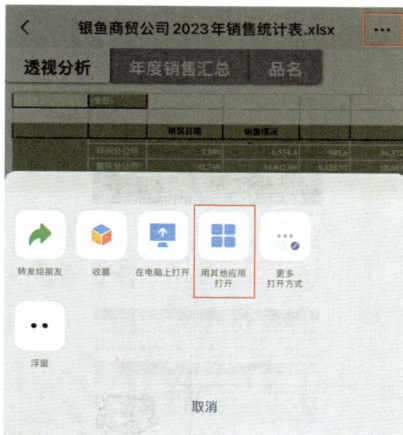

巧克力（营养）.docx

步骤②　在弹出的窗口中，选择"WPS Office"，如果没有出现该选项，则点击"更多"，在更多APP里边寻找。

巧克力（营养）
Word 文档 · 238 KB

知乎　QQ邮箱　WPS Office　更多

拷贝

新建快速备忘录

存储到"文件"

网页快照

在 QQ 邮箱中打开

保存到 WPS Office

银鱼商贸公司 2023 年销售统计表
Office 电子表格 · 113 KB

隔空投送　信息　邮件　WPS Office

拷贝

新建快速备忘录

存储到"文件"

网页快照

在 QQ 邮箱中打开

保存到 WPS Office

步骤③ 在弹出的窗口中选择"用WPS打开",即可使用WPS打开Office文档。

步骤④ 可对文档进行修改,修改后可点击左上角的保存,保存至WPS APP中。

由于微信等其他APP对Office文档的支持不够友好,很多格式无法正常显示,推荐使用该方法,利用WPS APP来打开。

其他应用中的文档同理,一般采用"用其他应用打开",再选择WPS Office来打开,以便得到最佳显示效果。

对安卓手机,还可以直接在WPS APP中点击打开按钮,打开手机上任意合法位置上的Office 。

技巧15　如何使用文档云同步功能?

技巧难度: ▨▨▨ **中等**

WPS Office自带自动同步服务,同一份文档可以在任何设备查看、编辑。需通过登录WPS账号来开启服务,在任何一部设备所做的更改都会出现在其他的设备中,便捷高效。

步骤① 在WPS APP中登录个人账号,打开的文件将自动上传到WPS个人云文档空间中。

步骤② 在电脑端打开WPS Office软件,登录个人同一账号,可在"我的云文档"中看到该列表。

步骤③ 在电脑端打开一份文档,并进行编辑,保存关闭后,文档将自动上传至云文档中。

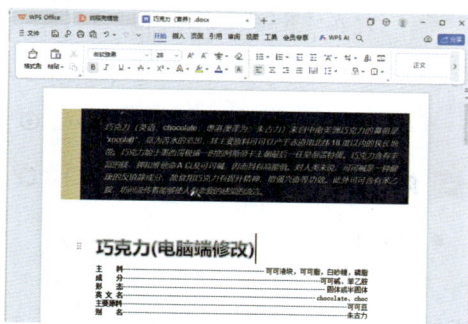

步骤④　在手机WPS APP中打开文档，等待同步完成后，即可看到经过电脑端修改后的版本。

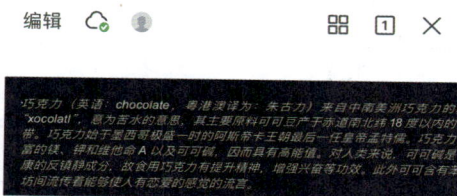

第2节　在线文档

在线文档是通过互联网访问和编辑的文档服务，支持实时协作和文件共享，用户可在任何设备上编辑文档，而无需安装软件，适用于团队远程协作，优化了文档管理和工作流程，提高了工作效率和沟通效率。

技巧16　在线文档有什么优势？

技巧难度： ▮▮▮▮ 简单

在线文档比上传统的单机版文档，具有以下几方面的显著优势：

首先，多人协作功能是在线文档的一大

亮点。不同地点的用户可以同时编辑同一个文档，无需频繁发送文件版本，从而提高协作效率。这一功能拓展了跨区域、跨部门的合作可能性，使团队能够实时查看彼此的修改和意见，减少误解与错漏。

其次，版本控制功能为在线文档增添了安全保障。每次修改后，系统都会自动保存旧版本，任何用户可以随时查看或恢复到之前的版本，避免重要信息的丢失。同时，编辑历史记录的保留，有助于追踪改动来源，提升透明度。

此外，在线文档具备灵活的权限设置。创建者可以为不同用户分配查看、评论、编辑等权限，保护敏感信息的同时，仍保持信息的充分共享，这对管理大型项目特别重要。

自动保存功能则是另一大便捷之处。无论网络中断还是临时设备故障，用户无需担心数据丢失，系统在后台默默完成这一重要工作。

现在的在线文档都与微信小程序高度集成，使得在线文档的传播、分享、使用变得更加便捷。

技巧17　在线文档有哪些知名品牌？

技巧难度： ▮▮▮▮ 简单

知名的在线文档主要有：

◆ 腾讯文档

腾讯文档支持在线Word、Excel、PPT的实时协作编辑，用户可以在线实时讨论和修改文档。它提供丰富的模板和工具，方便用户快速创建和编辑文档。支持多平台使用，包括PC、移动端等，用户可以随时随地进行编辑和查看。腾讯文档支持微信小程序，可在微信小程序中直接打开文档并编辑，也可分享到聊天中，非常方便。

◆ 金山文档

金山文档依托于自身的WPS Office，具有强大的在线编辑功能，支持Word、Excel、PPT等多种文档格式，支持多人同时在线编辑，可以实时查看其他用户的编辑内容和状态。提供丰富的文档模板和工具，帮助用户快速创建和编辑文档。金山文档同样提供了微信小程序，可在小程序中进行编辑，也可实现团队协作。

◆ 石墨文档

石墨文档支持Word、Excel、PPT等多种文档格式的在线编辑和协作。提供实时同步和版本控制功能，确保多人协作时的数据安全和一致性。界面简洁易用，支持多种主题和自定义设置，满足用户个性化需求。缺点为没有提供微信小程序，只能在网页版或者APP中进行编辑，不够方便。

技巧18　如何使用腾讯文档？

技巧难度： 中等

腾讯文档支持手机APP、网页端和微信小程序版。在任何一端保存的文件，可在其他客户端同步更新并打开。其中，在微信广泛被使用的今天，微信小程序版的使用范围最广，下面介绍腾讯文档小程序端的使用方法。

步骤① 在微信小程序中搜索"腾讯文档"并打开。

步骤② 可在"最近"文档列表中看到最近在各个客户端打开过的文档。

步骤③ 或者点击右下角的+号，创建一个新的各种类型的文档。

步骤④ 编辑完文档后，可以分享给团队的其他成员，点击右上角的分享按钮，在弹出的"分享"页面中，根据需要为文档设置权限，如果不允许其他成员修改，则勾选"所有人可查看"，如果希望团队成员协同编辑文档，则勾选"所有人可编辑"，点击下方的分享到"微信好友"，可将该文档发送到微信好友或群聊天中。

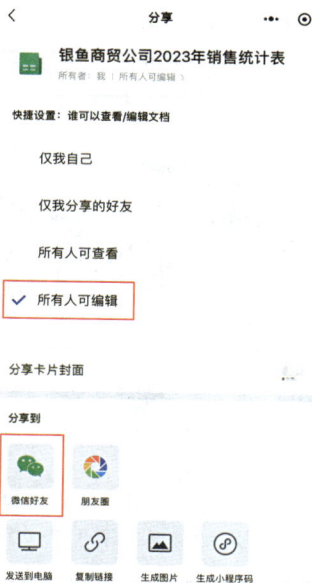

步骤⑤ 文件成功分享后，团队成员可同一时间打开文档进行编辑，可看到其他用户定位到的文档修改的地方，与所作的实时的修改。

有了在线文档的帮助，团队成员不再需要发送单独一份文档进行填写。直接发送在线文档链接，所有人均可编辑，也免除了回收文档的麻烦。

腾讯文档也支持PC网页端、手机APP，可根据需要灵活选用。金山文档的使用方法类似，可根据实际需要进行选择。

第3节　云笔记

云笔记是一种在线服务，允许用户创建、存储、同步和分享笔记和文档，通过云技术实现跨设备访问，确保用户在任何时间、任何地点都能获取最新信息，它支持文字、图片、音频和视频等多媒体内容，适用于个人知识管理、团队协作和项目跟踪，提高工作效率和信息整合能力。

技巧19　如何使用印象笔记？

技巧难度： ▉▉▉□□□ 简单

印象笔记支持PC客户端、网页端、手机APP端。可在印象笔记官网https://www.yinxiang.com/dl-win/?下载Windows平台下的客户端，也可在官网注册一个账号，直接进入印象笔记网页版，或者在App Store、安卓应用市场搜索"印象笔记"并下载手机APP。

以手机APP为例，下载完成后，注册一个印象笔记账号并登录，进入APP主界面。

可点击界面下方的+号进入新笔记的编辑界面，也可点击一个现有的笔记进行修改。

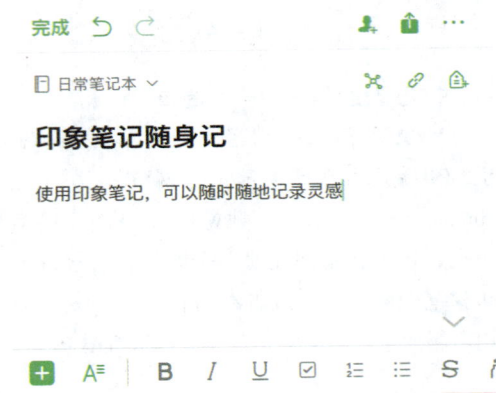

技巧520 如何使用印象笔记保存网页资料？

技巧难度： 简单

无论是浏览器文章或者微信文章，都可以将内容快速保存至印象笔记。

步骤① 在浏览器中打开网页，在想要收藏的网页上，使用浏览器自带的分享功能（不同浏览器的按钮不同，找到其分享功能即可），在手机上安装了印象笔记APP之后，都会出现印象笔记的选项。

步骤② 点击"印象笔记"，在弹出的设置页面中设置笔记的标题与保存的位置。

步骤③ 保存完毕后，即可打开APP查看该笔记，网页内容即可永久保存。

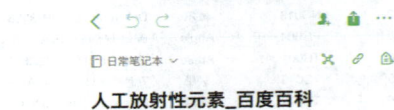

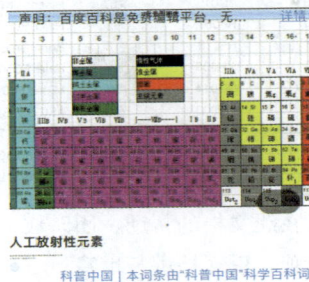

技巧21　如何利用印象笔记保存微信中的内容？

技巧难度：▢▢▢▢▢　中等

印象笔记为微信的内容保存提供了多种多样的途径。

步骤①　如果手机安装了印象笔记APP，可在想要保存内容的微信文章，点击分享按钮，使用分享功能里的"更多打开方式"。

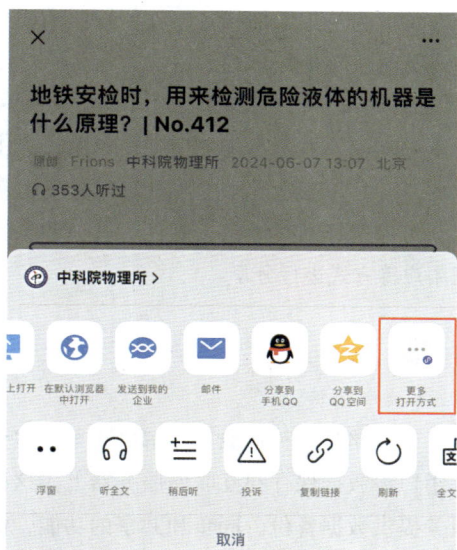

步骤②　在弹出的窗口中，选择"印象笔记"。

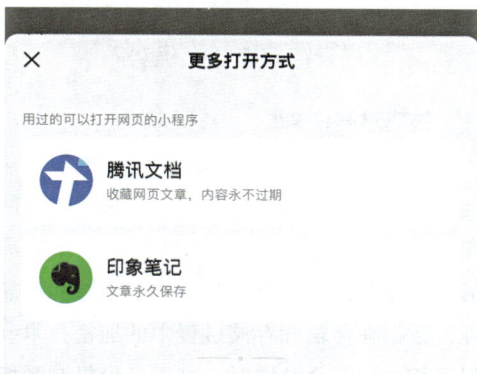

步骤③　稍等片刻，等待文章保存完毕，即可在印象笔记APP中查看到保存的文章。

步骤④　如果手机没有安装印象笔记APP，也可在微信公众号搜索"我的印象笔记"（注意不是"印象笔记"），关注该公众号，并根据提示，绑定个人的印象笔记账号。

步骤⑤　接下来可在想要保存内容的文章，点击窗口右上角的"…"，点击"复制链接"。

步骤⑥　复制了链接之后，可打开"我的印象笔记"公众号，在下方输入框粘贴进刚才复制的链接，发送，等待片刻，印象笔记将

自动剪藏我们粘贴的链接所指的文章内容并保存。

步骤⑦ 保存完毕后可在印象笔记中查看。

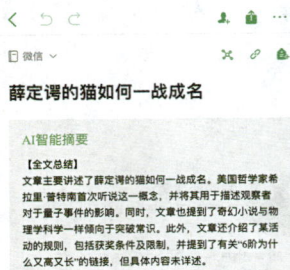

步骤⑧ 还可以将通知、计划安排等内容，随时复制、粘贴到"我的印象笔记"中。

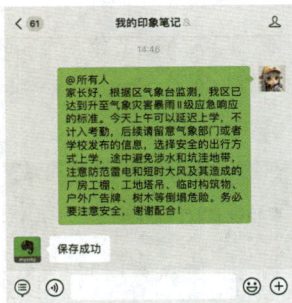

步骤⑨ 印象笔记能够将内容自动保存为笔记，使重要信息不遗漏。

技巧22　印象笔记还有哪些特色功能？

技巧难度： ▮▮▮▯▯▯▯ 简单

可以使用印象笔记提供的OCR扫描功能来拍图识字，将图片中的文字快速转换为可编辑的文本。

可通过创建笔记本和笔记本组来分类管理笔记，使查找和整理更加便捷。

可以为笔记添加标签，方便按照不同主题或类别进行查找。

此外，还可以分享笔记给好友，找到要分享的笔记，右键点击笔记弹出菜单，点击"共享–共享笔记"，在弹出笔记分享对话框，可以选择通过微信、邮件、其他印象笔记用户等方式进行分享。

第4节　云存储

云存储是一种在线存储解决方案，它允许用户将数据保存在互联网服务器上。这种服务提供数据备份、同步和共享的功能，便于用户从任何地方访问自己的文件，大大提升数据的可用性和安全性，支持个人和企业轻松管理大量信息。

技巧23　云存储有什么优势？

技巧难度： ▮▮▮▯▯▯▯ 简单

云存储提供高效的数据访问和共享功能，不论身在何处，只需通过网络即可访问存储在云端的数据，大大提高了工作的灵活性和便利性。它具备强大的安全性和可靠性，数据在传输和存储过程中的加密技术确保了信息的安全，同时，多重备份机制则极大地减少了数据丢失的风险。

云存储支持量身定制的容量扩展，用

户可以根据需求动态调整存储空间，避免本地存储设备过快塞满或容量浪费的问题。其运营和维护也由专业服务提供商负责，用户无需投入过多精力和成本来管理和维护存储设备，这使得个人和企业能够专注于核心业务，提高整体效率。

技巧24　云存储有哪些？

技巧难度： ▮▮▮▮▮▮ 简单

对个人来说，云存储的具体应用就是云盘。现阶段知名的云盘品牌主要有：

◆ 百度网盘

由百度公司提供的云存储服务，用户量大，提供大容量存储和便捷的文件分享功能。

◆ 腾讯微云

由腾讯公司推出，依托于腾讯生态系统，支持与微信和QQ等工具紧密集成，提供方便的文件同步和分享功能。

◆ 阿里云盘

由阿里巴巴推出的云存储服务，旨在提供快速、稳定、安全的文件存储和分享解决方案。

◆ 天翼云盘

由中国电信开发的云存储解决方案，面向个人用户和企业用户提供多种存储服务，强调数据安全和多设备同步。

◆ 和彩云

由中国移动推出，支持大容量文件存储和多终端同步，具有便捷的文件管理和分享功能。

这些云盘品牌在国内有着广泛的用户基础和良好的市场口碑，满足个人及企业多样化的存储需求。

技巧25　如何使用云存储？

技巧难度： ▮▮▮▮▮▮ 中等

以百度云盘为例，它提供了PC客户端、网页端、手机APP端、微信小程序端，使用方便，各客户端的数据同步，可灵活地通过多种途径分享文件。

步骤① 可在百度网盘官网https://pan.baidu.com/download#win进行Windows百度网盘客户端的下载。注册一个新的百度账号或使用现有的百度账号进行登录，登录后就可以上传电脑上的文件。

步骤② 也可访问https://pan.baidu.com/，登录之后可使用百度网盘PC Web版，可以看到与客户端一样的内容。

步骤③ 还可以使用手机下载百度网盘APP，并登录个人百度账号，可在APP中查看文件或分享文件。

步骤④ 此外，还可以在微信小程序中搜索"百度网盘"，随时随地将网盘的文件分享到聊天窗口中，与好友共享文件。

技巧26 如何查看他人分享的百度网盘文件？

技巧难度： 简单

有时候会接收到好友分享的包含链接和提取码的网盘分享链接，该如何提取文件呢？

例如收到以下好友发送的链接与提取码：

步骤① 长按好友聊天记录，在确保选中所有内容的基础上，点击复制，复制好友单条聊天记录。

步骤② 打开手机百度网盘APP，此时会自动弹出"查看复制的分享链接"，点击"立即查看"。

步骤③ 即可看到好友分享的文件。

步骤④ 在电脑端，则可复制好友发送的链接部分，粘贴到浏览器的地址栏中，并在页面提取码位置输入好友发送的提取码。

步骤⑤ 输入完毕后点击"提取文件"，即可看到好友分享的文件。

第八篇章

思维导图

使用技巧

　　思维导图是一种用图形方式表示思维结构的工具，其清晰简洁、逻辑关系明确、易于理解，可以帮助思维整合、激发创意、提高效率，以及促进信息联想、快速查找关键点，适用于整理思维、规划项目等。思维导图擅长处理各类知识内容、学习笔记、项目规划等，用户可以通过构建关键词、连接线条等方式将复杂信息简洁呈现，帮助思维清晰、跳跃性思考。

第 41 章　思维导图

第1节　思维导图介绍

思维导图，直观展现思维逻辑，助力高效学习与决策。图形化呈现，激发创意，助您快速梳理复杂信息。

技巧1　什么是思维导图？

技巧难度：　简单

思维导图是一种可视化的思维工具，通过将多层次的信息组织成图形，有效呈现出主题与其子主题之间的关系。它通常以中心概念为起点，通过分支扩展出各个子题和关联信息，使复杂的观点和数据以一种简明、层次分明的形式展现。思维导图广泛应用于头脑风暴、笔记整理、项目规划和创意思考等领域，可以帮助使用者理清思路、促进理解和记忆。其直观的图形结构使得信息更具可读性和可操作性，提高了学习和工作的效率。

技巧2　思维导图有什么作用？

技巧难度：　简单

思维导图作为一种强大的思维和学习工具，在各个领域中展现了其多样化的作用和价值。其最显著的功能在于帮助个人和团队在头脑风暴过程中捕捉、整理和关联各种创意和想法。通过中心主题向外延展的图形结构，用户可以直观地看到信息之间的关联，促进逻辑思维和创造性解决问题的能力。

在笔记整理方面，思维导图可以将大量的信息以层次分明、结构清晰的方式呈现。这种方法不仅提高了学习效率，还增强了信息的可记忆性和回忆的便利性。特别是在教学和培训中，思维导图帮助学习者构建知识框架，便于理解和掌握复杂的概念和内容。

另外，在项目规划与管理中，思维导图是一种极为有效的工具。当需要进行复杂项目的计划和协调时，思维导图能够清晰地列出任务、步骤和关键节点，并且可以直观展示各部分之间的关系和依赖性，确保项目进展有序和按时完成。

思维导图还广泛应用于问题分析和决策制定，通过图形化的呈现方式，帮助人们更好地理清问题的起因和影响因素，从而做出更科学、合理的决策。此外，在知识管理和信息整合上，它帮助个人和组织有效地组织和共享知识，打破信息孤岛，增强协同工作能力。

技巧3　常见的思维导图软件有哪些？

技巧难度：　简单

常见的思维导图软件主要有：

◆ **MindMaster**

基于云端，便于在线协作和分享，适合团队项目和远程办公。

◆ **MindManager**

功能强大、界面友好，支持复杂项目的管理和团队协作。

◆ **XMind**

广受欢迎，具有直观的界面和丰富的模板，适合各种情境下的思维导图创建。

◆ **iMindMap**（现已更名为Ayoa）

由思维导图创始人托尼·布赞设计，采用手绘风格，注重视觉效果。

◆ **Microsoft Visio**

虽然主要是绘制流程图的软件，但也可以用于创建思维导图，适合需要与其他微软工具集成的用户。

第2节　思维导图的创建与编辑

通过学习思维导图的创建与编辑方法，学习基础绘制原则、结构布局技巧，以及色彩和图标的应用，可有效提升记忆和组织能力，从而更好地梳理和表达复杂信息。

技巧4　思维导图软件MindMaster有什么特点？

技巧难度： ▉▉▉▉ 简单

MindMaster是一款功能强大的思维导图软件，由亿图软件公司开发。该软件以其直观的用户界面和丰富的功能集合，广泛应用于个人和团队的学习、工作和项目管理中。它的特点主要有：

（1）简单易用：界面设计友好，用户不需具备专业知识即可轻松上手创建思维导图。

（2）跨平台兼容：支持Windows、Mac、Linux、iOS和Android操作系统，实现多平台数据同步和无缝协作。

（3）丰富的模板和主题：提供多种预设模板和图表主题，用户可以根据需求选择和定制，快速完成图表的创建。

（4）多种图表类型：不仅限于思维导图，还支持生成组织结构图、鱼骨图、甘特图等，满足不同场景下的使用需求。

（5）强大的导出和分享功能：支持将思维导图导出为多种格式，如PDF、Word、PPT、JPEG、PNG等，方便交流与分享。

它支持手机APP端、PC客户端、网页端，各客户端的文档都是同步的，在一处编辑上传，在各客户端都可以打开查看编辑，非常方便。

技巧5　如何创建思维导图？

技巧难度： ▉▉▉ 中等

PC端创建思维导图的步骤如下：

步骤① 先在亿图软件官网https://www.edrawsoft.cn/mindmaster/下载Windows客户端。

亿图脑图MindMaster，创意软件A股上市公司万兴科技旗下产品

基于云的跨端思维导图软件

免费下载　　立即购买

同时支持　MacOS　Linux　Web　iOS　Android　更多版本

步骤② 下载并安装成功后，打开客户端，可以看到软件主界面，可从各种类型的模板中选择一种样式，或使用推荐的模板来快速创建。

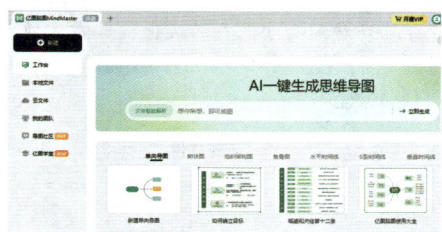

AI一键生成思维导图

步骤③ 比如选择单向导图，接下来可在初始的根节点上进行思维导图的绘制，以本书的目录为例，根节点可设置为"办公软件8合1"，更改完毕之后，可点击根节点右侧的+号新增子节点，或者直接按Tab键新建一个子节点。子节点内容修改完毕之后，按Enter回车键则可跳到下一个新建的兄弟节点，非常便捷。输入一些数据之后的思维导图如下。

办公软件8合1
- Word使用技巧
- Excel使用技巧
- PPT使用技巧
- Photoshop使用技巧
- Windows使用技巧
- PDF使用技巧　PDF浏览　使用Adobe软件／使用WPS软件

步骤④ 可点击父节点右侧的一号来折叠该节点的所有子孙节点，调整整体的显示效果。

步骤⑤ 编辑完成后，可保存思维导图。登录账号之后，还可以保存到软件自带的云空间。

步骤⑥ 在亿图软件官网登录账号，可以在网页端查看到刚才保存的文件，非常方便。

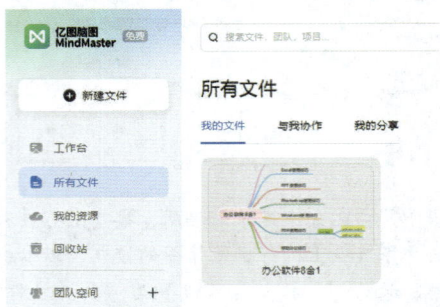

技巧6 如何美化思维导图？

技巧难度： 中等

MindMaster客户端提供丰富的编辑选项，用来美化思维导图，主要在界面右侧的工具栏中。

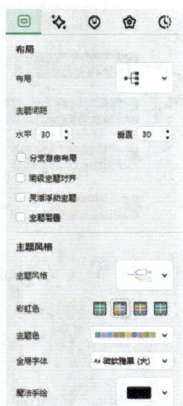

步骤① 可点击"主题风格"右侧的下拉框，在预样式中选择一种风格，来快速改变整个思维导图的风格。

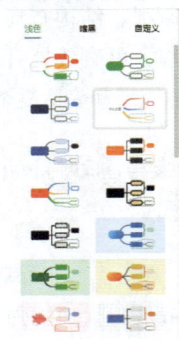

步骤② 可点击下方"背景"组中的"纹理"下拉框，选择一种预设的底纹，使整个背景看起来不单调。

步骤③ 可左"主题色"右侧的下拉框中选择一种配色方案，这对色彩搭配没那么专业的用户来说帮助非常大。

步骤④ 可以使用鼠标拖动框选节点，选中节点后，可在界面下方的色板色条中通过点击选择一种颜色来作为节点的背景色：

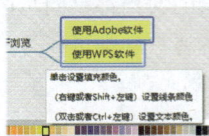

步骤⑤ 简单设置后的思维导图样式，颜色没那么鲜艳，整体较和谐。可从各个维度综合地去优化思维导图的样式。

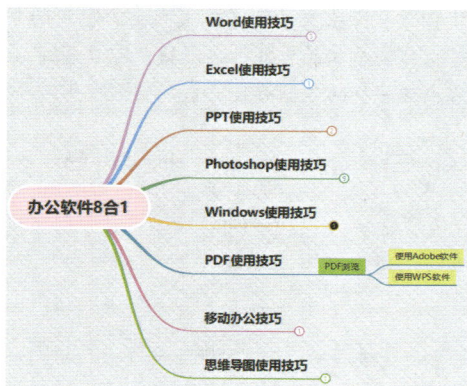

技巧7　制作完成的思维导图如何导出？

技巧难度： ▮▮▯　中等

思维导图设计完成之后，如何导出到其他软件呢？

步骤①　可在界面左上方切换视图到"大纲视图"，查看思维导图的大纲视图格式，可将大纲格式复制到Word中。

步骤②　可选中所有节点，按下Ctrl+C组合键复制，然后在Photoshop中新建一个文件，按Ctrl+V粘贴，即可保存为图片格式，或直接使用其他软件自带的屏幕截图功能来保存成图片。

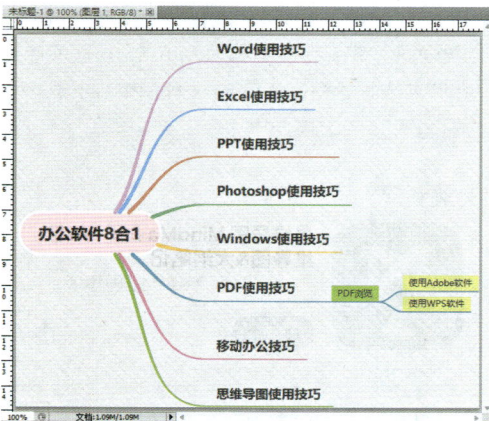

步骤③　也可点击界面右上角的"导出"按钮，按需购买服务，选择一种格式进行存储。

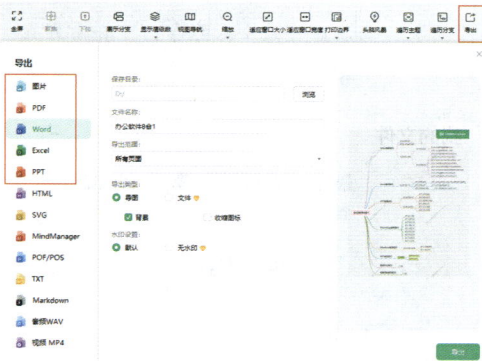

第3节　手机端的思维导图

手机端思维导图，便捷高效，随时随地梳理思路。一触即达，智能排版，让思维跃然屏上。轻松分享，协作无间，提升工作学习效率。

技巧8　如何使用手机端的思维导图?

技巧难度：　中等

手机端同样可以使用MindMaster进行思维导图的查看与编辑，如何做到呢？

步骤①　可在苹果手机的App Store或安卓应用市场搜索MindMaster进行APP的下载和安装。

步骤②　安装后登录个人账号，可查看到在PC客户端保存上传到个人云的文件。

步骤③　点击文件打开，或点击右下角的+号创建一个新的文件进行编辑，可以看到与客户端一样的显示效果。

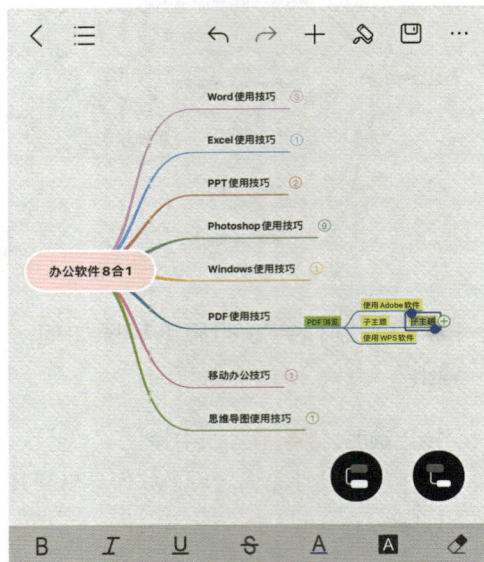

步骤④　点击节点，展开菜单，可看到丰富的编辑选项，在手机端也可以方便编辑思维导图。